Immanuel Birmelin

Die geheimnisvolle Nähe von Mensch und Tier

Immanuel Birmelin

Die geheimnisvolle Nähe von Mensch und Tier

Inhalt

Vorwort

Mit fünf Jahren schloss ich eine tiefe Freundschaft mit einer schlohweißen Chow-Chow-Hündin namens Maidi. Sie war aber kein Albino. Mit ihrer blauen Zunge leckte sie mich zärtlich und führte mich in das Leben eines zufriedenen Hundes ein. Maidi genoss alle Freiheiten. Für mich war sie ein wahrer Freund, wie meine anderen Menschen-Freunde auch. Ich habe sie bis heute nicht vergessen und denke noch viel an sie. Meine Kinder-Freunde sind in der Vergangenheit versunken. Als Kind wäre ich nie auf die Idee gekommen, mich als etwas Höheres zu begreifen als meine Maidi. Der Gedanke, dass Menschen im Gegensatz zu den Tieren etwas Besonderes sein sollen, war mir fremd.

Diese Auffassung änderte sich im Laufe meines Lebens. Wie viele meiner Artgenossen auf der Erde glaubte ich, dass wir Menschen uns von den Tieren abheben. Religion und Kultur hatten mich beeinflusst und mich als Menschen auf ein höheres Podest gestellt. Selbst so ein großer Philosoph wie Descartes sah Tiere als Maschinen an. António Damásio, der berühmte Neurologe, gibt darauf die richtige Antwort und nennt eines seiner Bücher: »Descartes' Irrtum«.

Ich hatte das besondere Glück, einen großen Teil meiner Lebenszeit den Tieren zu widmen und ihre Seelen zu berühren. Auf meine Fragen gaben sie in naturwissenschaftlich durchgeführten Versuchen Antworten. So konnte ich zum Beispiel herausfinden, dass Katzen zählen können, Afrikanische Elefanten sich im Spiegel erkennen, Wellensittiche ihren Kindern bei der Geburt helfen, Löwen und Tiger Probleme lösen können und vieles mehr.

Wann immer in mir Zweifel aufkamen in Diskussionen mit Geisteswissenschaftlern, so wurden sie durch die geistigen Leistungen von Kanzi, dem Bonobo, Alex, dem Graupapagei, und Betty, der Neukaledonische Krähe, vollkommen zerstreut. Ich konnte mich persönlich bei einem Besuch bei ihnen von ihren Leistungen überzeugen. Wie kaum ein anderer habe ich die berühmten Geistesgrößen und Gefühlsakrobaten im Tierreich besucht. Aber immer wieder zog es mich hinaus in die Natur. Seit vielen Jahren reise ich jedes Jahr mit meiner Frau Sylvia nach Afrika, um die Tiere live zu erleben. Dort fühlen wir uns eins mit unseren Mitgeschöpfen und spüren keine Trennung von Tier und Mensch. Ein großes Glück für uns, und wir zweifeln keine Minute daran, dass wir Menschen nur eine von vielen Tierarten sind.

Gehen Sie mit mir auf die Reise und nehmen Sie an der Konferenz der Tiere teil. Auf dem Tagesprogramm werden Themen behandelt, die uns staunen lassen, zu welch fantastischen Leistungen Tiere fähig sind. Mauersegler können wochenlang in der Luft bleiben, Kolibris, die kleinen bunten Vögel, können rückwärts fliegen, Wale unterhalten sich mit ihrer Geliebten, die 2000 Kilometer entfernt ist, und Eisbären trotzen der Kälte und schlafen bei minus 35 Grad im Freien. Elefanten riechen Wasser, das weiter als 80 Kilometer entfernt ist, und tragen die größte Nase in ihrem Gesicht.

Auch die Liebe von Mensch und Tier kommt zu Wort. Es wird gefragt, welcher Klebstoff Liebespaare zusammenhält und welche Vorteile es hat, in einer Gruppe zusammenzuleben. Wer in der Gruppe lebt, muss sich verständigen. Eine Selbstverständlichkeit für uns. Wir sprechen. Auch Tiere haben Sprachen, einige von ihnen können sogar unsere Sprache lernen. Sie plappern aber nicht nur nach, sondern wissen, was sie sagen wollen. Selbst vor Tabus wird nicht zurückgeschreckt.

Bei der Konferenz der Tiere wird zum Beispiel auch diskutiert: Warum viele Tiere, selbst unsere nächsten Verwandten, die Schimpansen, einen Penisknochen haben und wir Männer nicht.

Auf dieser Konferenz ist der Mensch eines von vielen Tieren. Die Menschen sind so stolz auf ihre Kultur. Viele von ihnen nennen sich sogar Kulturwesen. Sie glauben, ihre Kultur berechtigt sie, eine Sonderstellung einzunehmen. Weit gefehlt. Wer Tiere sorgfältig und ohne Vorurteile beobachtet, stellt fest, dass auch sie Kultur besitzen.

In dieser Konferenz sind wir gleichberechtigte Tiere. Alle können sich frei äußern. Ohne Maulkorb. Es wird spannend. Sie sind herzlich eingeladen. Ich freue mich.

J. Birmelin

Die Konferenz der Tiere zu Gast bei *Homo sapiens*

Alle vier Jahre treffen sich berühmte Tierpersönlichkeiten und ein Tierfreund, um intensiv über die Lebensbedingungen und über die Beziehung von Mensch und Tier zu diskutieren. Jeder Teilnehmer trägt seine Sorgen und Nöte vor. Erfahren Sie im Folgenden mehr über die außergewöhnlichen Teilnehmer dieser Konferenz.

Im Konferenzraum

Damit Sie alle Teilnehmer der Talkrunde entsprechend kennenlernen können, werden sie zunächst kurz mit ihren typischen Charaktereigenschaften und besonderen Fähigkeiten vorgestellt.

Alex, der Graupapagei: Er kann sprechen und versteht, was er sagt. Alex wurde aufgrund seiner Sprachbegabung ein Star in der Tier- und Menschenwelt. Wer sich mit tierischer Intelligenz beschäftigt, kommt an Alex nicht vorbei.

Kanzi, der Bonobo (Zwergschimpanse): Auch Kanzi versteht unsere Sprache, und mithilfe einer Symbolsprache kann er eigenständig Sätze bilden. Er lernte die amerikanische Taubstummensprache. Die einzelnen Sprach-Symbole sind in einem Computer gespeichert. Auf Knopfdruck wählt er die einzelnen Symbole und bildet auf diese Weise Sätze. Kanzi wurde im Sprachforschungszentrum der Georgia State University geboren und wuchs dort auf. Schon als Bonobo-Kind verblüffte er die Wissenschaftler. Wie Kanzi die Sprache erlernte, war eine Sensation. Er beobachtete seine älteren Artgenossen genau und hat ihnen beim Lernen über die Schulter geschaut.

Betty, eine Neukaledonische Krähe: Ihr Wohnort ist die Universität Oxford. Sie ist in der Lage, Werkzeuge herzustellen und diese entsprechend den Erfordernissen und Funktionen klug einzusetzen. Betty besteht einen Intelligenztest, an dem Kleinkinder im Alter von drei oder vier Jahren scheitern.

Edeltraut, ein Schwein: Sie lebt im Tiergehege Mundenhof in Freiburg und hat ein Kind. Edeltraut hat eine Vorstellung von geometrischen Figuren. Sie weiß, was ein Dreieck oder Viereck ist. Sie ist »schweineschlau« mit viel Gefühl.

Nonja, eine Orang-Utan-Dame des Zoos in Wien: Nonja ist eine Künstlerin, genauer gesagt eine Malerin mit großem Erfolg. Ihre farbenfrohen Bilder verkaufen sich gut an Menschen, die von ihrer Malkunst begeistert sind.

Cora, eine Entlebucher-Hündin: Cora ist klein, aber hochintelligent. Sie konnte ihre intellektuelle Fähigkeit in der Fernsehsendung »Stern TV« von Günther Jauch vor einem Millionenpublikum unter Beweis stellen. Sie ist vielleicht der erste Hund, bei dem man sehen konnte, dass er eine Vorstellung davon hat, was ein Werkzeug ist.

Harry, ein Kater: Er ist ein Mathematik-Genie unter den Katzen. Der rot gestromte Kater kann zählen und rechnen. Auch er trat in der Fernsehsendung »Stern TV« auf. Harry zeigte vor laufender Kamera, dass hinter seiner Begabung kein Trick verborgen ist, sondern dass sie tatsächlich Realität ist.

Amadeus, ein Oktopus: Er besitzt keine Wirbelsäule, dafür hat er acht Arme und sieben Gehirne. Man nennt Tiere ohne Wirbelsäule Wirbellose. Er ist unglaublich schlau, aber auch sehr empfindsam.

Einstein, ein Fisch (Buntbarsch, *Haplochromis burtoni*): Er lernte, sich bei Gefahr in einer Blumenvase aus Glas zu verstecken, und erkannte seinen Halter. Einstein wusste genau, wer für ihn zuständig ist. Seinen Namen hat er nicht umsonst.

Immanuel Birmelin, *Homo sapiens* und Verhaltensbiologe: Er lebt seit seiner frühen Kindheit mit Hunden und Wellensittichen zusammen. Tiere sind sein Leben.

Eröffnung der Konferenz

Immanuel Birmelin eröffnet die Konferenz und bittet um Wortmeldungen. Die Talkrunde ist bereit. Als Erster meldet sich **Kanzi, der Bonobo**: »Hier in Atlanta habe ich Freunde sowohl unter den Menschen als auch unter meinen Artgenossen. Zu Sue Savage-Rumbaugh pflege ich eine enge Beziehung. Sie ist meine Privat-Psychologin, die mein Verhalten studiert und es mit dem von Kleinkindern vergleicht. Spannend, was sie alles herausgefunden hat. Ich konnte mir nicht vorstellen, dass wir uns in mancher Hinsicht so ähnlich sind. Sue wunderte sich, dass ich Formen, Menschen und Affen auf einem Bildschirm erkenne. Und Freude an den Geschichten habe, die gesendet wurden. Sie schreibt: ›Allmählich stellt sich ein Gefühl für Phantasie und Erzählen ein, sodass Kanzi sich für Fernsehgeschichten interessiert, mit denen er etwas verbindet.‹ Bei der Sichtung und Auswertung der Beobachtungsprotokolle kam Sue zu dem Schluss, ich sei ebenso an solchen Geschichten interessiert wie Menschenkinder. Und sie fand heraus, dass wir Affen gern Filme anschauen, in denen Gewalt vorkommt. Bei Gewaltszenen seien wir besonders aufmerksam und gespannt.« (→ Quellennachweis, Savage-Rumbaugh, Seite 301) Das kennen wir Menschen aus eigener Erfahrung. Krimis sind auch beim *Homo sapiens* der Renner.

Nach dieser kurzen Schilderung seiner Lebensgeschichte kommt **Kanzi, der Bonobo,** zur eigentlichen Frage: »Warum akzeptiert ihr Menschen nicht, dass auch wir Bonobos, Schimpansen, Gorillas und viele andere unserer tierischen Brüder und Schwestern Bindungen beziehungsweise Beziehungen zu anderen Lebewesen aufbauen? Das ist für uns genauso lebenswichtig wie für euch Menschen. Wir kennen wunderbare Beispiele, in denen Menschen zu Freunden von Schimpansen, Gorillas oder Orang-Utans wurden. Die Bilder gingen um die ganze Welt und sind mit drei tapferen Frauen verbunden: Jane Goodall, Birutė Galdikas und Dian Fossey. Sie haben das Bild der Tiere revolutioniert. Sie haben einen Türspalt geöffnet, um in die Gefühlswelt von uns Tieren zu schauen.

Doch trotz dieses Wissens über uns werden unsere Lebensräume – vor allem – wegen der menschlichen Gier zerstört. Und außerdem leiden auch heute noch Hunderte unserer Artgenossen mit fadenscheinigen Begründungen bei Tierversuchen in den Forschungslaboren der Welt. Immanuel, kannst du mir eine Antwort darauf geben, warum viele Menschen so ignorant und arrogant gegenüber uns Tieren sind?«

Immanuel Birmelin meint: »Das kann ich nicht. Mein Vorschlag lautet daher: Lass uns zunächst einmal näher betrachten, wie wichtig Bindung beziehungsweise Beziehung für das Wohlbefinden und die psychische Entwicklung eines sozialen Lebewesens ist.«

Wenn Tiere mit uns reden könnten. Immanuel Birmelin gibt ihnen eine Stimme.

Die Bedeutung von Bindungen und Beziehungen

Um überhaupt eine Vorstellung zu bekommen, welche Bindungen Tiere zu Menschen eingehen, möchte ich einige spannende Geschichten erzählen. Dass Hunde, Katzen und Wellensittiche eine Bindung zum Menschen eingehen, ist bekannt. Dass aber auch gefährliche Löwen, starke Gorillas, schlaue Affen, flinke Delfine und empfindsame Oktopusse die Nähe des Menschen suchen, konnte man sich nur schwer vorstellen. Menschen sind für Tiere interessant, und in ihrer Gesellschaft fühlen sich Tiere wohl. In diesen Erzählungen möchte ich aufzeigen, wie mannigfaltig und grenzüberschreitend die Mensch-Tier-Beziehungen sind und dass sie nicht auf bestimmte Arten begrenzt sind.

Grenzgänger – die Geschichte einer engen Freundschaft

Mit meinen eigenen Augen und Ohren wurde ich Zeuge einer unglaublichen Mensch-Tier-Beziehung. Volker Arzt und ich drehten gerade den Film »Haben Tiere ein Bewusstsein?«. Wir waren auch zu Gast bei John Aspinall, Eigentümer des Howletts-Zoos in der Nähe von Canterbury. Er hat sich dort einen Zoo gebaut, der mehr auf die Bedürfnisse der Tiere schaut als auf die Wünsche der Zoobesucher.

John Aspinall hat zu all seinen Tieren einen engen Bezug, besonders ans Herz gewachsen sind ihm seine Freunde, die Gorillas. Er kann mit ihnen spielen und raufen. Nie zuvor habe ich in meinem Biologenleben so ein Vertrauen zwischen einem Gorilla und einem Menschen live miterlebt. Gorillamann Hugo ist der Chef eines Gorillarudels, das aus Frauen und Kindern besteht. John Aspinall kann sich so frei in der Gruppe bewegen, als wäre er einer von ihnen. Wir sind überglücklich über unsere Aufnahmen. Mehr konnte man nicht erwarten.

Aber was dann geschah, versetzte ein Millionenpublikum in Staunen und Schrecken. John Aspinall bat seinen Sohn, seine Enkelin Sarah zu ihm ins Gorillagehege zu setzen. John nahm die Kleine – ich glaube, sie war zwei Jahre alt – an der Hand und spazierte durch das Gehege. Plötzlich, für uns völlig unerwartet, nahm die Gorilladame Goma Sarah an ihre Hand und entführte sie. Uns und dem Publikum blieb der Atem stehen. John blieb völlig ruhig, für ihn war das Verhalten von Goma Alltag. Er vertraute ihr. Zärtlich spielte Goma mit Sarah, und die beiden wälzten sich genüsslich im Stroh. John hatte keine Sekunde Angst um seine kleine Enkelin, auch dann nicht, als Goma zwei bis drei Meter am Käfiggitter mit Sarah hochkletterte. Er war die Ruhe selbst.

Sein Verhalten verrät seine Einstellung zu unseren Mitgeschöpfen. Er ist der Meinung, dass Gorillas mehr und tiefere Gefühle besitzen als wir Menschen. Er baute für verwaiste Gorillakinder im Kongo eine Auffangstation, wo verwilderte Kinder versorgt werden. John Aspinall nahm viel Geld in die Hand, fasste allen Mut, alle Zuversicht und alles Wissen, über das er verfügte, zusammen und erfüllte sich seinen Traum. Er wagte den Versuch, fünf Gorillakinder in ihre ursprüngliche Heimat zu bringen. So etwas kann nur gelingen, wenn man über das notwendige Know-how verfügt und engagierte und »gorillaverrückte« Menschen helfen. Collin, einer seiner Tierpfleger, war so ein Verrückter. Er begleitete zwei junge Gorillas mit dem Flugzeug und dort in ihre neue Heimat. Das Unterfangen war alles andere als einfach. Es erforderte eine große Logistik. Die Reise der Tiere auf eine kleine Insel in Gabun war ein großes Abenteuer. So groß, dass sogar der renommierte Sender BBC an Bord war. Wie rührend sich Collin um seine Schützlinge kümmerte, ist wahre Tierfreundschaft. Wann immer die Tiere Angst hatten, beruhigte er sie. Er lehrte sie, aus einem Bach zu trinken oder die richtigen Pflanzen zu fressen. Auf der Insel sind die Gorillas vor Leoparden und anderen gefährlichen Raubtieren geschützt. Auch lebte keine andere Gorillagruppe auf der Insel. Die Einbürgerung gelang bis auf einen Wermutstropfen. Gorilla Acka starb nach einigen Wochen – vielleicht hatte er eine giftige Pflanze gefressen. Collin war über diesen Verlust sehr traurig. Er verlor einen Freund, der besonders an ihm hing, erzählte mir Collin, als ich ihn im Howletts-Zoo besuchte.

Wiedersehensfreude

Aber damit ist unsere Reise nach Gabun noch nicht zu Ende. Viele Jahre später, als junge Frau, machte sich Sarah auf den Weg, ihre geliebten Gorillas zu besuchen. Vom Boot aus rief sie ihre Freunde. Was dann geschah, konnte sie sich nicht einmal in ihren Träumen vorstellen. Sie rief den Namen ihres Lieblings. Er kam aus dem Wald – inzwischen hatte sie die Insel betreten –, sah seine Freundin, und sie fielen sich in die Arme. Die Freude und das Glück waren beiden Lebewesen ins Gesicht geschrieben. Sie umarmten sich immer wieder zärtlich, und ich glaube, sie küssten sich sogar. Das war Wiedersehensfreude im wahrsten Sinne des Wortes. Wer dies gesehen hat und behauptet, Tiere haben keine Gefühle, muss sich fragen lassen, ob er selber Gefühle hat.

Diese Begegnung ist ein wunderbares Beispiel dafür, dass zwei artfremde Lebewesen (Gorilla–Mensch) eine Bindung eingehen können. Voraussetzung ist, dass jeder der Partner ein Stück weit in die Welt des anderen eintauchen und sie verstehen kann. Das ist eine hohe intellektuelle Leistung. Ich werde später noch genauer darauf eingehen.

Anderer Ort – andere Teilnehmer

Hier im Baobab-Hotel in Kenia dürfen Affen noch ungestört durch die Hotelanlage flanieren und Futter suchen. Manchmal klettern Paviane auf die Palmen und holen sich Kokosnüsse. So wie es sich für einen Pavian gehört. Sie verspeisen manchmal auf einem Liegestuhl eine Kokosnuss und betrachten den Strand wie ein Tourist. Die Tiere sind geduldet, aber nicht beliebt bei der Hotelleitung. Der Grund liegt auf der Hand: Einige Touristen beschweren sich.

Die Affen des Baobab-Hotels

Einmal erlebte ich eine besonders nette Geschichte. Ein Pavian machte es sich auf einem Liegestuhl bequem und betrachtete versonnen die Welt. Plötzlich tauchte ein Tourist auf. Er ging laut schreiend auf den Pavian zu und brüllte das Tier an. »Verschwinde, das ist meine Liege.« Der Pavian drehte sich gemächlich um, schaute den Tourist an, setzte sich vielleicht in zwei Metern Abstand ins Gras und betrachtete wieder in Ruhe seine schöne Heimat.

Aber in diesem Resort haben die Affen auch Freunde, nämlich Anna und ihren Mann Jerzy Axer, Professor für Artes Liberales an der Universität Warschau. Ein berühmter Wissenschaftler mit viel Liebe für Tiere. Wann immer es ihm möglich ist, besuchen er und seine Frau die Affen in Kenia. Allein im Hotelbereich leben vier Arten: Colobus, Meerkatzen, Paviane und ihre geliebten Sykes. Zu allen vier Arten haben die beiden eine Beziehung aufgebaut.

Am Anfang haben sie die Tiere mit Bananen gefüttert. Im Laufe der Zeit war Futter nicht mehr notwendig. Die Affen besuchten die beiden Freunde auch ohne Futter. Sie hatten zu den Menschen Vertrauen gefasst. Frühmorgens, kurz nachdem die Sonne aufgegangen war, saß schon eine kleine Horde auf ihrem Balkon und schaute, was die menschlichen Freunde taten. Das war für Anna und Jerzy der Startschuss, sich auf den Balkon zu setzen.

Was ich dann viele Male erlebte, konnte ich kaum glauben. Die Affen spielten bei ihnen auf dem Balkon. Sie hatten jede Scheu verloren, und ihre Neugier war geweckt. Sie untersuchten die Kamera, mit der Jerzy fotogafierte. Und als sie die Gegenstände, die auf dem Balkon waren, untersucht hatten, waren Anna und Jerzy dran. Besonders interessant war Annas Haut. In Affenmanier gingen sie ganz vorsichtig und zart vor. Mit ihren spitzen Fingernägeln drückten sie ihr Pickel aus. Sie untersuchten alle möglichen Körperteile. Auch die Nasenlöcher und Ohreingänge waren interessant für sie. Besonders das Ohrenschmalz – sie hatten es an ihren Fingern und rochen intensiv an ihm. So wie Hunde, wenn sie eine Spur aufgenommen haben. Sie schüttelten den Kopf und rieben sich die Hände. Sie wollten den Duft loswerden. Keine Frage, Ohrenschmalz von Menschen ist nicht ihr Parfüm.

Die Sykes-Affen waren die Pioniere der Beziehung, gefolgt von Pavianen und Meerkatzen. Es ist mir ein Rätsel, wie so eine innige Beziehung zwischen dem Menschen und drei verschiedenen Affenarten möglich ist. Sie hatten tiefstes Vertrauen zu den beiden. In diesem Hotel sind viele Personen zu Gast, aber ich habe in all den Jahren nie beobachtet, dass die Affen zu anderen Touristen eine Beziehung aufbauten.

In der Hotelanlage des Baobab-Hotels treffen Affen und Menschen aufeinander.

Selbst ein Busch-Baby – eine Halbaffenart – suchte am Abend die beiden Tierfreunde auf und setzte sich auf ihren Schoß.

Im Laufe der Jahre verbindet meine Frau und mich eine tiefe Freundschaft mit Jerzy und Anna, wir tauschen unsere Erlebnisse mit Tieren gegenseitig aus. Wir diskutieren heftig darüber, was in den Köpfen der Affen vor sich geht. Ein Ergebnis unserer Diskussion ist, dass wir sicher sind, dass manche Wildtiere den Kontakt zum Menschen ganz bewusst suchen. Vorausgesetzt, er ist ihnen freundlich gesinnt. Aber auch andere Wildtiere suchen den Kontakt zum Menschen. Wieder einmal durfte ich Zeuge sein.

Olin, die Delfindame, suchte sich den Fischer Abdul als Spielkameraden aus.

Olin, die Delfindame

Ort: Nuwaiba, ein verschlafenes Fischerdörfchen in Ägypten am Roten Meer. Freunde sind der Fischer Abdul und die Delfindame Olin. Abdul ist nahezu stumm und kann nur einige Laute von sich geben. Eines Tages passierte es: Die Delfindame Olin sprang aus dem Wasser und umschwamm sein Boot. Abdul wurde wütend, denn sie vertrieb alle Fische. Das hatte dem armen Fischer noch gefehlt. Immer wieder umkreiste sie sein Boot und sprang manchmal in die Höhe. Genug ist genug, dachte Abdul und sprang beherzt ins Wasser, um Olin zu vertreiben. Das war der Beginn einer intensiven und erstaunlichen Beziehung zwischen Mensch und Tier. Am nächsten Tag das gleiche Schauspiel. Abdul verstand die Welt nicht mehr.

In der ersten Woche kam Olin immer zur gleichen Zeit, umkreiste das Boot und sprang häufig aus dem Wasser. In seiner Verzweiflung, da er nicht sprechen konnte, gab Abdul Arm- und Handzeichen. Olin begriff die Arm- und Handzeichen schnell. Und Abdul verstand, dass er mit seinen Gesten seine Wünsche ausdrücken konnte. Er konnte die Delfindame vom Boot aus dazu veranlassen, das Boot zu umkreisen und in die Luft zu springen. Olin und Abdul hatten eine Kommunikationsebene gefunden. Das sagt viel über die Intelligenz von Olin aus. Olin wurde nie durch Futter belohnt. Ihre Lernbereitschaft war freiwillig. Warum sie mit Abdul kommunizierte, bleibt ein Rätsel. Irgendetwas musste sie an Abdul finden.

Aber auch im Wasser verstand sie die Zeichensprache, wenn die beiden miteinander schwammen. Fast jeden Nachmittag zwischen zwölf und drei Uhr kam Olin, und die beiden schwammen und spielten miteinander. Olin störte es nicht, wenn auch andere Menschen in einiger Entfernung ihr das Spiel und ihre Zweisamkeit beobachteten.

Das war eine große Chance für mich. Schnell hatten meine Frau und ich die Flossen, die Taucherbrille und den Schnorchel angezogen und sprangen ins Wasser. Unter Wasser konnte man die Vertrautheit der beiden noch besser beobachten. Olin umkreiste Abdul und ließ sich von ihm zärtlich streicheln. Ihre Basis der Vertrautheit war nur der gegenseitige Austausch von Gefühlen. Es war, wie schon erwähnt, kein Futter im Spiel. Nach etwa einer Stunde schwamm Olin ins Meer hinaus und verschwand bis zum nächsten Tag.

Eines Tages kam Olin nicht, und Abdul machte sich schon Sorgen. Ich glaube, es waren drei oder vier Tage vergangen. Dann tauchte sie wieder auf – diesmal mit Begleitung. Sie hatte ihren Sohn Ramadan mitgebracht, wie ihn Abdul liebevoll nannte. Olin hatte nie ihre Artgenossen verlassen, dafür ist ihr Kind Ramadan der Beweis. Sie nahm sich lediglich ein bis zwei Stunden von der Truppe frei. Die beiden wurden sehr zutraulich, und Abdul konnte beide streicheln. Wenn sie keine Lust mehr hatten, verließen sie den Spielplatz und verschwanden im Meer. Meine Frau und ich waren glücklich, so etwas erleben zu dürfen.

Aber die Geschichte ist noch nicht zu Ende. Eines Tages beobachteten wir, wie der junge Ramadan mit seiner Mutter kopulierte. Ich traute zunächst meinen Augen nicht. Doch ich sah genau, wie er seinen Penis in ihre Geschlechtsöffnung führte, und das nicht einmal rein zufällig, sondern gleich mehrere Male. Delfinmütter unterweisen ihre Söhne im

Paarungsverhalten. Das war für mich eine Sensation. Meine Nachforschungen ergaben: Ramadan und Olin sind keine Ausnahme in diesem Punkt. Aber dass sie so viel Vertrauen zu Menschen aufbauen konnten, ist schon ungewöhnlich und schön.

Elsa, eine Löwin in zwei Welten

Auch die Löwin Elsa präsentierte ihren Nachwuchs einem *Homo sapiens*, nämlich Joy Adamson. Löwenmütter umsorgen und verteidigen ihren Nachwuchs sehr gut. Meist wachsen die Löwenkinder im Rudel auf. Es gibt liebe Tanten, die immer auch ein Auge auf den Nachwuchs richten, damit den putzigen Kindern kein Haar gekrümmt wird. Wer die Idylle stört, spielt mit seinem Leben.

Die Löwin Elsa gehört sicher zu einer der berühmtesten Löwinnen. Über ihr Leben wurde sogar ein Spielfilm gedreht. Warum wurde Elsa so berühmt? Beginnen wir die Geschichte von vorne. Elsas Mutter wurde erschossen, als Elsa ein Löwenbaby war. Das Ehepaar Adamson zog die verwaiste Löwin liebevoll groß. Sie lebte bei ihnen wie ein anhänglicher Hund. Sie durfte fast überall mit, ihr Lieblingsplatz war das Dach des Landrovers, wenn sie den Busch durchstreiften. Von hier hatte sie einen guten Überblick über die Landschaft. Wenn die Familie zu Fuß auf Safari ging, musste Elsa oft acht Stunden laufen. Für Löwen ist dies ein gewaltiger Marsch. Normalerweise schlafen sie 18 Stunden. Während des Spaziergangs lernte Elsa Mitbewohner ihrer Heimat kennen: Thomson-Gazellen, Impalas, Giraffen, Büffel und natürlich Elefanten.

Vermutlich hätte Elsa bis an ihr Ende so leben können. Aber Joy Adamson, ihre Ziehmutter, hatte andere Pläne mit ihr. Sie sollte die Freiheit der afrikanischen Savanne kennenlernen und dort leben. Das war der Wunsch des Ehepaares Adamson. Diesen Wunsch zu realisieren, war äußert schwierig. Zuerst musste Joy Elsa lehren, wie man Beute fängt und tötet. Das dauerte Monate. Nachdem sie das gelernt hatte, wurde es für das Ehepaar psychisch richtig schwierig. Denn sie hatten nicht mit der Anhänglichkeit Elsas gerechnet. Immer wieder fuhr Joy Adamson mit ihrem Landrover und Elsa in die Steppe hinaus. Weit weg vom Zeltcamp. Und suchte ein geeignetes Gelände, um Elsa in die Freiheit zu entlassen. Dort fütterte sie sie und verbrachte einige Stunden mit ihr. Wenn sich die Gelegenheit bot, schlich sie sich heimlich von Elsa weg und fuhr ins Camp zurück. Am nächsten Morgen suchte sie nach Elsa. Sie saß an dem Platz, wo sie sie verlassen hatte. Sie spähte nach ihr aus. Als sie Joy entdeckte, lief sie eilig zu ihr. Sie war außer sich vor Freude. Sie rieb ihren Kopf an Joys Knien und leckte ihr das Gesicht.

Mit so viel Wiedersehensfreude hatte Joy nicht gerechnet. Sie kam ins Grübeln und Zweifeln. Und wurde bei dem Gedanken, Elsa zu enttäuschen und sie der Wildnis zu überlassen, sehr traurig. Sie kämpfte gegen sich – in der Überzeugung, die Freiheit sei für Elsa das Beste. Das Ehepaar Adamson unternahm noch einige vergebliche Versuche, Elsa in die Freiheit zu entlassen. Aber letztendlich gelang es ihnen, und Elsa fand einen Löwenmann. Mit ihm bekam sie drei Löwenkinder.

Wer glaubt, die Geschichte sei jetzt zu Ende, täuscht sich und unterschätzt die Treue Elsas. Die Löwin beendete die Beziehung zu ihren menschlichen Freunden nicht, sondern besuchte sie mit ihren Kindern. Frau Adamson saß im Camp und tippte auf der Schreibmaschine.

Aber lassen wir Frau Adamson selbst erzählen: »Plötzlich hielt ich inne und wollte meinen Augen nicht trauen. Nur wenige Meter vor mir stand Elsa auf der Sandbank, eines der Jungen neben sich. Das andere stieg gerade aus dem Wasser und schüttelte sich, das dritte war noch am anderen Ufer, lief hin und her und miaute ganz jämmerlich. Elsa aber sah mich mit einem Ausdruck von Stolz und Verlegenheit unablässig an. Ich verhielt mich vollkommen ruhig. Elsa brummte ihren Jungen leise zu, ging dann zu dem eben an Land gestiegenen Jungen, leckte es zärtlich und wandte sich dem Kleinsten zu, das am anderen Ufer festsaß. Die beiden, die mit ihr zur Sandbank gekommen waren, folgten ihr auf dem Fuß, schwammen mutig durchs Wasser, und bald war die ganze Familie am anderen Ufer wieder beisammen. Sobald sie gelandet waren, leckte sie die Babys liebkosend; dann sprang sie mir nicht entgegen, wie sie es für gewöhnlich tut, wenn sie aus dem Fluss kommt, sondern ging ganz langsam, rieb sich zärtlich an mir, wälzte sich im Sand, leckte mein Gesicht und umarmte mich schließlich. Ihr Bemühen, den Jungen zu zeigen, dass wir Freunde waren, rührte mich. Diese beobachteten uns aus einiger Entfernung interessiert, aber verwirrt und entschlossen, außer Reichweite zu bleiben.« (→ Quellennachweis, Adamson, Seite 299) Die Bindung zwischen Elsa und dem Ehepaar Adamson hielt ein Leben lang. Leider starb Elsa früh. Die Obduktion ergab, dass die Löwin an einer Babesien-Infektion starb, einem Parasiten, der die roten Blutkörperchen zerstört.

Virgo, die Elefantendame

Die Bindung zwischen Mensch und Tier ist, wie wir sehen, nichts Ungewöhnliches. Selbst Elefantendamen in einem Rudel bauen spezifische Bindungen zu einem Menschen auf. Douglas-Hamilton und seine Frau Oria haben dies erfahren und erlebt. Er schrieb seine Doktorarbeit über das Sozialverhalten von Afrikanischen Elefanten im Lake-Manyara-Gebiet in Tansania. Die beiden bauten eine so starke Beziehung zu der Elefantendame Virgo auf, dass Oria Douglas-Hamilton mit ihrem Baby zu Virgo gehen konnte. Sie waren unbeschreiblich glücklich, als Virgo das Baby ganz vorsichtig berüsselte. Diese Beispiele belegen, dass Wildtiere mit Menschen eine Bindung eingehen, egal ob das Wildtier in der Natur oder in der Obhut des Menschen lebt.

Warum sind wir für Tiere so interessant?

Einer der Gründe liegt auf der Hand: Tiere werden vom Menschen versorgt, und das erleichtert ihnen das Überleben. Aber diese Erklärung allein reicht nicht aus. Wie soll man sich erklären, dass Wildtiere wie Gorillas, Schimpansen, Elefanten und Delfine eine Bindung zum Menschen eingegangen sind – ohne Futterbelohnung. Es muss noch andere Beweggründe geben, die den Menschen attraktiv macht für Tiere: Sie sind psychischer Natur und von der Persönlichkeit des Tieres abhängig.

Aber bevor sich Wildtiere auf das Abenteuer einer Mensch-Tier-Beziehung einlassen, muss die Furcht des Tieres gegenüber dem Menschen überwunden werden. Das Tier muss individuell erfahren, dass vom Menschen keine Gefahr ausgeht. Hat es diese Erfahrung gemacht, nähert es sich behutsam und vorsichtig dem Menschen. Das ist in der

Praxis oft ein langer Weg. Jane Goodall brauchte über ein halbes Jahr, um zwei Schimpansen-Männer von ihrer Ungefährlichkeit zu überzeugen. Als es so weit war, beschrieb sie die Situation so: »Keine achtzehn Meter weit weg saßen zwei Schimpansen-Männer und sahen mich forschend an. Die beiden großen Schimpansen-Männer fuhren ganz einfach fort, mich anzustarren. Langsam ließ ich mich nieder, und wenig später fingen die beiden an, sich gegenseitig das Fell zu pflegen, und akzeptierten mich.« Dies war der Beginn einer innigen Tier-Mensch-Beziehung. (→ Quellennachweis, Van Lawick-Goodall, Seite 301)

Keiner kann es besser

Aus meiner langen Erfahrung sowohl mit Wildtieren als auch mit Haustieren komme ich zur Erkenntnis, dass wir Menschen für Tiere interessante Lebewesen sind. Vorausgesetzt, wir behandeln sie wie Persönlichkeiten und respektieren ihre Persönlichkeit. Tiere auf der gleichen Augenhöhe zu betrachten, ist sowohl für das Tier als auch für uns Menschen ein Gewinn. Aufgrund der Fähigkeit, Empathie zu empfinden wie kein anderes Lebewesen, haben wir einen Schlüssel in der Hand, in die innere Welt eines anderen Organismus zu blicken. Wir sind in der Lage, die Gefühle und Verhaltensweisen eines Löwen, eines Hundes oder Pferdes zu interpretieren. Und wenn wir unseren Sinnen und Gefühlen nicht trauen, führen wir einfach Experimente durch, die unsere Auffassung unterstützen oder verwerfen.

Ein Tier, das sich verstanden fühlt, entwickelt Vertrauen, Neugier und Zuneigung dem Menschen gegenüber. Kein Tier versteht womöglich ein anderes Tier so gut wie wir. Das ist eine besondere Leistung unseres Gehirns, das einem langen Evolutionsprozess unterworfen war und ist. Wir haben es im wahrsten Sinne des Wortes in der Hand, eine Bindung zwischen Mensch und Tier aufzubauen.

Unsere Hände

Wir sind in der Lage, mit unseren Händen nicht nur Klavier zu spielen oder ein Werkzeug herzustellen, sondern auch Gefühle auszudrücken, indem wir mit ihnen einen anderen Organismus streicheln und unsere positiven Gefühle auf ein anderes Lebewesen übertragen. Heute sind wir sogar in der Lage, dies naturwissenschaftlich zu messen. Untersuchungen belegen, dass bei Tieren, die gestreichelt wurden, das Stresshormon Cortisol gesenkt wird und die Bindungshormone ansteigen.

Oxytocin ist solch ein Bindungshormon. So fanden Odendaal und Meintjes heraus, »dass sowohl bei Menschen als auch bei Hunden der Oxytocin-Spiegel im Plasma nach zwei- bis fünfminütigem Streicheln des Hundes signifikant ansteigt. Dieser Anstieg war höher, wenn die Versuchsperson ihren eigenen statt eines fremden Hundes streichelte. Das legt nahe, dass der Oxytocin-Anstieg von der Qualität der Beziehung zwischen Mensch und Hund abhängig ist: Also je enger die Beziehung, desto mehr Oxytocin wird wahrscheinlich durch die Interaktion freigesetzt.« (→ Quellennachweis, Odendaal und Meintjes, Seite 301) Neueste Untersuchungen japanischer Forscher, deren Ergebnisse in einer der renommiertesten wissenschaftlichen Zeitschriften der Welt, nämlich »Science«, erschienen sind, belegen, welch wichtige Rolle Oxytocin bei der Mensch-Tier-Bindung spielt. Die Forscher ließen 30 Herrchen und Frauchen eine halbe Stunde mit ihren vierbeinigen Freunden spielen und schmusen. Eine Gruppe von Hundehaltern bekam den Auftrag, möglichst intensiven Blickkontakt mit ihren Tieren aufzubauen. Vorher und nachher maßen sie den Oxytocingehalt in Urinproben von Mensch und Hund. Die Auswertung war überraschend, denn bei den Menschen- und Hundepaaren, die sich am längsten in die Augen sahen, wurde ein deutlich erhöhter Oxytocin-Spiegel gemessen. In einer Kontrollgruppe mit von Hand aufgezogenen Wölfen

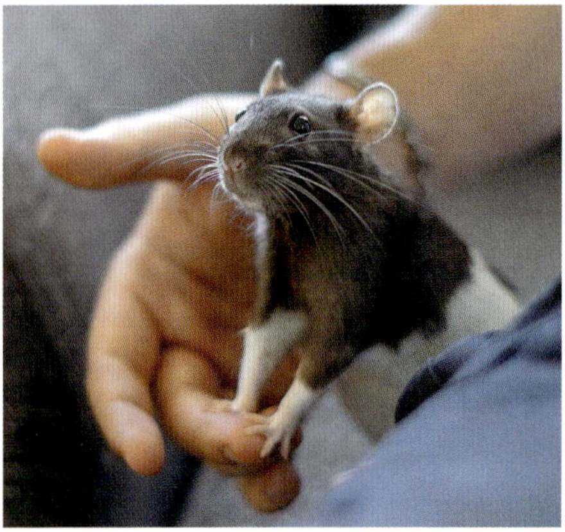

Streicheleinheiten lösen auch bei Ratten ein wohliges Gefühl aus.

und Pflegern fehlte dieser Effekt, obwohl die Wölfe mit den Menschen sehr vertraut waren. Aber nicht nur Hunde lieben es, gestreichelt und gekitzelt zu werden, sondern auch Ratten.

Streichel- und Kitzel-Experimente bei Ratten

Jaak Panksepp, einer der führenden Köpfe der Emotionsforschung, konnte dies in seinen Experimenten nachweisen. In einem ersten Experiment wurden die Ratten in Einzelkäfigen entweder mit dem Finger gekitzelt oder gestreichelt. Die Behandlung dauerte zwei Minuten und zog sich über fünf Tage hin. Dabei zeichneten die Forscher die 50-kHZ-Laute auf, die Ratten in angenehmen Situationen äußern. Wer diese Geräusche und Rufe gehört hat, vergisst sie nicht mehr so leicht. Zumindest ging es mir so. Sie verraten das Wohlbefinden der Tiere. Die mit dem Finger gekitzelten Ratten stießen siebenmal häufiger die 50-kHZ-Laute aus als die gestreichelten Ratten. Dabei nahm die Intensität der Rufe zu – offensichtlich genossen die Ratten das Kitzeln.

Um die Ergebnisse ihrer Versuche zu erhärten, maßen die Forscher die Geschwindigkeit, mit der sich die Ratten dem kitzelnden/streichelnden Forscher näherten. Um die Hand des Forschers zu erreichen, mussten die Tiere eine Strecke von 50 Zentimeter zurücklegen. Die regelmäßig gekitzelten Ratten rannten viermal schneller als die gestreichelten. Ich habe bis jetzt häufig den Begriff Bindung und Beziehung benutzt, ohne zu erklären, was Wissenschaftler darunter verstehen. Machen Sie mit mir einen kurzen Ausflug in das Gebäude der Wissenschaftler.

Auf der Suche nach Bindung

Der Begriff Bindung stammt aus der Psychologie und wurde von den Forschern Mary Ainsworth, James Robertson und John Bowlby eingeführt. Nach ihrer Auffassung ist Bindung eine essenzielle biologische Größe, die nicht von Hunger oder Durst abhängt. Bindung entwickelt sich auf der Grundlage des Zusammenspiels und Handelns zwischen mindestens zwei Individuen. Wie gut das Zusammenspiel ist, zeigt sich daran, wie genau das Verhalten zeitlich aufeinander abgestimmt ist, wie

Ein Foto, das Bände spricht: Mutter und Kind in inniger Vertrautheit.

genau die Verhaltensweisen der Individuen ständig aufeinander bezogen sind und wie sie reguliert werden. Die erste Bindung, die ein Kind eingeht, ist die zur Mutter. Zwischen Mutter und Kind wird eine enge emotionale Beziehung aufgebaut.

John Bowlby erhielt von der Weltgesundheitsorganisation den Auftrag, einen Bericht über das Schicksal heimatloser Kinder im Nachkriegs-Europa zu verfassen. Bowlby zeigte, dass Babys genetisch vorprogrammiert sind, eine Bindung an eine feste Bezugsperson zu suchen und aufzubauen. Die sichere Beziehung zu einer vertrauten Person spielt eine wichtige Rolle bei der seelischen Entwicklung des Menschen, wie es auch bei allen anderen Primaten der Fall ist.

»Die Bindungstheorie ist im ethologischen Denken der 1960er Jahre entstanden und verbindet psychoanalytisches Wissen mit evolutionsbiologischem Denken.« (→ Quellennachweis, Grossmann, Seite 300) Bowlby und Ainsworth beziehen sich auf die Tatsache, dass die Bin-

dung an die Mutter ein lebensnotwendiges System in der Entwicklung vieler Tierarten darstellt und im Laufe der Stammesgeschichte einen hohen Anpassungswert erlangt hat. Beim Menschen ist dieser Mechanismus als stammesgeschichtlicher Rest noch vorhanden; der Säugling bindet sich zwangsläufig an seine Bezugsperson. Auf der Gegenseite bildet auch die Bezugsperson eine Bindung zum Kind aus.
Eine Bindung des Kindes entwickelt sich nach Auffassung von Bowlby und Ainsworth in mehreren aufeinanderfolgenden Phasen.
1. **Vorbindungsphase:** Hier reagiert der Säugling zwar allgemein auf Menschen, besonders auf das menschliche Gesicht, jedoch ohne zwischen einzelnen Personen zu unterscheiden. Die besondere Bevorzugung des Gesichts hängt mit der Reifung der Sinnesorgane zusammen.
2. **Entstehungsphase:** Das Kind unterscheidet Personen hinsichtlich ihrer Vertrautheit. Diese Entwicklungsphase wird ab dem dritten Lebensmonat angenommen.
3. **Bindungsphase:** Man nimmt an, dass etwa ab dem siebten Monat Bindungen zu individuellen Personen ausgebildet sind. Die Fähigkeit, Personen wiederzuerkennen, setzt bestimmte kognitive Leistungen voraus. Das Kind muss eine Vorstellung davon entwickelt haben, dass bestimmte Personen oder Objekte existieren, auch dann, wenn sie nicht sichtbar sind.

Qualität der Bindung

Wichtig ist auch zu wissen, dass in der Art der Qualität der Bindungen zwischen Eltern und Kind beim Menschen große Unterschiede zwischen den Individuen bestehen. Etwas Ähnliches lässt sich auch bei Vögeln und Säugetieren beobachten – und wurde bei Primaten eingehend beschrieben. Nämlich das Phänomen, dass jede Beziehung ihre eigene Ausprägung hat und dass die Bindungen durchaus unterschiedliche Qualitäten haben.

In der Frühphase menschlicher und tierlicher Entwicklung werden entscheidende Weichenstellungen für das spätere Leben vorgenommen. Und da sind wir bei der zweiten Hauptfragestellung – dem Anpassungswert –, nämlich nach den Funktionen eines Verhaltens. Das ist ganz zweifelsfrei die Vorbereitung auf das Erwachsenenleben. Beim Menschen besteht die Vorbereitung darin, dass auf der Grundlage sicherer Beziehungen Informationen erworben werden können, die letztlich ein Zurechtfinden in der Welt ermöglichen.

Wie gut oder wie schlecht sich die Persönlichkeit eines Menschen entwickelt, ist von seiner sozialen Erfahrung abhängig. Das war eine der wichtigen Erkenntnisse von Bowlby und seiner Schülerin Ainsworth. Mithilfe der Bindungstheorie kann erklärt werden, warum emotionale Schmerzen wie Angst, Wut und Hass und auch spätere Persönlichkeitsstörungen wie Depression und emotionale Entfremdung durch elterliche Zurückweisung oder durch unfreiwillige Trennung oder den Verlust der Bindungsperson entstehen.

Wichtig zu wissen

Karin und Klaus Grossmann beschreiben in ihrem hervorragenden Buch »Bindungen – das Gefüge psychischer Sicherheit« Langzeitstudien amerikanischer Wissenschaftler. (→ Quellennachweis, Seite 300)

In einer der Studien untersuchten sie die soziale und emotionale Entwicklung von Kindern im Alter von 18 Monaten bis ins Kindergartenalter aus Familien der Mittelschicht. Ergebnis: Aus sicheren Bindungen entwickelt sich kindliche Kompetenz, die sich im Kindergarten in angemessener Autonomie, Kooperationsbereitschaft, Wissbegier und einer guten emotionalen Organisation, zum Beispiel in ihrem Mitgefühl und in ihrer Frustrationstoleranz, zeigt.

Die Forschungen führten zu einem besseren Verständnis in der Frage, welchen Einfluss die frühe Bindungsqualität zur Mutter auf die Persönlichkeitsentwicklung des Kindes hat. Sie zeigten, dass die Qualität der Mutterbindung die Grundlage für das Selbstwertgefühl des Kindes ist und wie diese Qualität seine Beziehung zu Gleichaltrigen und anderen Personen, denen es begegnet, beeinflusst.

Unter natürlichen Bedingungen baut das Neugeborene eine Bindung zu seiner Mutter auf. Aber es gibt Situationen, in denen die Mutter nicht zugegen ist. Die Mutter ist beispielsweise schwer erkrankt. Glücklicherweise kann das Baby zu jeder Pflegeperson eine Bindung aufbauen, die beruhigend mit ihm umgeht, aktiv auf es eingeht und auf seine Signale verständnisvoll reagiert.

Drahtattrappe statt Mutter

Welche verheerenden Folgen das Fehlen einer Mutter-Kind-Bindung hat, konnte das Ehepaar Harlow im Tierexperiment zeigen. Heute würde man vermutlich solche Experimente nicht mehr durchführen, und ich muss gestehen, ich hätte es auch früher nicht gemacht. Aber die Ergebnisse sind sehr aufschlussreich und unterstreichen, wie wichtig Bindungen im Säuglingsalter sind.

Die Tiere, es waren Rhesusaffenjunge, wurden sofort nach der Geburt von der Mutter getrennt und in Anwesenheit von zwei Drahtpuppen als Muttterersatz aufgezogen. Bei einer der Puppen bestand der Rumpf aus einem weichen Wolltuch, bei der anderen aus einem Drahtgeflecht. Stellte man die Affenkinder vor die Wahl zwischen Drahtmutter und Wollmutter, entschieden sie sich immer für die Wollmutter, niemals für die Drahtmutter. Sogar dann, wenn man sie an der Drahtmutter durch eine Milchflasche anlocken wollte. Die Bindung des Affenkindes entsteht demnach nicht dadurch, dass das Junge durch Nahrung belohnt wurde. Es zog die weiche Wollmutter vor. Geborgenheit ist wichtiger als Nahrung.

Die körperliche Entwicklung dieser Tiere verlief zunächst normal, und sie entwickelten sogar eine Art Anhänglichkeit an eine der Attrappen, die mit weichem Stoff überzogen war. Später stellten sich bei den mit Attrappen aufgezogenen Tieren allerdings schwere Entwicklungsschäden ein. Man spricht vom Deprivationssyndrom. Dieses Syndrom zeigt folgende Merkmale: Bewegungs-Stereotypien, allgemeine Bewegungsunruhe, aggressive Reaktionen, verbreitete Apathie, Ausreißen der Haare und viele weitere abnorme Verhaltensweisen.

Die meisten Tiere paarten sich nicht mehr, diejenigen Weibchen, die sich paarten und Kinder bekamen, waren schlechte Mütter. Sie ließen ihre Kinder widerwillig saugen. Die Lernleistungen im Vergleich zu normal aufgewachsenen Tieren waren gering, ihr Erkundungs- und Spielverhalten war gestört.

Wie wichtig ist der Partner?

Jeden Morgen im Sommer fliegt eine wilde Graugänseschar in Grünau, Österreich, ein – genau wissend, dass es hier Futter gibt. Mensch und Vogel haben sich aneinander gewöhnt. Beim näheren Hinsehen bemerkt man dann, dass die Schar aus mehreren einzelnen Paaren besteht. Gans und Ganter. Ehepaare, könnte man sagen. Sie bleiben ein Leben lang zusammen, ziehen jedes Jahr gemeinsam Kinder groß und behaupten sich gegen andere Paare.

Katharina Hirschenhauser, eine Wissenschaftlerin des Konrad-Lorenz-Instituts, untersucht das Verhalten und die Stresshormone, die Graugänse bei Trennung zeigen. Sie hat die unangenehme Aufgabe, die Frau von Ganter Max zu entführen. Die Wissenschaftlerin nähert sich vorsichtig und bedächtig dem Paar. Plötzlich, ohne hastige Bewegungen, packt sie die Gans und entführt sie. Und Max bleibt allein zurück. Wie fühlt er sich, was geht in seinem Inneren vor?

Der Kot von Max wird zur Botschaft seiner inneren Belastung. In ihm ist das Stresshormon Cortisol enthalten, das Max aus seinem Körper ausscheidet. Die Menge an Stresshormonen ist ein Maß der psychischen Belastung. Je schlechter es ihm geht, umso mehr Stresshormone finden sich in seinem Kot.

Stress oder besser Distress (= dauernd anhaltender negativer Stress) entsteht in einem Organismus, wenn er die Umweltreize und Situationen nicht mehr adäquat verarbeiten kann und er bei der Verarbeitung überfordert ist. Sein psychisches und physiologisches Gleichgewicht gerät in Schieflage. Der Körper reagiert mit einer erhöhten Nebennierentätigkeit darauf und sendet Hormone ins Blut. Bei andauerndem Stress werden die Reproduktionsrate und das Immunsystem heruntergefahren. Es kommt zu Erkrankungen des Magen-Darm-Traktes oder zu Herz-Kreislauf-Erkrankungen. Das Tier oder der Mensch fühlt sich nicht mehr wohl. Stressmessungen mittels Cortisol sind ein Indikator für Unwohlsein eines Individuums.

Die chemische Analyse des Kots von Max ist kompliziert, aber das Ergebnis ist eindeutig. Die Stresshormone von Max jagen nach der Entführung in die Höhe, offenbar macht ihm die Trennung von seiner Partnerin zu schaffen. Sein Hormonpegel wird erst wieder normal, wenn er seine Partnerin zurückbekommt. Zumindest auf der Ebene der Stresshormone sind uns Gänse erstaunlich ähnlich.

Der Vater der Verhaltensforschung

Die Konrad-Lorenz-Forschungsstelle im oberösterreichischen Grünau trägt den Namen des bedeutenden Wissenschaftlers Konrad Lorenz. Er ist einer der Väter der Verhaltensforschung und bekam für seine Forschungen den Nobelpreis. Bilder, wie er mit seinen Graugänsen im See schwamm, gingen um die ganze Welt. Er wurde ein Star in der Wissenschaft. Was war sein Forschungsfeld? Seit frühester Kindheit interessierte er sich für Tiere und schloss mit ihnen Freundschaft. Zu vielen von ihnen hatte er eine enge Bindung, und das war auch unter anderem Teil seiner Forschung. Er stellte fest, dass sich frisch geschlüpfte Enten und Gänse in einem kurzen Zeitfenster an ihre Mutter binden. Das war nicht besonders neu und keine wissenschaftliche Sensation.

Beginnen wir die Geschichte am Startpunkt. Der dreiunddreißigjährige Konrad Lorenz wollte einmal den Vorgang, wie eine Graugans aus dem Ei schlüpft, genau beobachten. Nachdem sich das Küken aus der Eischale befreit hatte, ruhte es aus und sah in das Antlitz seines Beobachters, der gerade eine Bewegung machte und irgendein Wort sagte. Der kleine Vogel vollzog daraufhin die – wie man heute weiß – angeborene Gebärde des Grüßens nach der Art der Graugänse. Das Tierchen senkte seinen Kopf mit vorgestrecktem Hals und nach unten durchgedrücktem Nacken und äußerte den dazugehörigen (Gruß-)Laut, der freilich nur wie ein Wispern klang.

Lorenz schob dann das Gössel ins Bauchgefieder der Hausgans, die er als Pflegemutter auserkoren hatte, und nahm stillschweigend an, dass das kleine Tier sich dort wohlfühlen und sich seinem Verwandten anschließen würde. Genau das tat aber das Gössel nicht: Es verließ die Gänsemutter und folgte dem Menschen, also Konrad Lorenz. Wann immer sich dieser entfernte, stieß es einen Verlassenheitslaut aus. Lorenz erkannte, dass, wenn ein Graugansküken aus dem Ei schlüpft, das

Erste, was es zu Gesicht bekommt und sich bewegt, als Mutter angesehen wird. Egal, wie dieses Tier oder dieser Gegenstand aussieht. Dieses Objekt ist die Mutter. Lorenz schreibt dazu: »Trägt man solch ein Gänseküken zu einer Gänsefamilie, bei der sich gleich alte Junge befinden, so gestaltet sich die Sache gewöhnlich folgendermaßen: Der herankommende Mensch wird von Vater und Mutter misstrauisch betrachtet, und beide versuchen, mit ihren Jungen möglichst rasch ins Wasser zu kommen. Geht man nun sehr schnell auf sie zu, dass die Jungen keine Zeit mehr zum Fliehen haben, so setzen sich die Alten wütend zur Wehr. Geschwind befördert man das kleine Waisenkind dazwischen und entfernt sich eilig. In der großen Aufregung halten die Eltern den kleinen Neuling zunächst für ihr eigenes Kind und wollen es vor dem Menschen verteidigen, wo sie es in seiner Hand hören und sehen. Doch das Schlimmste kommt danach. Dem jungen Gänschen fällt es gar nicht ein, in den beiden Alten Artgenossen zu sehen. Es rennt piepsend davon, und wenn zufällig ein Mensch vorbeikommt, so schließt es sich diesem an; es hält eben diesen Menschen für seine Eltern.« (→ Quellennachweis, Lorenz, Seite 300) Lorenz sprach bei dieser Art des Lernens von Prägung. Ein wichtiges Kennzeichen dieses Lernvorgangs ist die Unwiderruflichkeit. Hat ein Gössel gelernt, dass ein Mensch die Mutter ist, dann bleibt dies ein Leben lang so. Das zweite Charakteristikum ist die sensible Phase. Das Fenster, in dem etwas gelernt wird, ist nur in einer ganz bestimmten Entwicklungsphase geöffnet. Es gibt also einen ganz klar definierten Zeitraum mit Anfang und Ende.

Prägungskarussell – das Entenküken sieht den Ball als Ersatzmutter an.

Biologisch ausgedrückt heißt das, in einem ganz bestimmten Entwicklungsabschnitt eines Organismus werden ganz bestimmte Gene eingeschaltet, die das Lernen bedingen. Was aber das Lebewesen lernt, hängt von der Umwelt ab. Welche skurrilen und absurden Dinge gelernt werden können, hat Eckhard Hess – ein Mitarbeiter von Konrad Lorenz – in seinen Experimenten gezeigt.

Das Prägungskarussell

Eckhard Hess hat die klassische Prägungsapparatur erfunden und wollte wissen, wann sich das Zeitfenster der sensiblen Phase bei Entchen und anderen Küken öffnet und schließt. Bei seinem Experiment ging er folgendermaßen vor: In einem sogenannten Prägungskarussell ließ er frisch geschlüpfte, im Brutschrank erbrütete Entchen einer Attrappe nachlaufen. Das Karussell kann man sich wie eine kleine Zirkusmanege vorstellen (→ Abbildung, links). Das Größenverhältnis beträgt etwa eins zu zehn. Die Begrenzung des Manegenrandes ist mit Holzbrettern eingefasst, sodass der Vogel nicht herausschauen kann, in der Mitte gibt es einen zweiten Kreis aus Holzbrettern. Die Attrappe wird zwischen inneren und äußeren Kreis gesetzt und mittels einer Apparatur im Kreis herumbewegt. Damit ist gewährleistet, dass die Versuche unter kontrollierten Bedingungen ablaufen.

Hess setzt ein frisch geschlüpftes Küken in das Karussell. Als Attrappe dient eine Holzente mit einem Lautsprecher im Bauch. Hess schaltet die Apparatur ein: Die Attrappe bewegt sich im Kreis und stößt Entenrufe aus. Die Ergebnisse sind eindeutig: Maximal 30 bis 60 Stunden nach der Geburt sind die Entchen für den Prägungsprozess empfänglich. Innerhalb dieser genetisch determinierten Zeitspanne, so Hess, genügt es, für nur zehn Minuten dem Tier eine Attrappe oder ein Lebewesen vorzusetzen – danach sind Bindung und Erkennung irreversibel. (→ Quellennachweis, Celli, Seite 299) Selbst wenn man statt der Holzente einen Fußball mit Lautsprecher verwendet, laufen die Entchen der vermeintlichen »Fußballmutter« nach.

Zwei, die sich mögen. Auch zwischen Eisbär und Schlittenhund kann Freundschaft entstehen.

Freundschaft unter Tieren

Wer mit mehreren Hunden, Katzen, Wellensittichen, Papageien oder mit einer anderen Tierart zusammenlebt, wird früher oder später beobachten, dass einige von ihnen unterschiedlich starke Bindungen zu ihrem Artgenossen aufbauen. Man sieht, dass manche Tiere häufiger zusammenliegen, sich kraulen oder lecken. Unsere Schlussfolgerung liegt auf der Hand: Einige von ihnen sind Freunde. Für Tierfreunde gibt es daran nicht den geringsten Zweifel.

Aber die Fähigkeit, Freundschaft als gegenseitige freiwillige Bindung zwischen biologisch nicht verwandten Individuen zu entwickeln, sprach man lange Zeit einzig und allein dem Menschen zu. Tiere seien dazu nicht fähig, hieß es. Erst durch die Evolutionstheorie von Charles Darwin, in der gezeigt wurde, dass zwischen Menschen und Tieren eine Verwandtschaft besteht, begann das Gebäude der scharfen Trennung von Mensch und Tier äußerst langsam zu bröckeln. Das Bild der Tiere in den Köpfen der Menschen veränderte sich, als die Menschen im vergangenen Jahrhundert damit begannen, die Tiere in der freien Wildbahn zu beobachten und zu erforschen.

Paviane – die große Überraschung

Barbara Smuts von der Michigan University studierte jahrelang das Verhalten von Pavianen in Kenia. (→ Quellennachweis, Smuts, Seite 301) Ihre Freilanduntersuchungen zeigten eindeutig, dass Paviane Freundschaften entwickeln und dass die Fähigkeit dazu von der Persönlichkeit des Tieres abhängt, obwohl sie promiskuitiv sind. Von Promiskuität spricht man, wenn sich beide Geschlechter nacheinander mit wechselnden Partnern paaren.

Paviane paaren sich mit mehreren Weibchen und die Weibchen mit mehreren Männern. Das war die allgemeine Vorstellung vom Sexualverhalten der Paviane. Aber nachdem man Tausende Kopulationen beobachtet und die Daten ausgewertet hatte, stellte man fest, dass es Paarbindungen gibt. Die Weibchen wählen sich ihren Sexualpartner. Wer wird der Auserwählte? Es ist derjenige, mit dem das Weibchen befreundet ist. Diese Entdeckung war so überraschend wie sensationell.

Hier einige Ergebnisse von Barbara Smuts Forschungsarbeit:

1. Unabhängig vom Alter oder von der Dominanzstellung innerhalb der Gruppe haben Pavian-Weibchen meist ein oder zwei männliche Freunde, mit denen sie sich paaren.

2. Männliche Paviane dagegen haben meist gar keine oder manchmal bis zu acht Freundinnen. Gleichgültig, ob dominant oder nicht, die Anzahl der Freundinnen ist davon nicht abhängig.

3. Die Freundschaft der beiden Tiere überträgt sich auch auf die Kinder, selbst wenn das Männchen nicht der Vater war. Barbara Smuts berichtet von einem Fall, bei dem die Mutter einige Wochen nach der Geburt starb. Wenn das Kind weinte, hörte der Freund sofort auf zu fressen, ging zu dem Affenkind, gab Töne von sich und knuddelte es. Es durfte immer unter seinem Schutz fressen. Der Freund hatte eine Bindung zu dem Kind aufgebaut.

4. Die Freundschaft der Mutter führt dazu, dass das Männchen Freundschaft mit den Kindern schließt. Der Freund verteidigt Mutter und Kind gegen andere angreifende Paviane.

5. Wir halten fest: Pavianweibchen paaren sich mit mehreren Männchen, ob Nichtfreund oder Freund, aber in der Regel ziehen sie bei der Wahlmöglichkeit zwischen Freund und Nichtfreund den Freund vor. Oder kurz und knackig, wie es Barbara Smuts formulierte: Sex und Freundschaft gehen Hand in Hand.

Freilandforschung ermöglicht eine neue Sicht auf unsere Mitgeschöpfe. Der Forscher lernt die Tiere als Individuen kennen. Er weiß, welch wichtige Rolle die Persönlichkeit bei seinen wissenschaftlichen Aussagen spielt. Durch das tägliche Zusammensein entwickelt sich Respekt vor den Mitgeschöpfen. Man erlebt sie in ihrem Umfeld, in ihrer Gruppe, in der sie interagieren. Daher nimmt es nicht Wunder, dass Forscher, die jahrelang das Leben der Tiere in freier Wildbahn studierten, beobachteten, dass manche Individuen einer Gruppe häufiger miteinander Kontakt hatten als andere. Dass Affen, darunter auch unsere nächsten Verwandten, freundschaftliche Bindungen mit ihrem Artgenossen eingehen, war oft nicht einfach wissenschaftlich festzustellen, aber keine allzu große Überraschung.

Freundschaft bei Huftieren

Die Biologin Anja Wasilewski untersuchte in ihrer Doktorarbeit, ob Pferde, Esel, Rinder und Schafe untereinander Freundschaften bilden. Es gelang ihr, Freundschaften bei diesen vier Tierarten nachzuweisen und erstmals quantitativ zu analysieren. Frau Wasilewski konnte auch zeigen, warum diese Tiere Freundschaften aufbauen. Wer Freunde hat, kommt leichter durchs Leben. Zwei Tiere finden in Notzeiten leichter Futter, und wenn sie darum nicht konkurrieren, hat jeder etwas davon. Zum anderen zeigte sie, dass Freundschaften psychische Bedürfnisse befriedigen und ein Gefühl von Sicherheit und Vertrautheit vermitteln.

Erkennen Büffel ihr totes Herdenmitglied?

In der Serengeti hatte ein Rudel von 19 Löwen einen Büffel gerissen und gefressen. Ein Löwe bewachte den Rest der Beute, während die anderen etwa 300 Meter entfernt unter einer Schirmakazie ihre vollgefressenen Bäuche gegen den Himmel streckten und dösten. Nach Stunden tauchte wie aus dem Nichts eine Herde von Büffeln auf und vertrieb den wachenden Löwen und die schlafenden Familienmitglieder. Was sich jetzt abspielte, konnte ich mir zuvor nicht vorstellen.

Die Büffel standen um den Leichnam herum, einige von ihnen berochen ihn, andere versuchten mit den Hörnern den toten Büffel aufzurichten, andere leckten an ihm. Die Stimmung war eigenartig. Alle Handlungen verliefen sehr ruhig. Man hatte den Eindruck, als ob die Büffel trauerten. Die Bewegungen waren relativ langsam. Immer wieder näherten sie sich, gingen weg und kamen wieder. Ich werde den Verdacht nicht los, dass es sich um Trauer handelte. Was für eine starke Bindung zu ihrem Artgenossen sprechen würde.

Gedankenspiel

Freundschaftliche Bindung hat für viele Tierarten große Vorteile im Überlebenskampf. Mütter und Kinder können zum Beispiel vor Angreifern und Feinden geschützt werden. Freundschaft ist für in Gruppen lebende Tiere auch ein Werkzeug der Evolution und findet sich nicht nur beim Menschen. Freundschaftliche Bindungen findet man beispielsweise bei Pferden, Elefanten, Hyänen, Delfinen, Affen und Menschenaffen. Bei einigen von diesen Individuen kann die Freundschaft Jahre bestehen. Wie eng die Freundschaft ist, hängt von der Persönlichkeit des einzelnen Tieres ab. Freundschaft existiert zwischen Weibchen, zwischen Männchen oder zwischen Männchen und Weibchen. Leben die Weibchen weit verstreut voneinander, dann schließen die Männchen Freundschaften. Manchmal ist die Freundschaft von kurzer Dauer und tritt nur auf, wenn die Tiere zusammenarbeiten müssen, etwa wenn es gilt, einen Eindringling, der in die Gruppe aufgenommen werden will, gemeinsam zu verdrängen.

Freundschaft gründet sich oft auf gemeinsamen guten Erinnerungen oder auf guten Gefühlen, die man im Beisein des anderen hat. Das gilt nicht nur für Menschen, sondern auch für Tiere, daher ist es nicht gerechtfertigt, Tieren freundschaftliche Verbindungen abzusprechen. Das ist heute die Auffassung vieler Verhaltensbiologen, vor allen Dingen derjenigen, die Tiere über Jahre in der Wildnis beobachtet haben. Viele Studien haben gezeigt, dass Tiere innerhalb einer Gruppe erkennen, wer wessen Freund ist. Freundschaft ist adaptiv. Männchen mit Freunden haben Fähigkeiten, die sie im Wettbewerb um Ressourcen oder Weibchen begünstigen. Sie haben mehr Nachkommen. Weibchen mit lang andauernden engen Freundschaften sind weniger stressanfällig, leben länger, und von ihren Kindern überleben mehr.

Konsequenzen für die Tierhaltung

Jeder Tierhalter sollte die Freundschaften seiner Schützlinge berücksichtigen, denn sie tragen zum Wohlergehen des jeweiligen Tieres bei. Tier-Freundschaften erleichtern das Verarbeiten von Stresssituationen. Zusammenhänge zwischen sozialer Fellpflege und Entspannung sind bei verschiedenen Tierarten, vor allen Dingen bei Primaten, in der Literatur beschrieben worden. Feh und de Mazières haben gezeigt: Beknabbert werden ist bei Pferden nachweislich mit einem Absinken der Herzschlagfrequenz gekoppelt, was als ein zuverlässiger Indikator für die stressmindernde Wirkung der sozialen Fellpflege angesehen wird. (→ Quellennachweis, Feh/de Mazières, Seite 299).

Einen beruhigenden, entspannungsfördernden Effekt des Belecktwerdens bei Rindern belegten Wood (1977) und Sato (1984). Entspannung wiederum ist ein wichtiger Bestandteil des Wohlbefindens, und Tiere, die sich wohlfühlen, sind nachweislich gesünder und produktiver. Aber nicht nur physische Kontakte, wie sie bei der sozialen Fellpflege stattfinden, sondern allein die Nähe des Freundes hat eine stressmindernde Wirkung. Das bedeutet letztendlich: Tiere mit Freunden sind besser adaptiert und erfolgreicher.

Praktische Empfehlungen von Anja Wasilewski, wie man auf die Freundschaftsbeziehung Rücksicht nehmen kann:

1. Umgruppierungsentscheidungen sollten so getroffen werden, dass bestehende Bindungen aufrechterhalten werden können.

2. In der Praxis wird es selten möglich sein, die Beziehungsgefüge vollständig zu erhalten. Es sollte darauf geachtet werden, dass Tiere nicht einzeln umquartiert werden, sondern idealerweise soziale Einheiten, möglichst aber mindestens ein Paar guter Freunde.

3. Privat können oft nur wenige Tiere gehalten werden. Dann kann es passieren, dass zwei Tiere keine Freunde werden. Entscheiden Sie sich für eine Notlösung und setzen Sie einen Partner hinzu. Ein Partner ist besser als keiner. Vorausgesetzt, die Tiere bekämpfen sich nicht.

Oktopus Amadeus

Plötzlich und völlig unerwartet schaut mich Amadeus mit großen Augen an und fuchtelt mit seinen Extremitäten. Er muss etwas loswerden und fährt mich mit scharfem Ton an: »Das ist wieder typisch für euch Menschen. Du hast uns Wirbellose völlig vergessen. Auch wir Oktopusse bauen Freundschaften auf. Einer meiner Kollegen hat mit einer jungen Kamerafrau Freundschaft geschlossen. Er kommt im Film ›Wenn die Tiere reden könnten …‹ von dir und Volker Arzt sogar vor. Wie konntest du so etwas vergessen!«

Die Darsteller sind Natalie, die Kamerafrau, und der Oktopus Ödipus. Amadeus hat recht. So eine Beziehung zwischen Mensch und Tier war meiner Gedankenwelt völlig fern. Tauchen wir unter und beobachten Natalie. Sie schwimmt direkt zur Höhle von Ödipus. Er bemerkt sie und verlässt seine Höhle. Was er bei einer fremden Person nie machen würde. Die Höhle bietet ihm Schutz vor Feinden, und wir Menschen gehören in aller Regel dazu. Er schwimmt furchtlos auf Natalie zu und umarmt sie mit seinen acht Armen. An jedem Arm sind zwei Reihen wehrhafter Saugnäpfe und solche, mit denen er sie beriechen und betasten kann. Was er sorgfältig tut, er beriecht ihren Anzug und ihre Hände. Und was er dort wahrnimmt, scheint er zu genießen. Oktopusse sind viel einfacher gebaut als Säugetiere. Sie sind verwandt mit Schnecken und Muscheln, und dennoch haben diese Geschöpfe Gefühle. Dass dieser Oktopus Freundschaft mit Natalie geschlossen hat, ist ganz offensichtlich. Die beiden schwimmen im Meer. Er hält sich an ihren Armen fest, und sie schauen sich tief in die Augen. Ich weiß nicht mehr, wie lange die Begegnung dauerte, aber ich glaube, sie waren etwa 30 Minuten zusammen. Als Natalie ihn in die Höhle zurücksetzte, protestierte der Oktopus. Er hielt sich immer wieder an Natalie fest und wollte sie nicht loslassen. Aber Natalie musste ihn verlassen, ihr ging die Luft aus. Wann immer es ihr möglich war, besuchte sie ihren Freund Ödipus. Oktopusse gehören zu den unterschätzten Tieren. Wir werden noch über ihre geistigen Leistungen staunen.

Freundschaft zwischen Mensch und Oktopus? Die gibt es tatsächlich.

Eine Idylle in der Schweiz

Meine Frau und ich kommen gerade aus der Serengeti zurück. Wir haben Bilder im Kopf, die wir niemals vergessen. Wir riechen sie noch, wir genießen es, alleine mit den Tieren und der Landschaft zu sein. Ein Bild des Friedens prägte sich in unsere Köpfe ein. Über was wir immer wieder sprechen, ist die Angst der Menschen, die sie vor diesen wilden Tieren haben. Sicherlich töten Löwen, Leoparden und Geparden andere Mitbewohner der Steppe. Aber der Grund liegt auf der Hand, auch sie müssen fressen. Sie töten nicht aus Lust und Tollerei wie wir Menschen. Wir atmen den morgendlichen Frieden ein und beobachten, wie viele Tierarten zusammen auf diesem Fleckchen Erde leben. Ein Traum, aber was hat dieser Traum mit der Schweiz zu tun?

Wir sind bei Monika eingeladen. Sie wohnt in der herrlichen Schweiz. Als wir uns dem eingezäunten Grundstück nähern, werden wir von zwei Schweinen und Pferden begrüßt. Eines der Pferde streckt seinen Kopf über den Zaun und wiehert. Wir treten ein. Eine ganze Menagerie von Tieren betrachtet uns. Hunde, Katzen, Pferde, Ponys, Schweine und ein Fuchs. Sie leben friedlich beieinander. Monika darf nicht fehlen. Herzlich werden wir von ihr begrüßt. Einige der Mitgeschöpfe sind bei ihr gestrandet und haben das große Los gezogen. Die Bindung, die sie zu den Tierpersönlichkeiten aufbaut, ist phänomenal. Das Zusammenleben erinnert mich an die Serengeti. Man spürt den Frieden. Auch die Pferde dürfen Monika in ihrem Haus besuchen. Eines von ihnen hat gelernt, die Tür zu öffnen und Monika beim Futterzubereiten über die Schulter zu gucken. Zur Essenszeit kommen auch die Schweine ins Haus. Sie fordern ihr Futter ein, aber bevor es etwas zu fressen gibt, muss Eber Ferdinand »Sitz« machen wie ein Hund. Der Schäferhund-Mix Teddy sitzt neben Schwein Ferdinand. Beide schauen Monika artig an und betteln mit ihren Blicken um Futter.

Sind die Bäuche voll, zieht sich Ferdinand zurück, um ein Nickerchen zu machen. Was ist dabei besser geeignet als Monikas Schlafstube. Ein Sprung ins Bett und die Beine strecken, was gibt es Schöneres? Wenn Monika sich dazulegt, liegen beide im Bett und genießen den Abend. Eine Stunde später vielleicht schleichen sich zwei wilde Füchse ins Haus. Monika hat extra für die beiden eine Öffnung in die Tür gesägt. Wie selbstverständlich erwarten sie ihr Futter. Alle sind sie vereint. Ein Ort des Friedens und der Toleranz. Wir können viel von Monika lernen. Vielleicht ist ihre wichtigste Botschaft: Habe Respekt vor unseren Mitgeschöpfen, auch sie haben ein Recht, auf diesem Planeten zu leben.

Wer passt zu wem? Partnerwahl

Wer hätte sich diese Frage in seinem Leben nicht schon gestellt? Neue Erkenntnisse zur Biologie der Partnerwahl bei Mensch und Tier sind überraschend, aber auch ernüchternd. Eines der erstaunlichsten Experimente der Natur ist das Zusammenführen unterschiedlicher Geschlechter, um sich fortzupflanzen. Bei vielen wirbellosen Tieren hält sich das Wunder in Grenzen, denn sie paaren sich mit dem Nächstbesten, dem sie in der Fortpflanzungsphase zum richtigen Zeitpunkt begegnen. Aber Wirbeltiere, besonders Vögel und Säugetiere, sind wählerisch. Sie stellen Anforderungen an den Partner. Ein sich geschlechtlich fortpflanzendes Tier muss sich um einen geeigneten Partner bemühen.

Wer ist der Beste?

Seit vielen Jahren lebe ich mit einer Wellensittichschar zusammen und beobachte meine kleinen Freunde genau. Immer wieder frage ich mich, wie sie zusammenfinden und wie sie entscheiden, wer zu wem passt. Heute wissen wir mehr.

Wellensittiche sind in der Lage, lebenslang neue Laute zu lernen. Das hilft ihnen beim Wettstreit um die Gunst der Weibchen, denn die Weibchen bevorzugen denjenigen, der am besten ihre eigenen Laute nachahmen kann. Die Damen beurteilen also, wie gut der Freier den neuen Gesang gelernt hat. Die Lernfähigkeit der Männchen bezüglich des Gesangs steht unter einem harten Auswahlverfahren. Mir ist kein Beispiel im Tierreich bekannt, wo die Lernfähigkeit so eindeutig selektiert wird. Aber Wellensittichdamen sind wählerisch. Außer seiner Gesangsbegabung muss das Männchen auch das entsprechende Outfit haben.

Es war eine kleine Überraschung, als E. Zampiga vom Konrad-Lorenz-Institut in Wien entdeckte, dass Wellensittiche auf Reinlichkeit Wert legen. Sie bevorzugen Männchen, deren Backengefieder sauber ist. (→ Quellennachweis, Zampiga/Hoi /Pilastro, Seite 301) An den Reinlichkeitssinn der Vögel wollte niemand glauben. Man vermutete eher, dass ein sauberes Gefieder das Licht besser reflektiert. Diesen Gedanken verfolgte die Biowissenschaftlerin Dr. Kathryn Arnold mit ihren Kollegen von der University of York. Sie fand heraus, dass die Weibchen bei der Partnerwahl Männchen mit fluoreszierendem Gefieder bevorzugen. In trickreichen Versuchen konnte er zeigen, dass das Backengefieder UV-Licht absorbiert und das Fluoreszenzlicht reflektiert. Die gelben Federchen strahlen dann viel heller und glänzender. (→ Quellennachweis, Arnold, Seite 299)

Einen ähnlichen Effekt erleben Sie in einer blau ausgeleuchteten Disco, deren Licht einen hohen UV-Anteil besitzt. Weiße Kleidung strahlt dann stärker. Für die Damen sind die »Strahlemänner« die gesünderen und besseren Väter. Die Männchen, so scheint es, sind bescheidener. Zumindest bei den Wellensittichen. Sie bevorzugen Weibchen, die schon einen Brutkasten oder eine Höhle gefunden und erobert haben. Das klingt berechnend, auch wenn es nicht bewusst geschieht.

Gefühle für den Partner spielen bei diesen Erklärungen der Partnerwahl keine Rolle. Aber ich glaube, das ist nicht die vollständige Erklärung, sondern sie sind einzelne Blumen in einem Strauß von Eigenschaften. Die Wellensittichdame Mini hat mir die Augen geöffnet. Sie zeigte mir, dass bei diesen kleinen bunten Vögeln auch Gefühle im Spiel sein könnten. Mini musste wegen eines Gerstenkorns am Auge tierärztlich behandelt werden, und unglücklicherweise wurde sie das Opfer eines Kunstfehlers. Das Auge lief aus, und Mini erblindete auf dem Auge. Ihre Raumwahrnehmung war gestört, und das bedeutete, dass sie kaum noch fliegen konnte. Trotzdem ließ ich sie in der Voliere, weil Wellensittiche den Artgenossen brauchen. Die ersten Tage beobachtete ich die bunte Schar sorgfältig, um frühzeitig zu erkennen, ob irgendwelche anbahnenden Streitigkeiten aufloderten. Und glücklicherweise blieb alles friedlich. Aber das ist nicht immer so.

Mit behinderten Artgenossen können Wellensittiche grausam umspringen. Ich habe nämlich schon erlebt, wie ein Vogel mit einer genetischen Schnabelverkürzung fast zu Tode gejagt wurde. Ich musste ihn schließlich schweren Herzens aus der Voliere nehmen. Mini flatterte nur noch von Ast zu Ast und war deutlich behindert. Nach ein paar Tagen war sie dann aber in der Lage, Schlaf- und Fressplätze ohne einen Flügelschlag aufzusuchen. Ich war beruhigt, und so sollte es den ganzen Sommer über bleiben.

Wellensittichdame Mini findet einen Partner

Wie jedes Jahr im Herbst kommen meine Wellensittiche in Brutstimmung. Sie beginnen zu balzen, zu schnäbeln, und sie paaren sich. Spätestens jetzt wird es Zeit, Brutkästen in der Voliere aufzustellen. Die Weibchen kämpfen mit harten Bandagen um die Brutkästen. Die stärksten Weibchen beziehen immer die höchstgelegenen Kästen. Um »Mord und Totschlag« zu vermeiden, biete ich ihnen stets die doppelte Anzahl an Nistkästen an. Bis alle ihre Kästen besetzt haben, ist Vorsicht geboten. Mir war klar: Das ist das Aus für meine einäugige Mini. Weit gefehlt. Mini mischte im Kampf um die Kästen mit. Sie bezog zwar nur den untersten Kasten, dennoch benagte und bearbeitete sie ihn nach allen Regeln der Wellensittich-Kunst. Ein »Haus« hatte sie sich zwar erobert, aber wo bleibt der Mann? Zu meiner Überraschung hatte sie sogar die Wahl unter den vielen Männchen, die sie anbalzten. Obwohl sie selbst ihr ganzes Bauchgefieder verloren hatte. Sie sah wirklich kümmerlich aus, aber das schien die Herren nicht zu stören. Letztendlich entschied sie sich für einen blauen zweijährigen Hahn, mit dem sie häufig zusammensaß und schnäbelte. Beide bekamen drei grüne Wellensittich-Kinder. Es herrschte Frieden in der Voliere.

Inzwischen haben Verhaltensforscher die Suche nach den Herzenswünschen der Weibchen im Tierreich aufgenommen und stellten fest: Mal ist es der Protein-Geruch, mal sind es die längsten Stielaugen, mal ist es die lauteste Stimme, mal Jagderfolg, mal Mut. Beeindrucken heißt das Rezept, das viele Männchen befolgen. Sie glänzen mit körperlichen Leistungen, Mustern und Farben, um auf sich aufmerksam zu machen. Sich vom Konkurrenten zu unterscheiden, ist das Ziel. Schau, ich bin der Beste, der Schönste, heißt die Devise. Selbst Bluff ist bei der Eroberung der Herzensdame erlaubt.

Und warum der ganze Aufwand? Weil Weibchen eben das Außergewöhnliche bevorzugen. Weiblicher Geschmack ist der Selektionsdruck, der Aussehen und Auftreten von männlichen Tieren entscheidend bestimmt. Nun wissen wir, warum sich zum Beispiel die Farbenpracht männlicher Käfer, Schmetterlinge und Vögel entwickelt hat. Die Frauen wollen es einfach so ...

Wer wird der Auserwählte?

Frauen prüfen ihren Partner auf Herz und Nieren, bevor sie sich emotional und sexuell mit einem Mann einlassen. Darauf kann man aus Versuchen, die amerikanische Wissenschaftler durchführten, schließen. Junge Studentinnen und Studenten wurden aufgefordert, einen jungen Mann oder eine Frau »anzubaggern«. 50 Prozent aller angesprochenen jungen Männer ließen sich zu einem Kaffee einladen. Von diesen wiederum folgten 69 Prozent dem Angebot, mit in die Wohnung der Frau zu kommen, und 75 Prozent dieser Männer wären noch am selben Abend für Sex bereit gewesen. Von den angesprochenen Studentinnen nahmen ebenfalls die Hälfte die Einladung zum Kaffee an, aber nur 6 Prozent davon ließen sich zu einem Hausbesuch überreden, keine indes zum Geschlechtsverkehr.

Psychologen interessiert aber auch, welche Merkmale des Mannes für eine Frau besonders interessant sind. Wie immer, haben sie dazu Befragungen durchgeführt. Man wollte wissen, welche Rolle die Intelligenz des anderen bei der Verabredung eines Meetings spielt. Mittelmäßig, das war die häufigste Antwort beider Geschlechter. Ging es jedoch um die Aussicht, mit der oder dem anderen Sex zu haben, unterschieden sich die Antworten deutlich: Männer waren bereit, sich auch mit unterdurchschnittlich begabten Partnerinnen zufriedenzugeben. Frauen hingegen bestanden auf überdurchschnittlicher Intelligenz.

Aber das ist natürlich nicht die ganze Geschichte. Jeder weiß, dass auch das Aussehen bei der Wahl eine wichtige Rolle spielt. Japanische und britische Forscher zeigten jungen Frauen Bilder von kantigen und weichen Männergesichtern. Wichtig ist, die Frauen nahmen keine Verhütungsmittel in der Zeit der Befragung. Welche Gesichter bevorzugten die Frauen? Die Frauen entschieden sich überwiegend für die weichen Gesichter, weil sie die Abgebildeten als jünger, ehrlicher und gefühlvoller hielten. Das war eine Überraschung. Das Bild drehte sich, als die Frauen auf dem Höhepunkt ihrer Empfängnis waren. Dann wählten sie die kantigen, harten Gesichter. Ergebnis vieler Studien: Frauen wählen den gefühlsbetonten Mann für die Partnerschaft und den dominanten, kantigen Mann für das sexuelle Abenteuer.

Wie kann man sich dieses Wahlverhalten von *Homo-sapiens*-Frauen erklären? Machen wir einen kurzen Abstecher nach Bern. Hier untersucht Professor Wedekind und sein Team das Riechverhalten von Mäusen und Menschen. Er fragt sich, wie andere Arten die wichtige Entscheidung der Partnerwahl treffen. Die Schweizer Wissenschaftler fanden heraus, dass Mäuse, die durch Inzucht über Generationen nahezu erbgleich gezüchtet wurden, dennoch unterschiedliche Gene haben. Welcher Geruchsstoff im Körper produziert wird, steht in seinen Genen. Sie sind dafür verantwortlich, wie wir riechen und welches Geruchsmolekül entsteht. Am attraktivsten finden Mäuse-Weibchen den Duft des Mäuse-Mannes, der sich von ihren Geruchsgenen am meisten unterscheidet. Wie gesagt, jedes Tier hat eine eigene Duftnote. Mäuse können quasi vom Duft des anderen auf seine Genausstattung schließen. Der Duft ist also der Schlüssel zur Wahl.

Warum? Diese Wahl verhindert die Inzucht und fördert in der nächsten Generation die Vielfalt des Erbgutes. Dadurch entstehen neue Kombinationen des Erbgutes. Dies wiederum ist ein enormer Vorteil bei der Abwehr von Krankheitserregern. Denn diese können sich nur schlecht ausbreiten, wenn sie immer wieder mit genetisch neu gemischten Individuen und deren entsprechend neu formierten Abwehrmechanismen konfrontiert werden. Einen genetisch unterschiedlichen Partner zu finden, kann somit für Mäuse evolutorisch hilfreich sein.

Verlassen wir den Mäuseschauplatz und schauen auf uns Menschen. Professor Wedekind und sein Team testeten Frauen, wie sie auf verschwitzte T-Shirts reagieren, die Männer an zwei aufeinanderfolgenden Nächten trugen. Ziel dieser Versuche ist es herauszufinden, ob Frauen einen bestimmten Schweißgeruch bevorzugen und damit auch eine bestimmte Genausstattung. Ein Ergebnis dieser Studie zeigte: Bei der Partnerwahl haben Frauen den richtigen Riecher. An flüchtigen Duftsignalen der Haut, die bei jedem Mann anders gemischt sind, erkennen sie, ob die Chemie stimmt. Sie wählen denjenigen, der sich deutlich von ihren Genen unterscheidet. Vielfalt der Gene heißt die Devise, um gegen Krankheiten gefeit zu sein. Welche erstaunliche Ähnlichkeit mit Mäusen!

WISSEN KOMPAKT

Bindung ist ein lebenswichtiges System in der Entwicklung vieler Tierarten und hat in der Evolution einen hohen Anpassungswert erreicht.

1. *Zu einer intakten Bindung eines Lebewesens gehört zum Beispiel das Erleben von Verbundenheit, Nähe, Zärtlichkeit und Schutz.*
2. *Harlows Experimente zeigen, dass eine normale Mutter-Kind-Bindung die Voraussetzung für spätere Sozialisierungsprozesse ist. Fehlt die Bindung, sind schwere Entwicklungsstörungen möglich.*
3. *Prägung ist ein Lernprozess, der an eine sensible Phase in der Entwicklung eines Individuums gebunden ist. Diese Lernprozesse finden in einer festgelegten oder kritischen Phase statt. Prägung ist nicht reversibel und bleibt zum Teil lebenslänglich stabil. Konrad Lorenz zeigte die stabile Struktur der Bindung mit der Nachlaufprägung bei Entenküken (→ Abbildung, Seite 36).*
4. *Hatte das Lebewesen während der sensiblen Phase keine entsprechende Lernmöglichkeit, kommt es zu Entwicklungsstörungen.*
5. *Seit mehr als 35 Millionen Jahren war Sicherheit für ein Primatenbaby gleichbedeutend damit, Tag und Nacht ganz nah bei seiner wärmenden, schützenden und nährenden Mutter zu bleiben und sie schnell von anderen unterscheiden zu können. Trennung erzeugt Angst. Wenn es die Verbindung verlor, war das Baby so gut wie tot. (→ Quellennachweis, Blaffer-Hrdy, Seite 299).*
6. *Das Hormon Oxytocin bewirkt die Kontraktion des Uterus und den Milchfluss in den Brustwarzen. Oxytocin gilt aber auch als »Universalkleber«, der gleichermaßen Eltern an ihre Kinder bindet und Paare zusammenschweißt. Grundlage dieser Schweißnaht ist das Vertrauen in den anderen. Signalisiert ein Fremder uns gegenüber friedliche Absichten, verstärkt es unsere Neigung, ihm zu vertrauen. Unser Gehirn reagiert auf die freundlichen Signale, indem es Oxytocin produziert. Aber auch unsere Verwandtschaft vom Schimpansen bis zur Maus reagiert mit einem Anstieg von Oxytocin im Blut.*
7. *Oxytocin spielt sowohl bei der Tier-Tier-Bindung als auch bei der Mensch-Tier-Bindung eine ganz entscheidende Rolle. Forscher*

ließen 30 Herrchen und Frauchen eine halbe Stunde mit ihren vierbeinigen Freunden spielen und schmusen. Eine Gruppe von Hundehaltern sollte möglichst intensive Blickkontakte mit ihren Tieren halten. Vorher und nachher maßen die Forscher den Oxytocingehalt in Urinproben von Mensch und Hund. Die Auswertung der Proben war überraschend: Bei den Menschen und Hundepaaren, die sich am längsten in die Augen sahen, wurde ein deutlich erhöhter Oxytocin-Spiegel gemessen.

Im Konferenzraum der Tiere

Immanuel beendet das Thema Beziehung und Bindung. Sein Resümee ist kurz und knapp: »Wir haben gesehen, dass Tiere ebenso Bindungen untereinander als auch zu Menschen eingehen können. Diese Bindungen werden von Gefühlen begleitet. Das Hormon Oxytocin wirkt im tierischen Körper ähnlich wie bei uns Menschen.«

Jetzt meldet sich **Schwein Edeltraut** zu Wort: »Warum glaubt ihr Menschen, dass ihr etwas Besonderes seid im Vergleich zu uns Tieren? Auch ihr seid Kinder der Evolution und müsst euch an die Bedingungen des Lebens anpassen. Jede Tierart sucht sich ihre Nische, in der sie überleben kann. Einige von uns haben den Luftraum erobert, wieder andere das Meer, die Seen und Flüsse. Und bei euch hat sich ein sehr leistungsfähiges Gehirn herausgebildet. Das ist toll, aber nichts Besonderes.

Deine Vorfahren hatten ein kleineres Gehirn und einen etwas anderen Körperbau, so wie früher Hirsche ein größeres Geweih hatten. Wir alle auf diesem Planeten verändern uns, weil es nichts Konstantes im Leben gibt. Ich glaube, das ist ein Naturgesetz – so wie die Erde um die Sonne kreist und der Mond um die Erde. Wir sind eingebunden in diesen Lebensstrom, ohne uns könnt ihr nicht überleben und wir nicht ohne euch. Auch die Menschen können etwas von den Tieren lernen. Und schaut uns doch genauer an: Wir alle haben Beine und Arme oder umgestaltete Gliedmaßen, ihr tragt Kleider, wir haben ein Fell, Federn oder eine glatte Haut, aber das sind doch nur geringe Unterschiede. Wo sind eure Wurzeln zu finden?«

Woher wir kommen, wohin wir gehen

Wie so oft auf dem Weg in die Serengeti, machen wir einen Abstecher in die Olduvai-Schlucht. Sie gilt – gemeinsam mit anderen Orten in Afrika – als Wiege der Menschheit. An der Abzweigung dorthin saß am Wegesrand ein junger, vermutlich sehr hungriger Massai-Mann mit einem langen Speer in der Hand. Wir hatten Mitleid mit ihm, aber das war nicht das Besondere. Sein weiß bemaltes Gesicht erweckte unsere Neugier und erzeugte unterschwellig Furcht. Wir verstanden diese Welt nicht: Was macht ein solch bemalter Jüngling bloß allein in der Wildnis? Das Geheimnis lüftete unser Fahrer. Es gehört zum Brauch der Massai, dass ein junger, beschnittener Mann alleine mit einem Speer einen Löwen tötet. Er muss die Mutprobe bestehen, wenn er geachtet in seinem Stamm leben möchte.

Auf den Spuren der Menschheit

Dieser junge Massai öffnete uns ein wenig die Augen. Er demonstrierte uns die Vergangenheit. Von Minute an waren wir in einer anderen Zeit, und dieser Eindruck sollte sich noch verstärken, als wir schliießlich an unserem Ziel angekommen waren.

Wir tauchen in eine Zeit ein, als die Menschen begannen, auf zwei Beinen zu laufen. Wir betreten den Ort, an dem Mary und Louis Leaky Ausgrabungen durchführten. Ihnen zu Ehren wurde ein kleines Museum gebaut. In den Vitrinen sieht man Skelette von Tieren längst vergangener Zeit. Man sieht Vorfahren von Tieren, die heute in der Serengeti leben. Mary und Louis machten so bedeutende Fossilfunde, dass sie die archäologischen Erkenntnisse revolutionierten. Die Olduvai-Schlucht wurde durch sie weltberühmt. Selbst Hillary Clinton hat mit ihrer Tochter diesen Ort aufgesucht.

In der Schlucht fand man Knochen von drei Menschenarten. Sie lebten vor mehr als zwei Millionen Jahren. Der Hartnäckigkeit und dem Durchhaltevermögen von Mary Leaky verdankt die Menschheit, dass sie drei ihrer Vorfahren kennenlernte. Es waren die ersten Menschen, die sich zwar in ihrem Aussehen unterscheiden, aber eindeutig Menschen waren. Ihre Gehirne waren deutlich kleiner als die des heutigen Menschen, aber größer als die von Schimpansen.

Meine Frau und ich kamen ins Grübeln und fragten uns, warum sie gerade in diesen relativ trockenen Savannen-Landschaften Skelette von Frühmenschen gefunden hatten. Es ist kein Ort, an dem sich Affen gerne aufhalten. Außer kleinen Paviangruppen sahen wir keine Affen, geschweige denn Schimpansen, unsere nächsten Verwandten. Wir haben unsere haarigen Vettern in Uganda im Kibale-Wald beobachtet. In diesem Dschungel klettern die Tiere schreiend und tobend von Baum zu Baum, laben sich an Früchten und streiten sich. Noch nie haben wir so streitsüchtige Tiere gesehen wie die Schimpansen. Sie erinnern stark an die menschliche Gesellschaft.

Zurück zu unserer Frage: Was hat den Vormenschen hierher gelockt? Ein Blick auf den Wetterbericht vor Tausenden von Jahren gibt die Antwort. Hier herrschten damals völlig andere Klimabedingungen.

Die Olduvai-Schlucht gab es noch gar nicht, statt ihrer war hier ein See voll von Flusspferden, Flamingos und Elefanten, die sich am Uferrand suhlten. Und die Menschen bauten sich Steinwerkzeuge, um die wilden Tiere zu jagen. Ohne diese Steinwaffen hätten sie keine Chance gehabt zu überleben. Sie mussten sich gegen Löwen und Hyänen verteidigen. So wie der junge Massai-Mann heute, den wir einsam in der Savanne sitzen sahen – nur besitzt dieser eine bessere Technik.

Mehrere Vulkanausbrüche, zum Beispiel der Ngorongoro-Krater, veränderten das Leben von heute auf morgen. Und begruben Mensch und Landschaft unter sich. Wie das Leben ausgesehen haben mag, verrät der Ngorongoro-Krater. Man kann heute mit dem Jeep in den Krater hinunterfahren. Und das Paradies öffnet seine Tore.

Ein sensationeller Fund

Mary Leakey war ihrer Wissenschaft gänzlich verfallen. Bis ins hohe Alter leitete und führte sie Ausgrabungen durch. Ungefähr 40 Kilometer von der Olduvai-Schlucht machten sie und ihre Mitarbeiter eine sensationelle Entdeckung. Sie fanden die Fußspuren der ersten auf zwei Beinen gehenden affenähnlichen Menschen. Die Spuren gehörten dem Vormenschen *Australopithecus afarensis.*

Vermutlich einen Artgenossen dieser Zweibeiner fanden Paläontologen 1974 einige Hundert Kilometer nördlich von hier in Äthiopien. Die Wissenschaftler gaben dem Skelett den Namen Lucy – nach einem Beatles-Song, den sie am Abend im Zelt anhörten: »Lucy in the Sky with Diamonds«. Lucy war recht klein. Sie maß nur wenig mehr als einen Meter – und hatte ein Gehirn, das nicht viel größer war als das der heutigen Menschenaffen.

Die Fossilien gehören nach Meinung vieler Forscher mit 3,1 Millionen Jahren zu den ältesten und vollständigsten Überresten menschlicher Vorfahren. Es wird wissenschaftlich jedoch noch diskutiert, ob der heutige Mensch tatsächlich aus dem *Australopithecus afarensis* hervorging. Die Überreste von Lucy liegen heute im National-Museum von Addis Abeba, der Hauptstadt Äthiopiens. Ihre Entdeckung war ein großer Schritt in unserer Ahnentafel.

Wanderer zwischen den Kontinenten

Man nimmt an, dass sich vor etwa 1,9 Millionen Jahren einige unserer Vorfahren auf den Weg machten, den Heimatkontinent Afrika zu verlassen. Vermutlich nicht aus Freude und Neugierde, sondern aus Not. Es ist die Zeit großer klimatischer Veränderungen. In Ostafrika ist der immergrüne tropische Regenwald geschrumpft, und Savannen haben sich gebildet. Einer der Flüchtlinge war sicherlich *Homo ergaster*. Er war körperlich bevorteilt. Er hatte ein flaches, weniger schnauzenartiges Gesicht, ein dem heutigen Menschen ähnliches Skelett und ein relativ großes Gehirn, das etwa 900 Kubikzentimeter misst. Das ist in etwa die Hirngröße eines einjährigen Kindes – der heutige, erwachsene Mensch bringt es auf rund 1500 Kubikzentimeter. Zudem war *Homo ergaster* groß und hatte kräftige Beinknochen. Beste Voraussetzungen für einen Wanderer. Er hatte Afrika verlassen und sich bis nach Asien ausgebreitet. Aus ihm gehen weitere Menschenarten hervor, die sich über die Erde ausbreiten. Letztlich überlebt nur *Homo sapiens*, und das sind wir.

Unser enger Verwandter, der Neandertaler

Aber auch in Europa entdeckten Wissenschaftler Skelette unserer Vorfahren. Im Jahre 1856 fanden Bergarbeiter Teilskelette eines Frühmenschen. Er bekam den Namen seines Fundortes Neandertal, das zwischen Erkrath und Mettmann in der Nähe von Düsseldorf liegt (→ Abbildung, rechts). Neandertaler könnten die Nachfahren der ersten Afrika-Auswanderer sein. Sie lebten in ganz Europa in voneinander isolierten Gruppen.

Ein frommer Wunsch? Der DNS-Code

Generationen von Menschen wollen wissen, wo ihre Wurzel der Entstehung ist. Kurz, woher sie kommen. Paläontologen haben für diese Wanderung plausible und überzeugende Argumente. Aber ein Beweis im strengen Sinne ist das nicht. Viele Argumente sind Spekulationen. Darum ist sie für viele Wissenschaftler immer noch ein Geheimnis, und ihnen raucht der Kopf bei der Lüftung dieses Geheimnisses. Dank der Paläogenetik kam Licht in das Dunkel.

Meerkatze

Australopithecus afarensis

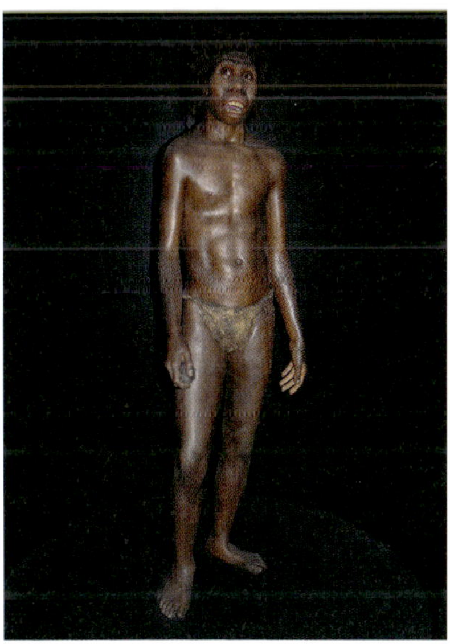

Homo ergaster

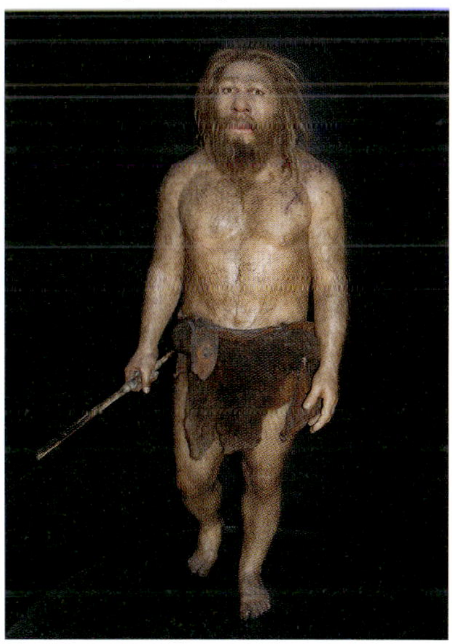

Neandertaler

Einer der führenden Köpfe dieser Forschungsrichtung ist der Schwede Svante Pääbo, Professor am Max-Planck-Institut in Leipzig. Ihm und seinem Team gelang es, in die molekularen Dimensionen des Neandertalers vorzustoßen. Sie isolierten aus seinen Knochenzellen winzige Mengen von DNS. Das sind die Erbmoleküle, die jedes Lebewesen besitzt – außer einigen Retro-Viren. Sie hielten in ihren Händen Erbmoleküle von einem Menschen, der vor mehr als 30 000 Jahren lebte.

Halten Sie einen Moment inne, um zu begreifen, was Menschen hier geleistet haben. Mit modernster Biochemie und Biotechnik sind Forscher in die Vergangenheit getaucht. Sie bohrten einen Neandertalerknochen an, in der Hoffnung, Zellen zu finden, in denen Reste von DNS enthalten sind (→ Wissen kompakt, Seite 62). Die Wissenschaftler konnten in einer Sisyphusarbeit den DNS-Code entziffern. So fand man etwa heraus, dass die Neandertaler ein Gen besaßen, das sie bittere Stoffe schmecken ließ. Man vermutet, dass sie Pflanzen wie Schafgarbe und Kamille nicht nur wegen des Geschmacks, sondern auch als Medizin nutzten. Vermutlich zeigen auch die noch heute vorkommenden Genabschnitte des *Homo sapiens*, die auf den Neandertaler hinweisen, dass wir ein reiches Erbe geschenkt bekamen. Durch die Anpassungen des Neandertalers an Krankheitserreger konnten auch wir uns den neuen Umweltbedingungen stellen und große Immunität erlangen.

Pääbo und sein Team verglichen den DNS-Code von *Homo sapiens* mit dem des Neandertalers. Das Team hatte einige Jahre zuvor festgestellt, dass sich der DNS-Code von Schimpansen von unserem nur in etwas mehr als einem Prozent unterscheidet. Pääbo: »Die Neandertaler mussten uns natürlich noch viel näherstehen. Aber – das war ungeheuer spannend – unter den wenigen Abweichungen, mit denen wir im Neandertaler-Genom rechneten, mussten genau jene sein, durch die wir uns von allen früheren Menschenvorläufern unterscheiden, nicht nur von den Neandertalern, sondern beispielsweise auch von Lucy.« (→ Quellennachweis, Pääbo, Seite 301) Wer etwas tiefer in die Materie einsteigen will, dem empfehle ich sein Buch »Die Neandertaler und wir«. Ein Fazit seiner Forschung: Die Neandertaler sind die engsten ausgestorbenen Verwandten der heutigen Menschen.

Begegnung mit den Vorfahren

In Burgos, einer schönen Stadt in Spanien, bewunderten wir den Dom und waren begeistert von der wunderbaren Altstadt. Aber die größte Überraschung war das Naturwissenschaftliche Museum. Wir begegneten unseren Vorfahren.

Die Museumsleitung hat Bilder von unseren Vorfahren erstellt, so wie es sich die Paläontologen aufgrund ihrer Funde vorstellten. Sie zeigen einerseits, wie ähnlich wir untereinander aussehen, und andererseits, wie stark wir uns von ihnen unterscheiden. Man sieht sprichwörtlich die Evolution und unsere Wurzeln.

Diesen Ausflug in die Vergangenheit habe ich unternommen, um zu zeigen, dass *Homo sapiens* nicht immer so war wie heute. In den letzten Jahren ist mehr und mehr deutlich geworden, wie viel evolutionäre Natur sowohl genetisch als auch anatomisch in uns steckt. Wir sind mit Sicherheit erst spät in der Geschichte des Lebens auf dem Planeten Erde erschienen. Fest steht: Nicht nur Menschen, sondern nahezu alle Lebewesen haben sich im Laufe von Tausenden von Jahren in ihrem Körperbau verandert. Elefanten sind deutlich kleiner als ihre Verwandten, die Mammuts – Riesentiere mit einem zottigen Fell, um der Kälte zu trotzen. Heutige Tiger haben deutlich kleinere Zähne als der Säbelzahntiger. Das Leben ist im Fluss, und wie sich Lebewesen entwickeln, hängt von den Evolutionsfaktoren ab.

Die Neandertaler waren die Ersten, denen es gelang, während der Kältezeit in Mitteleuropa zu überleben. Sie nutzten das Feuer und stellten wärmende Kleidung her. Und dennoch sind sie ausgestorben. Man diskutiert, ob *Homo sapiens* sie ausgerottet hat. Der Neandertaler und der *Homo sapiens* – das sind wir – haben vor einigen Tausend Jahren gleichzeitig gelebt.

In der Presse wird immer wieder die Frage erörtert, ob wohl eine Neandertaler-Frau und ein moderner Mann gemeinsame Kinder hatten. Die Genanalyse legt durchaus nahe, dass sich der Neandertaler mit *Homo sapiens* gepaart hat. Im Erbgut des *Homo sapiens* sind Gene des Neandertalers zu finden. Sie hatten also Kontakt. Vielleicht mit schrecklichen Folgen.

Was unterscheidet unsere Vorfahren von uns?

Das entscheidende Organ, das uns von unseren Vorfahren und anderen Lebewesen unterscheidet, ist das Gehirn, seine Größe und die dichte Verpackung der Nervenzellen. Die Nervenzellen sind untereinander verschaltet und kommunizieren miteinander. Dieses Bauprinzip ist die Wiege unseres abstrakten Denkens. Diese Architektur ermöglicht uns, schwierige mathematische Probleme zu lösen. Und Reisen ins Weltall zu machen. Uns werden Türen in den Mikro- und Makrokosmos geöffnet, wie es vermutlich kein anderes Lebewesen erlebt. Dieses Gehirn ist das Produkt der Evolution, wie alles auf diesem Planeten. Die Evolution geht weiter mit und durch uns und ohne uns.

Es hat Millionen von Jahren gedauert, bis Lebewesen auf zwei Beinen gehen konnten. *Homo sapiens* war der Sieger. Der aufrechte Gang und die höhere Entwicklung des Gehirns gehen Hand in Hand. Der Mensch ist das einzige Säugetier, das aufrecht geht. Der Vorteil ist offensichtlich. Wir bekommen die Hände frei, etwa um Feuer zu machen, Gegenstände zu bearbeiten, um an Nahrung zu kommen und Waffen herzustellen, um sich zu verteidigen. Ein Blick auf die Landkarte des Gehirns macht die Bedeutung der Hand deutlich, denn sie benötigt viel Raum.

Wissenschaftler diskutieren, ob der aufrechte Gang auch für unsere Sprachfähigkeit mitverantwortlich ist. Durch den aufrechten Gang konnten sich Mund- und Rachenpartie ändern, sodass differenzierte Lautbildungen möglich wurden. Die Geburtsstunde der Sprache. Ein komplexes Kommunikationssystem war geschaffen, was Auswirkungen auf das Sozialverhalten hatte. Menschen konnten miteinander sprechen, ihre Gefühle und ihre Absichten austauschen. Heute können wir in Millionenstädten leben. Ohne die Sprache würden wir im Chaos des Miteinanders versinken.

WISSEN KOMPAKT

1. ***Die Erbinformation DNS:*** *Zur Erforschung der Abstammung der Lebewesen wird die Analyse der DNS herangezogen. Fast alle Lebewesen besitzen die Erbinformation, sie ist universell und zeigt*

anhand der Veränderungen die Geschichte der Lebewesen auf. Aus fossilen Knochenfunden lässt sie sich extrahieren.

2. ***Mutationen:*** *Die Basenabfolge ist auf der DNS festgeschrieben und verändert sich bei lebenswichtigen Informationen nur wenig. Wenn es zu Veränderungen in unserer Lebensschrift kommt, kann das zu weitreichenden Störungen führen, die krank machend oder tödlich sind. Meist sind Mutationen (Änderungen in der Basenfolge) nicht vorteilhaft für den Organismus. Einige Mutationen können aber – je nach Umwelt – auch Vorteile bringen. Dann erweisen sie sich als Motor der Evolution.*
3. ***Aufrechter Gang beim Menschen:*** *Mit der veränderten Fortbewegung vor Millionen von Jahren traten gewaltige Veränderungen auf, die einen enormen Schritt zum Menschsein bedeuteten und den Vormenschen in der Entwicklung vorantrieben. Die Vormenschen konnten sich in der Savanne bewegen und die Hände zum Herstellen von Werkzeugen benutzen. Sie waren aber gleichzeitig großen Gefahren ausgesetzt und mussten sich gegen die Feinde verteidigen. Allmählich eroberten sie ganze Kontinente und breiteten sich schließlich immer weiter aus.*

Im Konferenzraum der Tiere

Während des Gesprächs mit den Konferenzteilnehmern passiert **Oktopus Amadeus** ein kleines Missgeschick, da er etwas gelangweilt mit einem seiner acht Arme über den Tisch streift. Einer der Saugnäpfe hat sich an einem Glas festgesaugt, spielerisch fegt Amadeus beim Zurückziehen des Armes alle Teller vom Tisch. Jeder versucht auf seine Art, ihm zu helfen, die Scherben zu beseitigen. **Krähe Betty** und **Graupapagei Alex** picken, **Schwein Edeltraut** leckt die letzten Krümmel auf, **Einstein, der Fisch**, guckt groß aus seinem Wasserparadies, und die Assistentin eilt mit Schaufel und Besen herbei. Vereint ist das Malheur schnell behoben.

Erfolgreich durch Kooperation

Kein anderes Lebewesen hat die Erde so erfolgreich besiedelt wie *Homo sapiens*. Es gibt kaum noch einen Flecken auf der Erde, wo er nicht heimisch wurde. Von Alaska bis Australien, von Afrika bis Amerika, überall ist der Mensch vertreten. War es sein Egoismus oder seine Aggressivität, die ihm dies ermöglichte? Vermutlich spielen diese Eigenschaften eine Rolle, aber ausschlaggebend waren sie nicht. Wichtiger war die Fähigkeit, im Team zu arbeiten.

Die Neigung zur Kooperation

Kein Säugetier, kein Vogel arbeitet mit seinen Artgenossen so perfekt zusammen wie der Mensch. Wir musizieren zusammen, spielen Fußball, bauen mehr als 50 Kilometer lange Brücken über das Meer (China) und konstruieren Computer, die unser Denken ersetzen. Wir treten ein in das Zeitalter der künstlichen Intelligenz. Wir sind Weltmeister in der Disziplin Kooperation. Die menschliche Neigung zur Kooperation ist nicht anerzogen, sondern angeboren und genetisch fixiert. Schon Kleinkinder versuchen anderen zu helfen, ohne dazu aufgefordert zu werden. Gibt man einem einjährigen Kind ein paar Apfelstücke, teilt es sie unaufgefordert mit anderen Kindern, ohne zu zögern. Schimpansenkinder – soweit man weiß – machen dies nicht. Sie essen die Apfelstücke lieber selbst.

Gemeinsam stark, das wissen auch Löwen

Die Mittagshitze lag über der Serengeti, als meine Frau und ich durch unsere Ferngläser schauten und ein Löwenrudel, bestehend aus fünf Weibchen, beobachteten. Sie lagen, wie meistens, faul im meterhohen, goldgelben Gras. Nichts Besonderes, dachten wir. Doch plötzlich erhoben sich unsere Löwinnen. Sie standen wie Statuen da, und jede von ihnen schaute in eine andere Himmelsrichtung. Jetzt kam Bewegung in das Rudel. Wir sahen weit entfernt ein einsames, vermutlich verirrtes Gnu, das in unsere Richtung lief. Das Rudel teilte sich auf. Drei Löwinnen gingen zwar in Richtung des Gnus, aber nicht direkt, sondern geduckt am Gnu vorbei, bis sie im hohen Gras hinter ihm verschwanden. Das Gnu hatte nichts bemerkt und trottete weiter, im Rücken die drei Löwinnen. Die fünf Löwinnen hatten eine Falle aufgebaut. Drei Löwinnen kamen von hinten und zwei kauerten im Gras vorne.

Löwinnen sind bekannt für ihre ausgeklügelten Jagdtechniken. Sie beobachten sich gegenseitig bei ihren Aktionen und stimmen sich ab. Von unserem Landrover aus können wir ihre raffinierte Technik beobachten. Eine der vorderen Löwinnen kroch im tiefen Gras dem Gnu entgegen, die andere blieb zurück und beobachtete die Vorgänge, wobei sich nur ihr Scheitel über die Gräser erhob. Plötzlich bemerkte das Gnu die von vorn anschleichende Löwin, stoppte, machte auf der Stelle kehrt und rannte in Richtung der drei anderen Löwinnen. Nun schnappte die Falle zu. Eine der Löwinnen verfolgte es kurz, sprang ihm ans Genick und tötete es. Ein Festmahl für Mütter und Kinder. Alle teilten sich die Beute. Keiner wurde bevorteilt.

Das Löwenrudel kennt keine feste Hierarchie. Viele Tiergesellschaften leben in einem System, in dem einige Mitglieder sich mit untergeordneten Rollen zufriedengeben und Höherstehende respektieren. Bei den Löwen indessen kämpfen auch die Schwachen für ihre Rechte. Die Einzigen, die bei diesem Mahl störten, waren die Schakale und Geier. Im sicheren Abstand warteten kichernd die Hyänen, in der Hoffnung, dass das Rudel etwas übrig ließ.

Eine Hand wäscht die andere

Die Erforschung des Kooperationsverhaltens von Tieren war lange Zeit ein Stiefkind in der Verhaltensforschung. Das hat mehrere Gründe. Einer war sicherlich, dass die Wissenschaftler glaubten, Kooperation sei etwas typisch Menschliches. Solch ein intelligentes Verhalten traute man Tieren nicht zu. Und Kooperation schien sich auf den ersten Blick mit der Evolutionstheorie schwer erklären zu lassen. Die naive Vorstellung, der am besten Angepasste gibt die meisten Gene in die nächste Generation, musste auf ein breiteres Fundament gestellt werden.

Zurück zu anderen Rudeltieren

Bei anderen Jägern, wie zum Beispiel Wölfen, ist es nicht so leicht zu erkennen, dass sie sich während der Jagd aufeinander abstimmen. Man sieht nicht so leicht, wie sie untereinander kommunizieren. Die Schwierigkeit einer eindeutigen Zuordnung der Verhaltensweisen liegt vermutlich an der Art und Weise, wie Wölfe jagen. Sie rennen mit großer Geschwindigkeit hinter ihrer potenziellen Beute her und hetzen sie bis zur Erschöpfung. Ob Wölfe in unserem Sinne kooperativ jagen, ist auch heute noch unter den Wissenschaftlern eine heftig diskutierte Frage. Sind Wölfe, die Vorfahren unserer Hunde, überhaupt zu kooperativem Verhalten fähig? Eine wichtige Frage, wie ich meine, denn sie sagt viel über die Kommunikationsfähigkeit des Rudeltiers Wolf und vielleicht auch über die des Hundes aus.

Ein Blick in die Werkstatt der Verhaltensforschung

Silke Plagmann von der Uni Kiel wollte es wissen. Sie untersuchte das Kooperationsverhalten von Wölfen und Deutschen Schäferhunden, die in Gehegen der Uni lebten. Sie entwickelte dafür eine Testapparatur, deren genauen Aufbau zu beschreiben hier zu weit führen würde. Die Apparatur war in etwa zwei Metern Höhe auf einem senkrecht im Boden verankerten Träger montiert. An den beiden Enden der Apparatur hing jeweils ein Seil herunter.

Die Lösung der Aufgabe der Wölfe bestand darin, gleichzeitig am jeweiligen Seilende zu ziehen, um an das Futter zu kommen. Einem Tier allein war es nicht möglich, das Futter freizusetzen. Das Ergebnis war ernüchternd. Von den fünf getesteten Wölfen kooperierte keiner, obwohl jeder der Kandidaten die Technik des Seilziehens beherrschte.

Mit den Schäferhunden hatte Frau Plagmann mehr Glück. Sie kooperierten miteinander und hatten ein Verständnis für den Partner. Warum die Wölfe versagten und die Hunde nicht, wirft viele Fragen auf. Eine eindeutige Antwort darauf gibt es bis heute noch nicht. Ich glaube, es waren zu wenige Tiere im Test, und unter ihnen waren vielleicht keine Wolfspersönlichkeiten mit der Fähigkeit, sich in die Handlung seines Partners hineinzudenken.

Für diese Hypothese sprechen auch die Untersuchungen von Helene Möslinger der Uni in Wien. Auch sie untersuchte die Kooperationsfähigkeit von Wölfen, zwar mit einer anderen Testapparatur, aber mit mehr Erfolg. Die Lösung der Aufgabe bestand ebenfalls darin, dass die Wölfe gleichzeitig jeweils an einem Seilende ziehen. Das Seil umwickelte eine Apparatur, bestückt mit Futter, die die Wölfe zu sich heranziehen konnten, wenn jeder von ihnen an einem Ende des Seils zog. Die Wölfe kooperierten und zogen die Testapparatur erfolgreich zu sich und genossen die Belohnung. Sie synchronisierten schließlich ihr Verhalten und lösten die Aufgabe immer schneller.

Elefanten helfen sich

Meine Frau Sylvia und ich haben Elefanten in unsere Herzen geschlossen. Wir können sie in der Wildnis stundenlang beobachten, ohne müde zu werden. Ich weiß nicht mehr, wie viele Hunderte Stunden wir sie beobachtet haben. Aber eine Begegnung werden wir sicher nie vergessen. Es war im Tsavo-Ost-Nationalpark in Kenia.

Wir sahen, wie sich Elefanten in einem kleinen Weiher suhlten, tranken und sich gegenseitig spielerisch mit ihrem Rüssel anspritzten. Ein Augenblick des Friedens. Die Leitkuh entschloss sich zu gehen, und die Herde verstand die Zeichen. Alle machten sich auf den Weg – bis auf ein kleines Elefantenbaby. Immer wieder versuchte es, aus dem Weiher zu klettern. Aber ohne Erfolg, der Uferrand war einfach zu hoch.

Riechen, atmen, duschen, zupacken – der Elefantenrüssel ist ein Allround-Werkzeug.

Vermutlich war es die Mutter, die das Baby mit ihrem Rüssel umarmte, um es hochzuziehen. Sie stupste es auch auf der Seite an, aber das Baby war zu schwach. Es packte den Ausstieg nicht. Zwei andere Elefantenkühe beobachteten das Geschehen. Vermutlich kamen sie zu dem gleichen Entschluss. So geht das nicht. Sie stiegen in den Weiher, stellten sich hinter das Baby und schubsten es mit ihren Köpfen und Rüsseln gemeinsam aus dem Weiher.

Für uns war es klar, dass sich die drei Elefantendamen gegenseitig halfen, das Baby zu retten. Wir hatten nicht einen Augenblick Zweifel. Aber ein wissenschaftlicher Beweis für Kooperation ist das natürlich nicht. Ich kannte bis dahin keine Versuche, die zeigten, dass Elefanten kooperieren. Kooperationsforschung war einfach nicht Mode.

Joshua Plotnik und sein Team brachte Licht ins Dunkel. Er machte im Prinzip mit der gleichen Versuchsanordnung wie Frau Möslinger von der Uni Wien Kooperationsversuche mit Elefanten. Auch hier musste jeder der zwei Elefanten an einem Seil ziehen, damit sie gemeinsam einen kleinen Wagen zu sich ziehen konnten. Auf dem Wagen befand sich für jedes Tier getrennt Futter. Beide Elefanten hatten das Prinzip verstanden und zogen jeder an seinem Strang. Eigentlich könnte man mit dem Versuchsergebnis zufrieden sein. Nicht aber Plotnik. Er wollte wissen, ob die Dickhäuter wirklich das Experiment durchdachten. Und entwickelte Kontrollexperimente.

Die Forscher führten erst einen Elefanten an das Seilende heran und mit einer Verzögerung von 45 Sekunden den zweiten an das andere Ende. In den meisten Versuchsdurchgängen wartete das erste Tier auf den Kompagnon, bevor es das Seilende anpackte.

Im nächsten Versuch befestigten die Forscher eines der beiden Seile so am Wagen, dass der Elefant es zwar sah, aber mit dem Rüssel nicht greifen konnte. Kein Elefant ergriff das erreichbare Seil. Sie haben verstanden, dass sie nur dann ans Futter kommen, wenn sie beide gleichzeitig am Seil ziehen können. Sie erkannten, dass der Partner notwendig ist, um die Aufgabe zu lösen – aber auch, dass er Zugang zu dem zweiten Seilende haben muss, um die Aufgabe zu lösen. Alle Achtung, wer hätte dies gedacht!

Die Ungeliebten und Verstoßenen

Wo immer eine Ratte auftaucht, wird sie verfolgt und getötet. Bei einem Großteil der Menschen haben Ratten einen schlechten Ruf. Vielleicht liegt dieses Vorurteil an unserer gemeinsamen Geschichte. Ratten waren das Paradebeispiel eines Krankheitsüberträgers. Bei der Pest stimmt es, aber das ist auch nur die halbe Wahrheit, denn die hygienischen Verhältnisse in jener Zeit waren katastrophal. So wie man es heute noch an vielen Orten der Welt findet. Vielleicht ist der Mensch doch nicht so sauber, wie er vorgibt.

Wer sich die Mühe macht, diesen intelligenten Nager zu beobachten, kann nicht umhin, ihn sympathisch zu finden. Zumindest geht es mir so. Ausgerechnet an der Universität, wo ich meine Doktorarbeit schrieb, haben sie Erstaunliches über diese Tiere herausgefunden. Ratten sind sozial lebende Tiere und nehmen auf ihren Partner Rücksicht. Wenn ein Artgenosse in Not gerät, helfen sie ihm. Man weiß, dass sie sich für andere Ratten einsetzen, die ihnen auch schon geholfen haben. Selbst fremden Tieren helfen sie uneigennützig.

Bei einem ähnlichen Versuchsaufbau wie bei den Wölfen und Hunden mussten die Ratten an einem Gegenstand ziehen, damit ihre Nachbarin Futter bekam. Aber der Gegenstand, der bewegt wurde, konnte durch einen Widerstand manchmal leicht oder schwer in Gang gesetzt werden. Einmal musste die Ratte mehr Kraft aufwenden, ein andermal weniger. Wie viel Kraft sie aufwendete, um ihren Artgenossen zu helfen, hing von ihr ab. War das Tier im Nebenkäfig hungrig und kränklich, zog die Ratte sogar stärker am Gegenstand. War das andere Tier in einem guten Ernährungszustand, strengte sie sich nicht so an.

Sie erkannte also die Not des anderen und richtete ihr Verhalten danach. Diese Ergebnisse sprechen dafür, dass Ratten emphatisch sind. Das Tier zog stärker an dem Gegenstand, wenn der Partner im Nebenkäfig kooperativ war. Bei einem nicht kooperativen Artgenossen strengten sich die Ratten deutlich weniger an und hörten auf, an dem Gegenstand zu ziehen, wenn der Widerstand groß war. Ratten wissen also genau, mit wem sie es zu tun haben. Sie kennen ihr Gegenüber und können es richtig einschätzen.

Die große Überraschung – der Tau-Test

Versuche dieser Art hat man bei einigen Tierarten durchgeführt, zum Beispiel bei Kapuzineraffen, Orang-Utans, Schimpansen, Elefanten und Hyänen. Die Ergebnisse waren sowohl für Wissenschaftler als auch für Menschen, die Tiere lieben und kennen, eine große Überraschung. Warum? Die Bewältigung solch einer Aufgabe erfordert vom Tier, dass es das Prinzip der Aufgabe erkennt. Es muss wissen, wie es zieht und ob es Maul oder Beine einsetzt. Und es muss mit dem Partner gleichzeitig ziehen. Hört sich einfach an, ist es aber nicht. Kleinkinder hätten dabei sicherlich große Schwierigkeiten. Dieses Testverfahren hat sogar einen Namen. Man spricht vom Tau-Test.

Ein Schnabel wäscht den anderen

Kandidaten für kooperatives Verhalten sind auch die Vögel. Sie bieten sich geradezu an. Die Gefiederten leben in Schwärmen, in Gruppen und häufig in Zweisamkeit.

Es gibt wenige Vogelarten, die so gut erforscht wurden, wie die Graudrosslinge. Diese Vögel sind so graubraun wie die Wüste, in der sie leben, etwa 70 bis 80 Gramm schwer und amselgroß. Sie sind keine eleganten Flieger, dazu sind ihre Flügel zu kurz. Gerne hüpfen sie mit ihren langen Beinen im Dickicht auf dem Boden. Sie fressen fast alles, was ihnen vor den Schnabel kommt und was sie in Stücke reißen können: Insekten, Schnecken, Skorpione, kleine Schlangen und Eidechsen. Gelegentlich trinken Graudrosslinge Nektar und fressen Blüten und Beeren von Wüstenpflanzen.

Amotz Zahavi, ein israelischer Forscher, hatte ein Herz für diese Vögel. Er und sein Team konzentrierten sich auf die folgenden speziellen Aspekte des Verhaltens: Wache, Revierverhalten, das Füttern der Jungen, Spielverhalten, gegenseitiges Füttern der Erwachsenen, Morgentanz und Fütterungsverhalten sowie Kooperation, also Teamarbeit. Ihre Forschungsergebnisse können sich sehen lassen. Die Forscher arbeiten in dem etwa 50 Quadratkilometer großen Shezaf-Naturreservat. Hier leben etwa 30 Graudrossling-Gruppen.

Graudrosslinge leben nach dem Motto: Einer für alle und alle für einen.

Amotz Zahavi hatte zu fast jedem von ihnen eine persönliche Bindung aufgebaut. Er kannte die Biografien einzelner Vögel von klein auf. So auch die von Paptuv und Caschtaz. »Er kennt die Brüder schon lange, ebenso wie ihre Eltern und Großeltern. Als der Vater starb, waren die beiden Söhne auf sich gestellt. Doch obwohl halbwüchsig, fanden sie schnell eine Gefährtin und lebten von da an zu dritt. Als Nachwuchs kam, zogen sie ihn gemeinsam auf, eine Mutter und zwei Väter, als sei das selbstverständlich.« (→ Quellennachweis, Zahavi, Seite 301) Die Vertrautheit der Forscher mit ihren Vögeln erlaubte ihnen Einblicke in das Vogelverhalten, die ihnen sonst verborgen blieben.

Graudrosslinge bilden Reviere, die sie gemeinsam gegen Eindringlinge verteidigen. Nach dem Motto: Einer für alle und alle für einen. Fühlt sich eine Gruppe besonders stark, kann es in seltenen Fällen vorkommen, dass die Vögel geschlossen in ein anderes Revier einfallen und mit dessen Besitzern kämpfen. Aber das ist äußerst selten.

Meist bleiben sie lebenslang in einem Revier. Hier finden die Vögel genügend Nahrung und Schutz vor Feinden. Innerhalb jeder Graudrosslingsgruppe gibt es eine Rangordnung. Ältere Männchen sind ranghöher als junge Männchen und ältere Weibchen ranghöher als jüngere. »Graudrosslinge verpaaren sich nicht mit ihren Eltern oder anderen Graudrosslingen, die zu ihrer Gruppe gehörten, als sie schlüpften.« (→ Quellennachweis, Zahavi, Seite 301)

Die kleinste Graudrosslinggruppe besteht aus einem Elternpaar und ihren Nachkommen. Was sie machen, machen sie gemeinsam. Die Mitglieder einer Gruppe helfen einander bei der Revierverteidigung und bei der Aufzucht der Jungen. Der Nachwuchs wird gemeinschaftlich versorgt. Man wechselt sich beim Kinderdienst ab. Aber das Recht auf Kinder steht nur einem Elternpaar zu. Andere Gruppen sind komplizierter zusammengesetzt.

Das Sozialverhalten der Vögel ist facettenreich und komplex. Während die Gruppe nach Nahrung sucht, sitzt ein Vogel im Geäst eines Baumes und hält Wache. Ein potenzieller Räuber wird sofort lauthals gemeldet. Am Ruf kann die Gruppe die Gefahr einschätzen, die auf sie zukommt. Die Gruppe wägt zwischen Angriff und Flucht ab. Im Falle eines Angriffs eilen sie zu dem Wächter und unterstützen ihn. Jeder in der Gruppe muss einmal Wache schieben. Einzelne Vögel verbringen bis zu drei Stunden als Wachposten. Wächter zu sein, ist also kein leichter Job. Während seine Artgenossen fressen dürfen, muss er wachen.

Zahavis Fazit: »Dieser Wächter ist offensichtlich selbst hungrig, wenn menschliche Beobachter ihm Nahrung anbieten, nimmt er sie begierig auf, trotzdem verbleibt er auf seinem Posten.« Graudrosslinge geben Nahrung oft an andere Erwachsene ihrer Gruppe weiter, und zwar offensichtlich wiederum, bevor sie gesättigt sind, denn wenn man ihnen einen Brotkrümel anbietet, nachdem sie eben ihre Gefährten mit einem ähnlichen Brotkrümel gefüttert haben, verzehren sie ihn mit Genuss. Das tun gesättigte Graudrosslinge nicht. Sie bringen sich in Gefahr, indem sie auf Beutegreifer und Schlangen aufpassen, und sie gefährden sich, indem sie Mitgliedern beistehen und solche retten, die in ein Netz gerieten oder von einem Beutegreifer oder während eines

Kampfes von feindlichen Graudrosslingen gefangen wurden. Detaillierte Beobachtungen haben gezeigt, dass sie um das »Recht«, uneigennützig zu handeln, geradezu wetteifern.

Das genannte Beispiel legt die Vermutung nahe, dass kooperative Interaktionen beträchtliche kalkulatorische Fähigkeiten voraussetzen. Die Individuen müssen sich früherer Begegnungen erinnern, und sie müssen imstande sein, einander zu erkennen und sich daran zu erinnern, was sie gegeben und was sie erhalten haben. Sie müssen jeder selbstlosen Handlung einen Wert beimessen können, der die Kosten des Gebens in Relation setzt zu den Auswirkungen einer solchen Handlung aufs Überleben und die Fortpflanzung.

Teamworker im schwarzen Gewand

Wie nicht anders zu erwarten, kooperieren auch die klugen Raben miteinander. Sie haben verstanden, dass sie manche Probleme nur zu zweit lösen können. In einem ähnlichen Versuchsdesign wie bei den Wölfen mussten zwei Raben gleichzeitig jeder an einem Seil ziehen, um an Futter zu kommen. Wenn nur ein Rabe am Seil zieht, geht er leer aus.

Raben meistern diese Aufgabe, arbeiten aber nicht mit jedem zusammen. Das war zwar eine wissenschaftliche Überraschung, doch bei genauerem Nachdenken ist es eigentlich eine Voraussetzung für gutes Kooperieren. Hier gelten ähnliche Regeln wie in einer Fußballmannschaft. Je besser die Kooperation, desto stärker die Mannschaft. Mit Freunden arbeiten Raben am liebsten. Wenn einer im Team schummelt und zwei Stücke Käse zu sich nimmt, anstatt zu teilen, merkt sich der Betrogene dies und verweigert die Zusammenarbeit mit dem Betrüger.

Die Verkannten

Lange Zeit glaubte man, dass Kooperation für Schimpansen ein Fremdwort ist, weil sie untereinander und miteinander häufig streiten. Wer Futter bekam, war ein Konkurrent. Wissenschaftler der Emory Universität in Atlanta überprüften dieses Vorurteil.

Sie stellten elf Schimpansen vor die Wahl, Belohnung in Form von Futter durch Kooperation oder durch Wettbewerb zu bekommen. Um das Obst zu erreichen, mussten zwei oder drei Schimpansen an einem Apparat ziehen. Die Tiere konnten sich ihren Partner aussuchen, um die Aufgabe zu lösen. Sie hatten zwei Möglichkeiten, um an das Futter zu gelangen: erstens zu kooperieren oder zweitens einen Konkurrenten zu vertreiben und das Obst zu stibitzen. In den vielen Versuchen, die durchgeführt wurden, arbeitete die Mehrzahl der Schimpansen zusammen, nur vereinzelt setzten sie auf die Karten des Wettstreits.

Die Affengruppe bestand aus zehn Weibchen und einem Männchen, die über 20 Jahre zusammenlebten. Nur ein Schimpanse hatte im Durchschnitt öfters mit anderen konkurriert als kooperiert.

Sarah Boysen und ihre Schimpansen

Diese Ergebnisse decken sich mit den Beobachtungen von Sarah Boysen. Eine besonders tierliebe Forscherin. Ich hatte das Glück, zwei Tage mit ihr zusammenzuarbeiten. Sie erzählte mir eine traurige Geschichte und deutete dabei auf eine Schimpansenfrau. Die Schimpansin hat ihre gesamte Kindheit und Jugend in enger menschlicher Obhut verbracht. Sie wurde behandelt wie ein Kind. Dann sollte sie in ein Labor für medizinische Forschung. Sarah nahm sie bei sich auf. Nicht ohne große Probleme. Sarah ist ein Beispiel dafür, dass man Forschung betreiben kann und das Wohl der Tiere in den Vordergrund stellt. Ohne diesen Anspruch ist die Forschung ethisch nicht vertretbar.

Sarah Boysen und ich hatten eine gute Zeit miteinander, und ich habe dabei viel über Schimpansen gelernt, was Sie später noch lesen werden. Lassen wir Sarah selbst zu Wort kommen. »Eine kürzlich durchgeführte Versuchsreihe zeigt, dass Schimpansen selbstlos anderen helfen. Die Schimpansen beobachteten entweder einen fremden Menschen oder genetisch nicht verwandte Schimpansen, die sich mit einem Problem abmühten, zum Beispiel einen Gegenstand nicht erreichten. Die wachsamen Schimpansen halfen spontan, sogar ohne Belohnung und auch dann, wenn das Helfen erheblichen körperlichen Einsatz erforderte. Sie schienen das Ziel der sich abmühenden Menschen und Schimpansen zu verstehen und unterstützten sie dabei, das Ziel zu erreichen.« (→ Quellennachweis, Boysen, Seite 299)

Schule des Lebens

Kooperation ist ein wichtiger Meilenstein in der Evolution des Menschen. Zweifelsohne ist er Meister dieser Disziplin. Kein anderes Lebewesen auf unserem Planeten kann sich mit ihm messen. Aber Tiere kooperieren auch. Die Kooperation allein genügt meines Erachtens nicht, um die so erfolgreiche Evolution des Menschen alleine zu erklären. Es muss noch etwas geben, was Tiere kaum beherrschen. Gibt es ein Verhalten, das man im Tierreich selten beobachtet? Ich habe mein Leben lang Tiere studiert – ob Wellensittiche, Meerschweinchen, Hunde, Katzen oder Wildtiere, ich war geblendet von den spannenden Verhaltensweisen. Ich habe nie gesehen, dass ein Tier einem anderen etwas beibringt, und habe mir die Bedeutung auch nie so klar gemacht. Vielleicht war Lehren zu sehr mit Schule verbunden, und ich habe im Unterbewusstsein gedacht: Wie gut haben es Tiere, dass sie nicht in die Schule müssen. Michael Tomasello vom Max-Planck-Institut in Leipzig hat mir mit seinen Büchern »Die kulturelle Entwicklung des menschlichen Denkens« und »Warum wir kooperieren« jedoch die Augen geöffnet. (→ Quellennachweis, Tomasello, Seite 301)

Erworbenes Wissen geht nicht mehr so leicht verloren. Es unterrichten meist die Älteren die Jüngeren. Hat man einmal herausgefunden, wie man eine Speerspitze herstellt, und festgestellt, wie viel leichter dabei die Jagd ist, hat man dieses Wissen konserviert und an andere weitergegeben, indem man sie unterrichtete. Welches Material man braucht, wie man das Material bearbeitet und nicht zuletzt, wie man es einsetzt. Der große Durchbruch war sicher das Feuer. Feuer zu entfachen, war schwierig. Man musste vorsichtig sein, sich nicht selbst zu verbrennen. Die Menschen sind die einzigen Lebewesen auf dieser Erde, die dies geschafft haben. Vielleicht war das der Beginn der Technik. Ohne den anderen zu unterrichten, wäre dieses Wissen verloren gegangen, und wir würden noch wie unsere frühen Verwandten leben.

Der Funke ist übergesprungen

Feuer hat es in sich. Mit ihm waren wir in der Lage, Fleisch zu kochen und zu braten. Was hat gebratenes Fleisch mit der Evolution von *Homo sapiens* zu tun? Richard Wrangham, Professor an der Harvard Universität, hat darauf eine einfache Antwort: Gebratenes Fleisch lässt sich leichter und schneller verdauen. Das heißt, der verdauende Organismus kommt so schneller an den Energietopf, der im Fleisch steckt, und gewinnt mehr Energie. Die Ausbeute ist größer. Vielleicht war dies der Funke für das eminente Wachstum unseres Gehirns. Das Gehirn des Kleinkindes braucht 40 bis 60 Prozent seiner gesamten Energie, die das Kind durch Nahrung aufnimmt. Im Vergleich zu anderen Organen ist dies gewaltig. Fazit: Durch gebratenes Fleisch wurde unser Gehirn größer und leistungsfähiger. So die Auffassung von Richard Wrangham. Er spricht sogar von »Cooking Ape«.

WISSEN KOMPAKT

1. ***Die DNS/DNA:*** *Wer wir sind und wer wir werden, ist auch eine Frage der Genetik – und zwar eines bestimmten Moleküls, das man DNS nennt. Es ist das Erbmaterial aller Lebewesen. Die DNS oder DNA bildet einen Doppelstrang, der wie eine Strickleiter aussieht. Das Erbmaterial ist in jedem Zellkern vorhanden und erreicht bei uns Menschen pro Zelle etwa zwei Meter Länge. Es besteht aus vier Basen (Adenin-Thymin/Guanin-Cytosin). Diese Basen sind vergleichbar mit vier Buchstaben, die sich in einer unendlichen Zahl von Möglichkeiten kombinieren lassen. Sie tragen die Information zur Bildung von Proteinen, die im Organismus vielfältige Aufgaben erfüllen und die Individualität jedes Lebewesens bestimmen.*
2. ***Das Genom:*** *Die Gesamtheit aller Gene im Organismus ist das Genom. 2003 feierten die Wissenschaftler den 50. Jahrestag der Strukturaufklärung der DNS, und sie veröffentlichten die vorläufige Endversion der kompletten menschlichen DNS-Sequenz. Unglaubliche drei Milliarden Buchstabenfolgen (die Basen Adenin, Thymin, Cytosin und Guanin) umfasst das menschliche Genom. Um diese*

Buchstabenfolge abzuspeichern, benötigt man einen USB-Stick mit 1,5 Gigabyte. Ein Großteil dieser Sequenzabschnitte sind Einwanderer, Abschnitte von Viren und Bakterien, die sich bisher noch nicht zuordnen lassen.

3. ***Die Kooperation:*** *Die Triebfeder der Evolution ist die Kooperation, die folgende Voraussetzungen erfüllt: Sie findet sich bei verschiedenen Tieren und zeigt, dass auch Nicht-Verwandte sich gegenseitig helfen können. Die Vorteile sind: Probleme lassen sich einfacher lösen, selbstlosen Handlungen wird ein Wert beigemessen, der für das Überleben und die Fortpflanzung wichtig ist. Ein Beispiel für Kooperation zeigt der Beutefang bei Pelikanen, die eine Kette bilden, um einen Fischschwarm zusammenzutreiben. Die Kooperation erschwert es den Fischen, den Pelikanen zu entkommen. Alle Beteiligten profitieren von solchen kooperativen Verhaltensweisen, aber jedes Individuum verhält sich dabei so, dass sein eigener Nutzen maximal ist.*

Im Konferenzraum der Tiere

Mit stoischer Ruhe meldet sich **Nonja, die Orang-Utan-Dame,** zu Wort. »Es ist mir unverständlich, warum ihr so lange gebraucht habt, meine tierischen Schwestern und Brüder als eigenständige Individuen mit Persönlichkeitscharakter anzuerkennen. Und einige von euch haben damit sogar heute noch Schwierigkeiten. Das spricht nicht gerade für die Intelligenz von *Homo sapiens.* Die Übersetzung von *Homo sapiens* vom Lateinischen ins Deutsche bedeutet ›weiser Mensch‹. Ganz schön hochnäsig! Und schaut euch nur einmal um, wir sind alle so unterschiedlich. Ich habe so viele Hunde gesehen, keiner gleicht **Cora,** und es sind trotzdem Hunde. Mit der Leugnung der Persönlichkeit sind alle Schleusen des Unrechts und der Quälerei geöffnet. Jeder von uns ist ein Ich und hat seine Persönlichkeit. Jeder von uns empfindet individuell seine Schmerzen und seine Freude. Das kann man doch nicht mehr leugnen. Wie lange braucht ihr denn noch, bis ihr dies endlich versteht?«

Das Ich und die anderen

Ob jedes Lebewesen eine Vorstellung vom eigenen Ich hat und bewusst weiß: »Das bin ich!«, weiß ich nicht. Sicher bin ich mir aber, dass sie alle eine Persönlichkeit haben. Jedes Tier einer Art trägt zwar die Mehrzahl der Gene seines Artgenossen in sich. Aber dennoch gibt es Unterschiede, wie die Wissenschaft belegt. Manche Geninformation wird abgerufen, eine andere dagegen nicht. Ein gutes Beispiel hierfür sind eineiige Zwillinge. Obwohl sie die gleiche Genausstattung haben, können sie sehr verschieden sein.

Das Zwillingspaar Lori und Reba Schappell

Die Schwestern sind an der linken Schläfe zusammengewachsen und leben daher zwangsweise in der gleichen Umwelt. Und dennoch ist jede von ihnen eine eigene Persönlichkeit. »Wieso will nur keiner kapieren, dass man ein eigenes Leben führen kann, auch wenn einem ein zweiter Mensch aus dem Kopf wächst? … Das Einzige, was wir gemeinsam haben, sind unser Blut und ein paar Knochen, mehr nicht.« (→ Quellennachweis, GEO Wissen, Seite 300)

Es ist ein Leben aus lauter Gegensätzen. Reba ist ehrgeizig, Lori ist eher unmotiviert. Reba putzt sich gerne heraus, Lori wirft sich achtlos in die Kleider, die noch bei einem Kirchenbasar als Ladenhüter übrig blieben. Reba trägt ihre Haare lang, Lori kurz. Reba ist sarkastisch, Lori ist gutmütig. Für uns alle ist klar: Reba und Lori Schappell sind zwei Persönlichkeiten, obwohl sie sogar am Kopf zusammengewachsen sind. Jede von ihnen hat ihr eigenes Temperament, ihr Gefühlsleben und ihren eigenen Intellekt. Und ihre bestimmte Art zu handeln, sich zu bewegen und zu kommunizieren. Typische Merkmale also, die eine Persönlichkeit beschreiben.

Tiere – die Unpersonen: Haben Tiere eine Persönlichkeit?

Tieren Persönlichkeit zuzuschreiben, widerstrebt vielen Menschen. Sie ziehen zwischen Mensch und Tier eine scharfe Trennlinie. Hier das Tier, dort der Mensch – die Krone der Schöpfung. Spätestens seit Charles Darwin, dem Begründer der Evolutionstheorie, wissen wir, dass diese Trennlinie nicht existiert, sondern der Übergang von Mensch und Tier fließend ist. Aber dieses Schwarz-Weiß-Denken hat Tradition und ist nichts Neues in der Geschichte der Menschheit. Immer dann, wenn diese von ihren Mitgeschöpfen keine genauen Kenntnisse und exaktes Wissen hatte, zog sie zwischen sich und den anderen Lebewesen eine Mauer des Unwissens und der Arroganz mit schrecklichen Folgen.

Lange Zeit machten diese irrationalen, künstlichen Mauern nicht einmal vor Mitgliedern der eigenen Art halt. Es hat lange gedauert, bis sich die Menschen dieser Diskriminierung in ihrer eigenen Reihe – dem

Rassismus – bewusst wurden, und leider ist es bis heute nicht vollständig überwunden. Wie selbstverständlich sprachen selbst große Philosophen und Denker wie Immanuel Kant Menschen anderer Hautfarbe die Persönlichkeit ab und rechtfertigten damit indirekt die Sklaverei.

Auch die Verhaltensbiologie hat lange Zeit einen weiten Bogen um die Erforschung der Persönlichkeit gemacht. Ein Blick in die klassischen Lehrbücher der Verhaltensforschung demonstriert dies. In keinem der mir bekannten Werke wird der Begriff aufgeführt. Das ist seltsam. Da doch renommierte Freilandforscher nicht zögern, bei der Beschreibung der Tiere in der Natur Attribute der Persönlichkeit zu nennen. Als Beispiel möchte ich an dieser Stelle Jane Goodall, die wohl berühmteste Schimpansenforscherin, nennen.

Ein Spaziergang der besonderen Art

Professor Bernhard Hassenstein, Jane Goodall und ich machten einen ausgiebigen Spaziergang an Freiburgs Hausberg, dem Lorettoberg. Wir waren keine Minute ruhig, wir diskutierten und diskutierten: Ein erfahrener Verhaltensbiologe und preisgekrönter Kybernetiker, eine junge Frau, die im Urwald lebte, und ein junger Student am Anfang seines Werdegangs. Was sie uns über Schimpansen erzählte, setzte Professor Hassenstein und mich in Erstaunen. In mir erstand der Wunsch, diesen Geschöpfen in der Wildnis zu begegnen.

Viele Jahre später erfüllte sich mein Traum. Meine Frau Sylvia und ich waren zu Gast bei ihnen im Kibale-Wald von Uganda. Als ich die schwarzen lauten Gesellen im Geäst herumturnen sah, dachte ich als Erstes an Jane Goodall. Was hat diese Frau geleistet? Unvorstellbar. Sie hat das Bild, das Menschen von Tieren haben, revolutioniert. Meine Gedanken waren bei ihr und den Schimpansen. Sie erwachte in meinem Gedächtnis. Ich sah sie, wie sie von ihren Freunden sprach – mit Leidenschaft, Sachverstand und viel Mitgefühl. Jeder einzelne von ihnen war eine Persönlichkeit mit Stärken und Schwächen. Sie war auch eine der Ersten, die den Tieren Namen gab und sie nicht nummerierte. In jener Zeit war es verpönt, Tieren Namen zu geben. Man hatte Angst, seine Beobachtungen zu sehr zu vermenschlichen. In wissenschaftlichen

Publikationen fand man keine Tiernamen. Auch ich hatte nicht den Mut, meinen Wellensittichen in meiner ersten Publikation Namen zu geben, die ich während meiner Doktorarbeit untersuchte. Obwohl sie in meinen Gedanken alle Namen hatten. Heute noch denke ich an meine Super-Wellensittich-Mutter Lisa zurück. Sie hat mir die Tür zu meiner Forschungsarbeit geöffnet.

Jane Goodall setzte sich über die Ängste hinweg und war der tiefen Überzeugung, dass ihre Arbeitsmethode richtig ist. Für Jane Goodall ist jeder Schimpanse eine Persönlichkeit. Diese Ebene der Betrachtung hat ihr neue Möglichkeiten geschaffen, die innere Welt der Schimpansen zu verstehen. Ihre Forschungsergebnisse haben das Bild unserer nächsten Vorfahren revolutioniert. Sie scheute nicht den Kontakt mit ihren wilden Freunden, sondern stellte bewusst eine Mensch-Tier-Beziehung her. Die Tiere verhielten sich in ihrem Beisein völlig ungestört. Das gab Einblicke in die Schimpansen-Gesellschaft, von der man früher nicht zu träumen wagte. Sie war die Erste, die beobachtete, dass Schimpansen Blätter als eine Art Schwamm benutzten, um damit Wasser zum Trinken aufzusaugen. Wie sie über Schimpansen sprach, elektrisierte mich. Hier eine kleine Kostprobe aus ihrem Buch: »Eines Tages, als David allein kam, hielt ich ihm eine Banane hin. Er näherte sich, sträubte sein Fell, stieß einen kurzen, leisen, hustenden Laut aus und riss zugleich sein Kinn hoch. Eine leichte Drohung. Plötzlich stand er aufrecht, trat von einem Fuß auf den anderen, schwankte dabei leicht hin und her und schlug mit der einen Hand gegen einen Palmenstamm. Dann nahm er behutsam die Banane aus meiner Hand. Goliath reagier-

Für die Forscherin Jane Goodall ist jeder »ihrer« Schimpansen eine Persönlichkeit.

te ganz anders, als ich ihm zum ersten Mal eine Banane anbot. Auch er sträubte sein Fell, packte dann einen Stuhl und raste so dicht an mir vorbei, dass er mich fast umgeworfen hätte. Darauf ließ er sich bei den Büschen nieder und fixierte mich mit finsterem Blick. Es dauert lange, bis er sich in meiner Gegenwart so ruhig und gelassen verhielt wie David; er geriet leicht in Zorn, und wenn ich eine Bewegung machte und ihn erschreckte, reagierte er nicht selten mit energischen Drohungen, die darin bestanden, dass er einen Arm in die Luft streckte oder kräftig Zweige schüttelt.« (→ Quellennachweis, Van Lawick-Goodall, Seite 301) In dieser Schilderung beschreibt Jane Goodall zwei unterschiedliche Schimpansen-Persönlichkeiten. David ist ruhiger und gelassener und Goliath zorniger und aufgeregter.

Dass Tiere Persönlichkeiten sind, steht außer Zweifel. Und dennoch wird von einer großen Zahl der Menschen dieser Fakt nicht anerkannt. Wir sprechen von dem Hund, der Katze, der Ratte und der Biene. Dies hat Gründe. Wenn wir Tiere als Persönlichkeiten ansehen, müssen wir sie anders behandeln. Wir sollten begreifen, dass sie keine Sachen oder anonyme Lebewesen sind, sondern einzigartige Lebewesen, die mit dem Menschen die Eigenschaften des Lebens teilen. Wer zu einem Tier ein persönliches Verhältnis hat und wer ein Identitätsgefühl zu dem Tier als lebendes Mitgeschöpf entwickelt, wird ihm gerechter.

Personifizierung ist der Schlüssel zum Verständnis unserer Lebewesen. Sie öffnet das Fenster in die Gefühlswelt der Tiere, und gleichzeitig weckt sie auch in uns positive Gefühle. Ausdruck dieser Gefühle ist häufig die Namensgebung. Aus dem Nobody wird ein Balu oder ein Teddy. Mit Namen sind unweigerlich Gefühle verbunden. Wer den Namen Nelson Mandela, Mutter Teresa oder Hitler hört, verbindet damit einen Menschen, der sich für das Wohl der Menschen einsetzt oder einen grausamen Massenmörder wie Hitler. Meine Frau und ich waren sehr erstaunt, als wir in einem kleinen Dorf Afrikas hörten, wie Leute einen »bösen« Hund Hitler nannten. Auf Nachfrage erklärten sie uns, dass alle bösen Hunde Hitler genannt werden. Namen, Gefühle und die Vorstellung einer Persönlichkeit im Kopf sind nahezu untrennbar miteinander verbunden.

Kurswechsel in der Wissenschaft

Das Blatt hat sich gewendet. Die Erforschung der Persönlichkeit der Tiere ist heute kein Tabu mehr, sondern dieser Forschungszweig hat Konjunktur. Laborversuche und Freilandbeobachtungen brachten in den vergangenen Jahren verschiedene Charakter- und Temperamentstypen bei mehr als 100 Tierarten zum Vorschein: bei Hyänen, Bären, Affen ebenso wie bei Tintenfischen, Meisen und Stichlingen. Sogar über die Persönlichkeit von Läusen erschien vor Kurzem eine Studie von der Biologin Wiebke Schütt an der Uni Osnabrück. Da sich die Läuse asexuell vermehren, lassen sich Klone züchten, die genetisch identisch sind. Wiebke Schütt wollte herausfinden, ob sich die Lauspersönlichkeiten auch zwischen genetisch identischen Tieren unterscheiden. Und das tun sie tatsächlich.

Die große Unbekannte: Persönlichkeitsmerkmale

Lassen wir die Katze aus dem Sack und versuchen zu verstehen, was man heute in wissenschaftlichen Kreisen unter Persönlichkeit versteht. Ein schwerer und langer Weg der Forschung lag vor den Persönlichkeitsforschern, ob sie nun Mensch oder Tier ergründen wollten. Ein erster, aber wichtiger Schritt war die Erkenntnis, nicht individuelle Persönlichkeitsmerkmale für sich alleinstehend zu bestimmen oder zu messen, sondern zu fragen, in welchen Persönlichkeitsmerkmalen Menschen sich quantitativ und qualitativ voneinander unterscheiden. Die jahrelange Suche nach den Big Five hatte begonnen.

Wie Touristen in Afrika, die tagelang verloren in den weiten, endlosen Steppen Afrikas nach den Big Five (Elefant, Nashorn, Büffel, Löwe, Leopard) suchen und erst dann zufrieden von der Safari zurückkehren, wenn sie diese gefunden haben, so erging es den Forschern, die aus gängigen Lexika alle nur erdenklichen Wörter suchten, mit denen menschliche Eigenschaften beschrieben wurden. Immer und immer wieder wurden ähnliche und umschreibende Begriffe verworfen, um Ausdrücke zu finden, die die Grundmerkmale der Persönlichkeit beschreiben. Aus der Vielzahl der Wörter und Begriffe blieben die Big Five übrig.

Diese fünf Merkmale konnten im Amerikanischen, Deutschen, Holländischen, Polnischen, Tschechischen, Kroatischen, Türkischen, Ungarischen, Französischen und Italienischen gefunden werden, was für einen kulturübergreifenden Geltungsbereich spricht. Die Mehrzahl der Psychologen und Verhaltensforscher sind der Auffassung, dass durch sie die Persönlichkeit am ehesten beschrieben wird. Was verbirgt sich hinter den Big Five?

Die Big Five

Es sind fünf Merkmalsbereiche oder Verhaltensdimensionen, die durch die Angaben ihrer gegensätzlichen Extremformen charakterisiert sind, zwischen denen es viele Abstufungen gibt.

1. **Verträglichkeit – Unverträglichkeit:** Sie bezeichnet im positiven Sinne die Eigenschaften mitfühlend, nett, bewundernd, herzlich, warm, großzügig, vertrauensvoll, hilfsbereit, nachsichtig, kooperativ, feinfühlig und im negativen Sinne die Eigenschaften kalt, unfreundlich, streitsüchtig, hartherzig, grausam und knickerig.
2. **Extraversion – Introversion:** Die Person ist selbstsicher, energisch, offen, dominant, sozial und abenteuerlustig, in ihrer negativen Ausprägung reserviert, still, scheu und zurückgezogen.
3. **Offenheit – Verschlossenheit:** Der Mensch ist breit interessiert, originell, wissbegierig, begeisterungsfähig, neugierig, im negativen Sinne dagegen wenig interessiert, er hat Angst vor Neuem, ist intellektuell eng und einseitig.
4. **Emotionale Stabilität – Emotionale Instabilität** (= Neurotizismus): Der Mensch ist selbstsicher, wenig anfällig für Zweifel und negative Gefühle, stabil. Negativ betrachtet jedoch instabil, mutlos, ängstlich und fällt durch schnelles Resignieren auf.
5. **Gewissenhaftigkeit – Nachlässigkeit:** Positiv gesehen ist die Person organisiert, sorgfältig, planend, berechenbar. Negativ gesehen unorganisiert, sorglos, zerstreut, unzuverlässig und unordentlich.

Diese fünf Persönlichkeitsmerkmale werden als Grundfaktoren angesehen, die sowohl positive als auch negative Eigenschaften beinhalten. Sie sind als Gegensatzpaare definiert, und Personen können sich auf jeder Verhaltensdimension kontinuierlich von einem Minimal- bis zu einem Maximalwert bewegen.

Natürlich ist das Modell der Big Five nicht unumstritten und unproblematisch, weil es den Eindruck erweckt, dass eine Person mithilfe von fünf starren etikettierten Schubladen charakterisiert wird. Aber dem ist nicht so. Die Persönlichkeitsforscher sind sich durchaus bewusst, dass es jeweils unzählige Unterschubladen und fließende Übergänge gibt und dass diese Kategorisierung rein quantitativ und statistisch gewonnen wurde. Über die neurobiologischen Vorgänge in unseren Köpfen sagt das Modell der Big Five aber nichts.

In der Persönlichkeitsforschung des Menschen hat man in den letzten Jahren große Fortschritte gemacht, sodass man innerhalb der Psychologie einen eigenen Forschungszweig, die Persönlichkeitspsychologie, geschaffen hat. Ein langer und erfolgreicher Weg wurde beschritten. Man hat es geschafft, eine Systematik in die menschliche Psyche zu bringen. Man weiß, über wen man spricht, und nicht jeder hat ein unterschiedliches Vokabular.

Die Tür für *Homo sapiens* war geöffnet, nicht aber für die Tiere, obwohl doch jeder weiß, der sich auf Tiere einlässt, dass auch sie Persönlichkeiten sind. Keiner meiner vielen Wellensittiche – im Laufe der Jahre hatte ich mindestens 300 der tierischen Wegbegleiter – war wie der andere, das Gleiche gilt für meine Hunde. Jeder hatte einen eigenen Charakter. Ich bin mit meiner Auffassung nicht alleine. Jacob Müller vom Max-Planck-Institut in Seewiesen gesteht Kohlmeisen zu, dass sie einen Charakter ähnlich wie Menschen haben.

Der amerikanische Psychologe Samuel D. Gosling von der Universität Berkeley in Kalifornien sieht weitgehende Parallelen zwischen der Persönlichkeit der Tiere und der des Menschen: »Ein introvertierter Mensch verzieht sich auf einer Party allein in eine Ecke, ein schüchterner Tintenfisch versteckt sich in seiner Tintenwolke.« (→ Quellennachweis, Gosling, Seite 300) Dennoch steht die Erforschung tierischer Persönlichkeit häufig vor der Schwierigkeit, sie exakt zu bestimmen. Fragebögen, wie sie in der Humanpsychologie verwendet werden, eignen sich – wenn überhaupt – nur für Haustiere.

Ein Big-Five-Modell für Tiere?

Samuel D. Gosling gelang es, eine Brücke über den tiefen Graben der Psychologie und Verhaltensbiologie zu bauen. Er hat sich die Mühe gemacht, die Literatur zu durchforsten. Akribisch suchte er nach Berichten, in denen tierische Persönlichkeiten beschrieben wurden. Er und sein Team fühlten sich, wie er in einem wissenschaftlichen Artikel schrieb, wie frühe Kartografen, die vor der Herausforderung standen, von der Erde eine Landkarte zu erstellen. (→ Quellennachweis, Gosling, Seite 300) Eine schwere Aufgabe, kein Zweifel.

Die Wissenschaftler fragten sich: Was sind die wesentlichen Persönlichkeitsmerkmale der Tiere? Sie versuchten das in der Psychologie erfolgreiche Modell der Big Five auf die Tiere zu übertragen. Ihre Mühe hat sich gelohnt. Sie fanden bei den unterschiedlichsten Tierarten wie Schimpansen, Gorillas, Hyänen, Schweinen, Ratten, aber auch unter Vögeln, Fischen (Guppy) und Kraken Persönlichkeitsmerkmale, die man den Big-Five-Kategorien zuordnen konnte. Bei Afrikanischen Elefanten registrierten Forscher 26 Charakterzüge, die sich zuordnen ließen. Einige der Merkmale waren: Verspieltheit, Sanftmut, Konstanz und Führungskraft. Diese sind Eigenschaften eines Herdentieres, um Krisen, wie zum Beispiel eine Dürre, zu überleben. Die intelligenteste Elefantenkuh übernimmt die Führung.

Ihr Verhalten verrät ihre Persönlichkeit

Tiere lügen und täuschen in aller Regel weniger als Menschen, daher sind exakte Verhaltensbeobachtungen der Schlüssel zum Verständnis der Tierpersönlichkeit. Ob ein Tier erkundungsfreudig ist, ob es zu den Kämpfern oder den Friedfertigen gehört, lässt sich direkt aus dem Verhalten erschließen. Vögel, Fische oder andere Tiere werden dazu in einer ihnen unbekannten Umgebung ausgesetzt. Fliegt dann eine Meise von einer Ecke zur anderen, untersucht die aufgestellten Holzpflöcke und ist beständig in Bewegung, dann gehört sie zu den erkundungsfreudigen Vögeln. Schüchterne Artgenossen bewegen sich kaum vom Fleck.Wissenschaftler der Universität von Antwerpen und der Uni in

Budapest stellten in einem gemeinsamen Projekt fest, dass diejenigen Vögel unter den Halsbandschnäppern, die mutiger, neugieriger und risikofreudiger waren, beim Balzgesang nicht so hoch in Bäumen saßen wie ihre scheuen Mitstreiter, die hoch oben ihr Glück versuchten. Die Weibchen belohnten die Wagemutigen, indem sie sich schneller mit ihnen paarten. Bei Kohlmeisen wirkt sich die Persönlichkeit auf ihre Rangposition aus. Diejenigen, die neugierig und unternehmungslustig sind, haben eine höhere Rangposition als die trägeren.

Ein kurzer Blick in die innere Welt

Wer ich bin, wer mein Bernhardiner Balu ist oder wer Sie sind, hängt im Körper von vielen Stoffen ab, die mit den Milliarden Zellen des Körpers kommunizieren. Eine Klasse dieser Botenstoffe sind die Hormone. Davon weiß jede Frau zu berichten, wenn sie ihre Periode hat. Grundsätzlich kann man sagen, Hormone steuern unser Verhalten, und zwar das von Mensch und Tier.

Gibt es womöglich sogar einen Zusammenhang zwischen der Menge eines Hormons im Blut eines Organismus und der Persönlichkeit dieses Tieres? Neugierige Meisen haben mehr Testosteron im Blut, dafür weniger vom Botenstoff Serotonin im Gehirn. Verliert ein Draufgänger einen Kampf mit Artgenossen, so steigen Blutdruck und Adrenalinspiegel stärker als bei einem zaghaften Tier.

Wir alle wissen es, wie es sich anfühlt, wenn man in Stress gerät. Und manchmal ist man machtlos. Für die Persönlichkeit eines Lebewesens ist entscheidend, wie viel Stress es vertragen kann, wie hoch also seine Stressresistenz ist. Eines der beteiligten Moleküle bei Auf- und Abbau des Stresses ist Cortisol.

Mama, leck mich

Werden Rattenbabys häufig von ihren Müttern geleckt und geputzt, so werden sie in ihrem späteren Leben Stresssituationen besser bewältigen und angstfreier sein. An diesem Beispiel sieht man gut, wie wichtig auch die Umwelt für die Herausbildung der Persönlichkeit ist.

WISSEN KOMPAKT

1. **Individualität:** *Jedes Lebewesen zeichnet sich durch eine unverkennbare Individualität aus, die durch seine DNS bestimmt ist. Sie steuert unsere Stoffwechselaktivität, den Status der Hormone, den Bau der Nervenzellen und deren Verschaltung, unsere Körpergröße, die Verarbeitung der Umweltreize, die Persönlichkeitsmerkmale, die Krankheitsanfälligkeit und die Lebensdauer eines Individuums.*
2. **Population:** *Sie ist eine lokal begrenzte Gruppe von Individuen, die derselben Art angehören (etwa eine Gruppe von Gnus), sich untereinander fruchtbar fortpflanzen können und sich nur geringfügig (Felldichte, Körpergröße, Färbung) unterscheiden. Dennoch ist jedes Individuum unterschiedlich. Individuen mit vorteilshaften Merkmalsausprägungen werden besser überleben und mehr Nachkommen hinterlassen. Dieser Auswahlprozess ist die natürliche Selektion. Er führt dazu, dass erbliche Merkmale, die zum Erfolg beitragen, in den folgenden Generationen gehäuft auftreten.*

Im Konferenzraum der Tiere

Wie es so oft bei Konferenzen geschieht, versucht jeder Teilnehmer, mit seinen besonderen Eigenschaften zu glänzen und den anderen zu beeindrucken. **Amadeus, der Oktopus,** streckt seine Arme in alle Richtungen. Es ist ihm ein Leichtes, alle Teilnehmer anzusaugen, die erschreckt zurückzucken. **Betty, die Neukaledonische Krähe,** wird hungrig und pickt mit ihrem Werkzeugschnabel ein paar Körner aus einem Glas heraus. **Graupapagei Alex** redet ohne Unterlass, **Bonobo Kanzi** versucht, mit seinem Computer zu antworten. **Nonja, die Orang-Utan-Dame,** malt ein paar Comics von **Schwein Edeltraut,** das gemütlich ein Nickerchen macht und friedvoll im Schlaf vor sich hin grunzt. **Die Entlebucher-Hündin Cora** erschnüffelt das Studio, und **Einstein, der Fisch,** unterhält sich in Fischmanier mit ***Homo sapiens* Immanuel**, der sich Gedanken über die Hochleistungen der Tiere macht. Eine bunte Konferenzgemeinschaft.

Olympiade der Lebewesen

Bei einer Olympiade werden die Besten einer Sportdisziplin ermittelt. Mark Spitz zum Beispiel war der erfolgreichste Schwimmer aller Zeiten. Er gewann sieben Goldmedaillen. Sein Körper war für das Schwimmen gebaut. Im Marathon hätte er womöglich keine Medaille gewonnen. Wer ist unter den Lebewesen der beste Denker, der schnellste Läufer, der beste Schwimmer, der geschickteste Flieger? Besuchen Sie zusammen mit mir das Olympia-Stadion in Freiburg. Alle Teilnehmer sind bereits hier versammelt.

Die Energiefresser

Den Anfang machen die Kolibris. Es gibt über 340 Kolibri-Arten. Sie sind die kleinsten Vögel im Vogelreich. Die kleinste Art von ihnen misst von der Schnabelspitze bis zu den Schwanzfedern etwa sechs Zentimeter und wiegt kaum zwei Gramm. Sie sind die Kraftsportler unter den Vögeln und benötigen viel Energie.

Lange bevor der Mensch Flugzeuge und Hubschrauber entwickelt hatte, hat die Evolution eine Ingenieurskunst der Superlative entwickelt. Kolibris können in der Luft wie ein Hubschrauber stehen bleiben. Und sogar rückwärts fliegen. Im Sturzflug erreichen sie fast 100 Stundenkilometer. Unter den Wirbeltieren sind sie Champions im Kunstflug. Um solche Leistungen zu erbringen, müssen alle Organe des Körpers zusammenarbeiten und zu Hochleistungen fähig sein. Bis zu 80 Mal in der Sekunde schlagen die Flügel der Kolibris. Das erfordert ein besonders leistungsstarkes Herz. 250 Mal pro Minute pocht das Herz in Ruhe, und beim Schwirrflug steigt die Anzahl der Schläge auf 1200 Mal pro Minute. Unglaublich, diese Leistung! Sie hat ihren Preis, der Energieverbrauch ist gewaltig.

Kolibris sind ständig unterwegs, um Energie zu tanken. Sie suchen immer nach Nahrung, eine gemütliche Pause können sie sich nicht leisten. Einen halben Tag ohne Futter – und die kleinen Vögelchen sterben. Um eine Vorstellung zu haben, wie hoch der Energieverbrauch ist, hat eine Biologin einen spannenden Vergleich angestellt. Ein Mensch müsste am Tag 300 Hamburger essen, um mit den Vögeln gleichzuziehen. Blütennektar ist die Energiewährung der Kolibris. Täglich schleusen sie das Dreifache ihres Eigengewichts durch ihren Körper. Der Energieverbrauch der Winzlinge ist bis ans Limit optimiert.

Die größte und beweglichste Nase im Tierreich

Sie ahnen es, es ist der Rüssel der Elefanten. Vermutlich gibt es unter den Säugetieren kein Organ, das so vielseitig eingesetzt werden kann wie der Rüssel. Er hat sich im Laufe der Stammesgeschichte aus der Nase und Teilen der Oberlippe gebildet. Mit einer Länge bis eineinhalb

Die schillernden Kolibris können in der Luft stehen bleiben und rückwärts fliegen.

Metern und einem Gewicht von bis zu 135 Kilogramm dürfte es sich um die längste und schwerste Nase im Tierreich handeln. Der Rüssel eines Elefanten kann achteinhalb Liter Wasser fassen. Und ein durstiges Tier ist in der Lage, in etwas mehr als vier Minuten tatsächlich 200 Liter Wasser zu trinken.

Elefanten gebrauchen ihren Rüssel in den verschiedensten Situationen. Mit seiner Hilfe ernähren sich die Tiere, trinken, bestauben sich, riechen und berühren sich. Mit ihm trompeten sie und teilen ihre Gefühle mit. Und sie winken mit ihm, wie wir mit unseren Armen. Die Artgenossen verstehen die Zeichen. Selbst kleinste Gegenstände können sie mit dem Rüssel vom Boden aufnehmen. Letztendlich dient er auch als Waffe zur Verteidigung und Abschreckung. Und nicht zu vergessen, natürlich auch zum Atmen. Kurz: ein Universalorgan.

Während ich diese Zeilen schreibe, verstehe ich, warum ich diese grauen Riesen seit mehr als 20 Jahren jährlich besuche. Mir schießt Madame Krummzahn in den Kopf. Einer ihrer Stoßzähne wächst nicht gerade aus dem Kiefer heraus, sondern macht einen Bogen.

Stunden- und tagelang haben wir sie beobachtet. Sie scheint mit ihrem Missgeschick gut zurechtzukommen. Sie badet mit ihren Freundinnen im Mara-Fluss in Kenia; taucht unter, sodass man nur noch das Rüsselende an der Wasseroberfläche sieht. Madame Krummzahn benützt ihren Rüssel als Schnorchel. Eine bequeme Art zu tauchen. Nach ausgiebigem Wasserbad gibt es meist ein Staubbad. Auch hier ist der Rüssel wieder im Einsatz, mit ihm nimmt sie den Sand vom Boden auf und pudert sich ein. Wie geschickt sie ihn einsetzt, demonstriert sie uns eindrücklich, wenn sie kleine Grasbüschel herausreißt. Sie setzt ihn ein wie wir unsere Hand. Mit dem Rüsselende umgreift sie das Büschel und zieht es heraus. Dann klopft sie es an den Fuß und befreit es vom Sand. Das ist keine große Tat, aber sie zeigt, wie unterschiedlich der Rüssel genutzt werden kann. Er ist ein phänomenales Multifunktionsgerät. Die grauen Riesen sind wirklich Rüsselakrobaten.

Der Rüssel enthält keinerlei Knochen und Knorpel, vielmehr besteht er aus Muskeln, Blut- und Lymphgefäßen, Nerven, Sinneszellen, Haaren sowie Borsten. Die zwei Öffnungen an der Rüsselspitze entspre-

Madame Krummzahn fällt durch ihren schief gewachsenen Stoßzahn auf.

chen den Nasenlöchern. Er ist extrem beweglich, dafür sorgen über 40 000 zum Teil zu Bündeln verflochtene Muskeln. Soweit ich mich erinnere, hat der gesamte menschliche Körper nur 639 Muskeln. Der Rüssel enthält kein Nasenbein wie unsere Nase. Wichtigste Sinneszellen in diesem langen, beweglichen Schlauch sind die Geruchssinneszellen. Sie nehmen Düfte auf und leiten die Information an Nervenzellen. Die Millionen von Riechnervenfasern enden alle im *Bulbus olfactorius*, einem Teil des Gehirns, der aus einheitlichen und gleichförmig verschalteten Mikroschaltkreisen besteht.

Dass Elefanten Nasentiere sind, verrät ihr Verhalten. Wer Elefanten in der Natur beobachtet, sieht sie oft mit dem Rüssel schnuppern. Krummzahn gab uns eine Kostprobe. Mitten in der Grassteppe lagen Metallteile eines Jeeps. Wir waren erstaunt und überlegten, wie sie wohl hier hingekommen sind. Vermutlich hatte jemand eine Panne am Jeep gehabt. Aber nicht nur wir waren neugierig, sondern auch Madame

Krummzahn. Langsam und vorsichtig – mit ausgestrecktem Rüssel – ging sie auf die Metallteile zu. Auf Rüsselabstand beroch sie die Gegenstände intensiv. Nach ausführlicher Überprüfung hob sie einen Gegenstand mit dem Rüssel hoch und ließ ihn wieder fallen. Und wieder roch sie am Gegenstand. Sie ließ sich Zeit für dessen Beurteilung. Erst nach einigen Minuten trabte sie weiter.

Elefanten sind bekannt für ihren guten Geruchssinn. Man sagt, dass sie das Wasser eines Tümpels in zehn Kilometer Entfernung riechen. Vielleicht war dies der Grund, warum Wissenschaftler aus Japan unter der Leitung von Yoshihito Niimura es genauer wissen wollten. Sein Team hatte die Gene für die Geruchswahrnehmung bei 13 Säugetierarten untersucht. Neben Elefanten wurden unter anderem Ratten, Kühe, Pferde, Hunde, Mäuse und Primaten untersucht. Insgesamt identifizierten die Forscher 20 000 Riechgene. Deren Anzahl bei den untersuchten Arten unterschied sich erheblich. Mit fast 2000 Genen (Erbgutabschnitten) liegt der Afrikanische Elefant an der Spitze. Der bisherige Spitzenreiter, die Ratte, hat rund 1200 solcher Gene, der Hund 800 und der Mensch um die 400 Riechgene.

Die Riechgene alleine betrachtet, machen noch keine Aussage über die Riechfähigkeit eines Organismus. Das weiß auch Niimura. Er sagt: »Tatsächlich ist nicht so klar, welche Aspekte der Riechfähigkeit mit einer hohen Zahl von Rezeptor-Genen verknüpft sind.« (→ Quellennachweis, Niimura Seite 300) Um das herauszufinden, muss man Verhaltensversuche machen, in denen man das Tier fragt, was es riecht. Und dies hat man bei verschiedenen Tieren gemacht.

Wer hat also den besten Riecher?

Die Antwort darauf gibt Andreas Keller in seinem spannenden Buch »Entdecke das Riechen wieder«. (→ Quellennachweis, Seite 300) Er schreibt: »Es hängt davon ab, was man testet. Für Düfte, die für Koalas überlebenswichtig sind, haben vermutlich Koalas die beste Nase. Für Düfte, die Wölfen helfen, ihre Beute zu finden, sind vermutlich Wölfe empfindlicher als Koalas. Will man generalisieren, haben Hunde und

Elefanten bei vielen verschiedenen Düften gezeigt, dass sie einen sehr guten Geruchssinn haben. Die niedrigste Konzentration eines Duftmoleküls, die von einem Tier wahrgenommen werden kann, ist vermutlich die sehr geringe Menge von Bombykol.« Bombykol ist ein Soziallockstoff, ein sogenanntes Pheromon. Produziert wird dieser Stoff von einem Insektenweibchen namens Seidenspinner, um die Männchen anzulocken. Dieser Trick wirkt auch bei Menschen und drückt sich in der Sprache aus: »Du stinkst mir.«

Wenn man für die Fähigkeit zu riechen Olympia-Medaillen verteilen würde, bekämen Elefanten und Hunde die Silber- und Bronze-Medaille und die Seidenspinner die Gold-Medaille. Der Mensch geht leer aus.

Die Landkarte im Kopf

Sie lieben die Natur und ihre Bewohner. Mit etwas Glück sehen Sie ein putziges Eichhörnchen. Sie lassen es aber nicht nur kurz vorbeihuschen, sondern nehmen sich Zeit für das Tier. Sie beobachten, dass der kleine Geselle viele Nüsschen an verschiedenen Stellen des Gartens versteckt. Es legt Vorrat für den Winter an, das hilft ihm zu überleben. Aber es ist Ende September oder Anfang Oktober, und es braucht die Nüsse erst drei oder vier Monate später. Es muss sich also merken, wo es die Nüsse versteckt hat. Bei zwei, drei Nüssen ist dies kein Problem. Aber 20 oder 30 Verstecke zu finden, ist schon schwierig. Wenn man Sie nach drei Monaten fragen würde, wo das Eichhörnchen die Verstecke angelegt hat, würde es vermutlich für Sie schon schwierig. Aber mit etwas Glück wären Sie erfolgreich. Aber kein Glück hätten Sie, wenn Sie die Verstecke des amerikanischen Fuchshörnchens finden sollten.

Fuchshörnchen sind Verwandte unseres Eichhörnchens. Sie vergraben 3000 bis 10000 Nüsse pro Jahr in der Natur und suchen sie im Winter. Mit Erfolg! Eine unglaubliche Gedächtnisleistung! Wir sind hoffnungslos verloren, die Verstecke zu finden. Fuchshörnchen aber können es. Die Wissenschaftler fragten sich, was sich das Fuchshörnchen merkt. Ist es das Aussehen der Nüsse, oder merkt es sich, wo es welche Nuss versteckt hat?

Eine dieser Wissenschaftler ist Lucia Jacobs. Sie führt uns im Gelände der ehrwürdigen und renommierten Universität von Berkeley – hier wohnen die Fuchshörnchen – einige ihrer Experimente vor. Lucia und ihr Team haben sich eine originelle Versuchsordnung ausgedacht. Sie servieren den Hörnchen grün angemalte Nüsse. Ohne Zögern nehmen die Fuchshörnchen das Angebot an. Nachdem die Hörnchen ihren Appetit gestillt haben, vergraben sie die übrig gebliebenen Nüsse. Während des Eingrabens achten sie darauf, dass weder Menschen noch Vögel sie beobachten. Das Gleiche macht Lucia aber mit rot angemalten Nüssen. Sie vergräbt die roten Nüsse an 12 verschiedenen Stellen. Die Idee ist einfach. Wenn sich die Tiere nach dem Geruch entscheiden, müssten sie von den roten und grünen Nüssen etwa gleich viele ausgraben. Rote und grüne Nüsse riechen gleich.

Die folgenden Tage sollten Aufschluss geben. Die Tiere werden beobachtet und ihr Verhalten protokolliert. Das Ergebnis ist klar. Sie graben nur die grünen Nüsse aus. Sie erinnern sich an die Position, wo sie die Nüsse vergraben haben. Der Duft spielt keine Rolle, sonst hätten sie auch rote Nüsse ausgraben müssen. Was sie nicht taten.

Lucia Jacobs will ganz sicher sein und stellt ihre Hörnchen nochmals auf die Probe. Das Versuchsdesign ist einfach. Auf ein etwa 1,5 x 1,5 Meter großes Brett legt Lucia Aludeckel auf. Als Erstes müssen die Hörnchen lernen, dass die Nüsse unter einem der Aludeckel liegen. Das fällt ihnen leicht. Als Zweites lernen sie, unter einer bestimmten Position zu suchen. Sagen wir, an der linken Seite des Brettes. Dieser Aludeckel ist im Gegensatz zu den anderen rot gefärbt. Kein Problem für die Hörnchen. Nun kommt die Nagelprobe. Lucia und eine Studentin heben das Brett hoch und drehen es um die eigene Achse, sodass der rot gefärbte Aludeckel an einer anderen Position liegt. Sagen wir, von der Perspektive der Hörnchen gesehen, jetzt links statt rechts. Überraschenderweise beachten sie den roten Deckel überhaupt nicht, sondern laufen an die Stelle, wo früher der rote Aludeckel lag. Was zählt, ist die Lage. Das Hörnchen geht zur Stelle, wo der Deckel am Anfang lag. Das beweist, dass die Hörnchen eine Vorstellung von der Topografie ihres Reviers haben. Eine Art Landkarte im Kopf.

Diese fantastische Leistung der kleinen putzigen Gesellen erinnert mich an die Fernsehsendung eines Wissenschafts-Magazins, bei der es um Menschen mit unglaublichen Fähigkeiten ging. Es wurde gezeigt, wie ein Mann in einem Sportflugzeug über London flog. Nach dem Flug war er in der Lage, die einzelnen Straßen, Kreuzungen und Plätze zu zeichnen, die er überflogen hatte. Er zeichnete einen Stadtplan. Unglaublich, was das Gehirn leisten kann.

Hightech im Wasser, in der Luft und an Land

Wir schwimmen in glasklarem, warmem Wasser in einem Riff an Ägyptens Küste. Hier ist das Riff noch in Ordnung, wie uns erfahrene Taucher erzählen. Ich bin kein Meeresbiologe, aber was meine Frau und ich unter Wasser sehen, setzt uns immer wieder in Erstaunen. Heute haben wir wieder unser tägliches Date mit unserer Freundin Esmeralda. Esmeralda ist eine runzelige Schildkröte. Für uns eine besondere Schönheit, die uns zeigte, wie das Leben von Schildkröten aussieht. Wir durften sie sogar bei ihrem Liebesleben beobachten. Wie immer treffen wir uns etwa um 6.30 Uhr am Morgen. Wir schwelgen im Glück und schwimmen hinter ihr her. Plötzlich und völlig unerwartet taucht ein kleiner, aber etwa eineinhalb Meter langer Hai auf. Sylvia bekommt etwas Angst, und ich kann nichts Vernünftigeres denken, als mich zu fragen, wie der Hai uns erkennt. Mit seinen Augen, Ohren oder womöglich am Geruch? Alles ist möglich, aber im ersten Moment habe ich vergessen, dass er über ein noch besseres Ortungssystem verfügt.

Elektroortung

Der Hai kann die elektrischen Felder, die von uns ausgehen, registrieren. In jedem Organismus, der über ein Nervensystem und Gehirn verfügt, fließen ständig Ströme und werden in jeder Sekunde Spannungen auf- und abgebaut. Auch unser Herz wird elektrisch reguliert. Wehe, die Ströme fließen nicht richtig in die vorgesehene Richtung. Das kann den Tod bedeuten. Wir sind tot, wenn in unserem Körper keine elektrischen Ströme mehr fließen.

Doch kehren wir zurück zum Leben und fragen uns: Wie nehmen Haie elektrische Felder wahr? Dafür haben sie spezielle Detektoren, die Lorenzinischen Ampullen. Innerhalb dieser Ampullen gibt es spezialisierte Zellen, die die elektrischen Felder und Ströme aufnehmen und verarbeiten können. Man nennt diesen Zelltyp Elektrocyten. Viele Elektrocyten bilden zusammen Elektroplasten. Das sind meist modifizierte Muskel- oder Nervenzellen. Die Lorenzinischen Ampullen an der Schnauze von Haien und Rochen dienen offensichtlich der Wahrnehmung sehr schwacher elektrischer Felder und deren Veränderung. Darin sind Haie und Rochen im Tierreich unübertroffen.

Verteidigung durch Stromstöße

Aber elektrische Organe sind nicht nur zur Wahrnehmung wichtig, sondern auch zur Verteidigung. Der Zitteraal besitzt zwischen 5000 und 6000 dieser Elektroplasten, die sich als Stapel im Hinterleib befinden. Ähnlich einer Ansammlung von hintereinander geschalteten Batterien. Der Zitteraal schafft es, damit eine Spannung von 600 Volt aufzubauen. Andere bieten weniger: Zitterwelse etwa 100 Volt, Zitterrochen bis zu 200 Volt bei Stromstärken von bis zu 30 Ampere, was ungefähr der Spannung von 220 Volt in unseren Steckdosen vergleichbar ist. Mithilfe dieser Stromstöße können diese Fische Beutetiere oder gefährliche Gegner betäuben, fluchtunfähig machen und sogar töten. Elektrische Organe sind ein Allzweck-Werkzeug. Man kann sich damit nicht nur verteidigen und Beute finden, sondern auch Informationen und Botschaften austauschen.

Zwiegespräche unter Fischen

Wer hätte gedacht, dass Fische auch mit ihren Artgenossen kommunizieren? Die Biologen Stephan Painter und Bernd Kramer von der Uni Regensburg lüfteten das Geheimnis. In aufwendigen Versuchen mit Nilhechten konnten sie zeigen, dass Fische die erstaunliche Fähigkeit besitzen, Unterschiede in der elektrischen Pulsrate bis zum Millionstel Bruchteil einer Sekunde zu erkennen. Das heißt, die Fische ziehen aus der Schnelligkeit der elektrischen Impulse Informationen. So wie der

Kardiologe, der aus den elektrischen Impulsen, die das Herz aussendet, herausfindet, ob das Herz gesund ist oder nicht. Das EKG (Elektrokardiogramm) gibt ihm Auskunft über den Gesundheitszustand des Patienten. Kein Zweifel, Arzt und Patient haben miteinander kommuniziert. Zwar nicht über die Sprache, sondern über elektrische Impulse. Man muss die Zeichen nur richtig verstehen.

Was teilen sich Nilhechte mit? Durch elektrische Impulse können die Nilhechte Informationen über Geschlecht, Größe, Alter und Ort, aber auch ihre Emotionen mitteilen. Mithilfe ihrer elektrischen Impulse teilen sie dem Rivalen mit, dass sie der Dominante sind. Auch ihre Aggressionen können sie einem anderen Fisch durch eine bestimmte Pulsfrequenz mitteilen. Worte werden zu elektrischen Impulsen.

Wie sehr sich Fische auf ihren Elektrosinn verlassen, spiegelt sich in der Größe der zugeordneten Hirnstrukturen. Bei manchen Arten bedecken diese das gesamte Gehirn. Das verrät uns, dass sie in einer völlig anderen Welt leben als wir. Wir können ihr Denken und Fühlen nicht nachempfinden, weil diese Teile in unserem Gehirn vermutlich gar nicht bestehen. Auch Fische können denken und fühlen.

Selbstversuch

Kenneth Catania von der Vanderbilt-University in Nashville ist ein mutiger Mann. Er wollte wissen, wie es sich anfühlt, wenn man einen elektrischen Schlag von einem Fisch bekommt, und wie stark die Stromstöße sind. Er machte einen Selbstversuch mit einem Zitteraal. Er streckte einen Arm in das Aquarium des Aals. Wie zu erwarten, reagierte der Fisch sofort darauf und interpretierte das Verhalten von Catania als Angriff. Wie fühlt sich dieser Stromstoß an? In dem Fachblatt »Current Biology« schreibt er: »Die Stärke des Elektroschocks ist deutlich höher als bei einem sogenannten Taser einer Elektropistole. Die Messungen zeigen, dass die Stromstärke einer Zitteraalattacke etwa 40 bis 50 Milliampere beträgt.« (→ Quellennachweis, Catania, Seite 299)

Unsere Schmerzrezeptoren reagieren aber schon auf viel geringere Stromstärken. Beim Menschen genügen fünf bis zehn Milliampere, damit er seinen Arm zurückzieht. Längerfristige Schäden blieben aber aus.

Der Elektrosinn

Seit wann gibt es den Elektrosinn, und warum wissen wir erst seit kurzer Zeit von seiner Existenz? Der Elektrosinn ist uralt und ein Produkt des Wassers. Strom fließt nun mal besser im Wasser als in der Luft. Das kennen wir alle aus eigener Erfahrung. Ein Blitz ist eine elektrische Entladung, bei dem ein Strom fließt, vor dem wir uns schützen müssen. Die Luft ist kein guter Leiter. Darum hat sich auch in diesem Milieu kein Elektrosinn entwickelt, und wir finden ihn häufig bei im Wasser lebenden Tieren. Viele Fische und im Wasser lebenden Amphibien haben einen Elektrosinn entwickelt. So dachte man bis vor Kurzem.

2011 erschien in der Fachzeitschrift »Proceedings of the Royal Society B« ein Artikel, der die Fachwelt aufhören ließ. Einer der Autoren war Wolf Hanke von der Universität Rostock. (→ Quellennachweis, Hanke, Seite 300) Die Forscher stellten fest, dass Guyana-Delfine einen Elektrosinn besitzen. Wie findet man so etwas heraus? Wie so oft, wenn man wissen will, wie Tiere ihre Sinnesorgane einsetzen. Man unterzieht sie einem Lernversuch. So hat zum Beispiel der Nobelpreisträger Karl von Frisch zeigen können, dass Bienen die Farbe Rot nicht wahrnehmen können, aber UV-Licht schon, was wir Menschen nicht können. Zurück zu unserem Delfin. Die Delfindame lebt im Delfinarium von Münster und hat eine Beziehung zu Menschen aufgebaut. Sie kennt die Menschen und vertraut ihnen. Das kann sie auch, ich habe die Delfindame und ihre Pfleger bei Dreharbeiten persönlich kennengelernt. Was ich sah, hat mich überzeugt.

Nun zum Versuch. Die Delfindame hatte gelernt, ihren Kopf durch einen Ring zu stecken und dabei eine Plastikflasche zu berühren. Sie bekam beigebracht, auf ein schwaches elektrisches Feld zu reagieren. Dies war das Zeichen, den Ring zu verlassen. Als Belohnung lockte ein Fisch. Ergebnis des Versuchs: Sie nahm noch sehr kleine elektrische Reize wahr. Zwar keine so kleinen Reize wie Haie und Rochen. Aber immerhin! Das war der Beweis, dass Säugetiere – wozu auch Delfine gehören – elektrische Reize wahrnehmen. Als Sensor identifizierten die Forscher eine anatomische Struktur in der Schnauze des Delfins. Die Gruben, in denen bei Seehunden oder Walrossen die Tasthaare des

Schnurrbarts sitzen, sind bei Delfinen zum Sinnesorgan für elektrische Felder umgewandelt. Warum können Delfine das? Darüber kann man nur spekulieren. Die Idee ist: Delfine nutzen die Fähigkeit, elektrische Felder wahrzunehmen, um im trüben Wasser oder an schlammigen Küsten Beute zu machen.

Ein Letztes, der Vollständigkeit halber. An Land gibt es unter den Tieren nur zwei Vertreter, die einen Elektrosinn haben: das Schnabeltier und der Kurzschnabeligel. Das Schnabeltier besitzt etwa 40 000 Elektrorezeptoren in seinem Schnabel, mit denen es die elektrischen Felder der Beutetiere in schlammigen Flussbetten orten kann. Warum der Kurzschnabeligel die Fähigkeit hat, elektrische Felder aufzuspüren, ist jedoch bis heute noch unklar.

Wunder der Fortbewegung

Viele von uns kennen ihn, wenn er im Sommer mit seinen durchdringenden Schreien blitzschnell durch unsere Straßen fliegt. Seine Flugkünste verraten ihn. Es ist der Mauersegler, ein nur 17 Zentimeter großer Vogel. Er ist kein Farbenprotz wie die Kolibris und andere Vögel. Das Gefieder ist ruß- bis bräunlich-schwarz mit Ausnahme des grauweißen Kehlflecks. Die Natur hat ihn mit anderen Eigenschaften ausgestattet. Mauersegler sind schnelle und akrobatische Vögel. Wohl kein Landvogel verbringt mehr Zeit in der Luft als ein Mauersegler. Sein spindelförmiger Körper hat vollkommene Stromlinienform. Schon lange hat Wissenschaftler interessiert, über welchen Zeitraum diese Vögel, ohne die Erde zu berühren, fliegen können. Der Traum wurde zur Wirklichkeit dank modernster Technik.

Man hat heute Mikrosender entwickelt, die auch Vögel während des Fliegens tragen. Die Geräte zeichnen neben dem Standort ebenfalls auf, ob sie fliegen oder nicht, wie lange sie in der Luft sind und wie schnell sie fliegen. Die Auswertung der Ergebnisse durch schwedische Wissenschaftler der Universität Lund war eine Sensation. Einige der Mauersegler konnten bis zu zehn Monaten ununterbrochen fliegen. Manche von ihnen legten kurze Landpausen ein, in denen sie ausruhten.

Alle Mauersegler verbrachten mehr als 99 Prozent der Zeit in der Luft, mit der Ausnahme, wenn sie brüteten. Sie brüten bei uns und ziehen bei uns ihren Nachwuchs groß. Mitte August beginnt die Reise in den Süden. Dass Mauersegler sogar in der Luft schlafen, wird vermutet, ist aber bisher nicht bewiesen.

Ihre tierischen Verwandten, die Fregattvögel, schlafen tatsächlich in der Luft – so wie Delfine während des Schwimmens. Wie machen sie das? Delfine und Fregattvögel stellen eine Hälfte des Gehirns auf Schlafmodus, während die andere aktiv ist. Meine Frau Sylvia und ich schwammen im Roten Meer mit etwa 30 Spinnerdelfinen im Kreis herum. Der Kreis hatte ungefähr einen Radius von zweihundert Metern. Dieses Im-Kreis-Schwimmen wird vermutlich von der wachen Hirnhälfte gesteuert. Bis wir begriffen, warum die Delfine wie ein Uhrzeiger im Kreis schwammen, verging einige Zeit. Ein dortiger Biologe hat uns aufgeklärt. Wir schwammen mehr als eine Stunde mit den Delfinen. Sie ließen sich durch uns nicht stören, sondern träumten weiter vor sich

Mauersegler sind in der Lage, ihren Schnabel bis zu 180 Grad zu öffnen.

hin. Ein unglaubliches Erlebnis. Wir mussten leider zurückschwimmen, bevor die Delfine erwachten. Was die Delfine wahrnehmen und wovon sie träumen, bleibt Spekulation. Aber dass sie schlafen, davon konnten wir uns überzeugen.

Mauersegler – in mehreren Disziplinen rekordverdächtig

Wie genau das Leben der Mauersegler aussieht, wissen die Wissenschaftler noch nicht. Sicher ist, dass sich diese Vögel im Flug paaren und fortpflanzen. Wie dies im Detail aussieht, ist immer noch ein Rätsel. Kein Rätsel ist es dagegen, wie sie Insekten jagen und wie sie trinken. Sie fliegen dicht über der Wasseroberfläche und tauchen dabei den geöffneten Schnabel ein. Dazu ist ihr Schnabel bestens geeignet, sie können ihn bis zu 180 Grad öffnen. Wer kann das schon unter den Vögeln? Weltrekord! Mauersegler sind in vielen Disziplinen rekordverdächtig. Sie gehören zu den am schnellsten fliegenden Vögeln. Sie bringen es auf 200 Kilometer pro Stunde. Nur wenige Autotypen sind schneller. Halten Sie inne und machen Sie sich diese unglaubliche Leistung klar. Nur bei zwei Falkenarten hat man höhere Geschwindigkeiten gemessen. Eine von ihnen brachte es im Sturzflug auf sensationelle 300 Kilometer pro Stunde. Kaum vorstellbar!

Aber eine Achillessehne hat auch der Mauersegler: schlechtes und kaltes Wetter. Bei schlechtem und kaltem Wetter fliegen kaum Insekten in der Luft. Die Konsequenz für den Vogel: Er findet wenig oder keine Nahrung. Wer sich so lange in der Luft bewegt wie der Mauersegler, ist auf Energiezufuhr angewiesen. Bei schlechtem Wetter landet er, ruht sich aus und fährt die eigenen Körperfunktionen auf ein Minimum herunter. Herzschlag und Atmung verlangsamen sich. Die Körpertemperatur sinkt von 39 Grad Normwert bei schwierigen Wetterbedingungen bis nahezu auf Umgebungstemperatur. Das spart Energie.

Diese kleinen Vögel zeigen uns eindrücklich, mit welchen Tricks das Leben spielt, um es zu erhalten. Sie stellen im Vogelreich eigentlich etwas ganz Besonderes dar, dennoch kommt keiner auf die Idee, ihnen eine Sonderstellung einzuräumen. Sie sind eine Vogelart wie jede andere, ebenso wie wir eine Tierart wie jede andere sind.

Die Plauderer der Meere

Machen Sie mit mir eine Zeitreise in die Vergangenheit. Stellen Sie sich vor, Sie wären im Jahre 1716. Und Sie hätten den Wunsch, Ihrer Geliebten oder Ihrem Geliebten Liebesgrüße zu senden. Aber sie/er lebt in Neapel und Sie in Hamburg. Heutzutage ist dies kein Problem. Sie greifen einfach zum Smartphone oder Telefon, und schon ist die Verbindung hergestellt. Sie können unmittelbar Ihre Botschaften übermitteln. Aber 1716 gab es nur die Pferdekutsche. Es vergingen Tage oder vielleicht Wochen, bis zum Beispiel ein Brief Ihre große Liebe erreichte. Geschweige denn, bis Sie endlich eine lang ersehnte Antwort erhielten. Vielleicht wäre bis dahin Ihre Liebe verflogen.

Wale haben es da einfacher. Sie können Klicklaute über 2000 Kilometer senden, und der Empfänger versteht jedes »Wort«. Zahnwale, beispielsweise Orcas, produzieren verschiedene Arten von Tönen: Klicks und Pfeiftöne und gepulste Rufe, bei denen eine bestimmte Serie von Tönen in bestimmten Abständen durch Pausen unterbrochen wird. Diese Pausen charakterisieren die einzelnen Gruppen. Sie leben in Familien und bleiben ein Leben lang zusammen. Verschiedene Orca-Gruppen kann man an ihren typischen Lauten unterscheiden – das erinnert an verschiedene Dialekte des Menschen.

Genauer untersucht haben dies der Forscher Mauricio Cantor und sein Team von der Universität Dalhousie im kanadischen Halifax. Geforscht wurde allerdings nicht an Orcas, sondern an Pottwalen. Pottwale kommunizieren in Dialekten und grenzen sich dadurch von Artgenossen anderer Gruppen ab. Sie lernen ihre Lautfärbung besonders häufig von Tieren, die sich ähnlich verhalten, und schließen sich mit ihnen zusammen. Die Clans der Pottwale bestehen aus mehreren Familien, jeder Clan nutzt zur Kommunikation ein spezifisches Repertoire akustischer Klicklaute, eine Art Dialekt. Nach dem Motto: »Gleich und Gleich gesellt sich gern.« Dieser Dialekt bindet die einzelnen Mitglieder aneinander und ist somit für den Zusammenhalt des Clans wichtig. Der Prozess, wie sich komplexe und diverse Kulturen unter Menschen entwickeln, könnte also durchaus auch bei tierischen Gesellschaften eine Rolle spielen, so der Forscher.

Seiner Meinung nach sind diese Forschungsergebnisse ein entscheidender Schritt dafür, um Unterschiede und Übereinstimmungen zwischen menschlichen und tierischen Kulturen zu beurteilen.

Minnegesang der Buckelwale

Von den faszinierenden Gesängen der Buckelwale haben viele von Ihnen, liebe Leserinnen und Leser, bestimmt schon gehört. Buckelwale stoßen nicht nur kurze Laute aus, sondern kommunizieren auch über zusammenhängende, bis zu mehreren Stunden andauernden Melodien. Sie singen manchmal 24 Stunden lang ununterbrochen. Diese Gesänge gehören zu den komplexesten Kommunikationsformen im Tierreich. Die Gesänge bestehen aus mehreren variierenden Teilstrophen, Strophen und größeren Themen. Alles zusammen ergibt ein Lied. Alle männlichen Buckelwale, die sich im Ozean auf der Nord- oder Südhalbkugel befinden, singen während der Paarungszeit dieselbe Melodie. Warum die Buckelwale singen, ist bis jetzt ein Geheimnis. Da die Gesänge ausschließlich von Männchen in der Paarungszeit stammen, glauben die Wissenschaftler, dass sie damit vielleicht Weibchen anlocken oder sich mit Konkurrenten abstimmen.

Die Industrie imitiert Tiere

Gemütlich schließe ich meine neue Outdoor-Jacke. Draußen hat es 10 Grad minus, und es hat in der Nacht heftig geschneit. Balu, mein Bernhardiner, läuft aufgeregt um mich herum. Er freut sich, denn er liebt es, im Schnee zu toben und zu spielen. Schnee ist das Größte für ihn. Ich bin gerüstet mit meiner neuen Jacke. Der Hersteller verspricht, dass ich mit dieser Jacke nicht frieren werde. Ihre neue Technik der Verarbeitung haben sie der Natur abgeschaut. Diese Jacken imitieren das Eisbärfell. Das Eisbärfell ist mit mehreren Finessen für die Kälte gerüstet. Eisbären sind an die kalten Temperaturen von manchmal 30 Grad minus oder mehr optimal angepasst. Wichtigstes Bauprinzip ist, kaum Körperwärme zu verlieren. Ihre innere Körpertemperatur beträgt

38 Grad. Dazu trägt auch die dicke Fettschicht direkt unterhalb der Haut bei. Selbst mit Wärmekameras sind Eisbären nicht zu entdecken, da sie so wenig Wärmestrahlung abgeben.

Wie gelingt es dem Körper, so viel Wärme zu speichern? Wir Menschen sind dazu nicht in der Lage. Wir würden nach kurzer Zeit erfrieren, weil wir unsere Wärme verlieren. Die dicke Fettschicht alleine schafft das nicht. Eisbären fühlen sich bei niedrigen Temperaturen richtig wohl. Ein Grund dafür ist ihr Fell. Es ist mit so vielen Hightech-Raffinessen ausgestattet, dass Frost an ihnen abprallt.

Jedes Haar des Eisbärfells ist nämlich innen hohl. Und mit einem mikrometerfeinen Luftkanal durchzogen. Luft ist ein schlechter Wärmeleiter. Luft isoliert etwa 25-mal besser als Wasser. Das kennen wir von unseren Fensterscheiben. Sie sind mehrfach verglast, mit Luft in der Mitte. Diese Luft in der Mitte verhindert, dass unser Raum schnell auskühlt. Die Luft in den Haaren des Eisbären hat die gleiche Aufgabe. Er hat auf diese Weise ein Luftpaket um seinen Körper gewickelt. Je mehr Luft eingeschlossen ist, desto wärmesparender ist sie. Dies ist der gleiche Effekt wie bei der Thermoskanne, die in der Außenwand ebenfalls eine Luftkammer hat.

Außen weiß, innen schwarz. Kaum einer von uns hat jemals gesehen, dass die weißen Riesen eine schwarze Haut haben. Das ist in meinen Augen »Technik perfekt«. Das Sonnenlicht fällt auf das Tier, wird vom weißen Fell durchgelassen und kaum absorbiert. Es trifft auf die schwarze Haut und erwärmt sie. Ein schwarzer Körper, der in der Sonne liegt, erwärmt sich schneller als ein weißer. Das kennen Sie aus eigener Erfahrung. Ein schwarz lackiertes Auto, welches in der Sonne steht, erwärmt sich stärker und schneller als ein weißes. Sie brauchen es nur anzufassen. Das heißt, auf der schwarzen Haut wird die Luft erwärmt, die aber schwer entweichen kann, da sie von den weißen Haaren zurückgehalten wird. Sie kann nicht aus dem »Luftpaket« fliehen, und der Körper, in unserem Fall der des Eisbären, tankt Wärme. Man kann nur staunen! Aber der i-Punkt fehlt noch. Das weiße Fell ist auch eine perfekte Tarnung. Ein schwarzer Eisbär im Schnee wäre so schnell zu erkennen, dass er keine Beute erjagen könnte und verhungern müsste.

WISSEN KOMPAKT

Erbstücke unserer Vorfahren: Unsere ältesten Vorfahren der Wirbeltiere, die Fische, stehen an der Basis der Wirbeltierentwicklung. Hierzu gehören neben den Fischen die Amphibien, Reptilien, Vögel und Säuger. Viele Erbstücke von Fischen finden sich bei uns Menschen wieder. Sie haben zum Teil die gleiche Bedeutung oder wurden in ihrer Funktion abgewandelt. Einige Beispiele zeigen es:

1. *Das Seitenlinienorgan findet sich als Gleichgewichtsorgan in unseren Bogengängen wieder.*
2. *Die Brust- und Bauchflossen wurden unsere Arme und Beine.*
3. *Die Kiemenbogenknochen finden sich verändert in unserem Gesicht.*
4. *Die Schuppen der Haie waren die Grundlage unserer Zähne.*
5. *Die Schwimmblase entwickelte sich zur Lunge.*
6. *Die Segmentierung der Muskelpakete von Fischen findet sich im »Sixpack« der Bauchmuskulatur wieder.*
7. *Die Gehörknöchelchen beim Menschen sind umgewandelte Kiefergelenkknochen, die sich bei Fischen, Reptilien und säugerähnlichen Reptilien noch in der ursprünglichen Funktion erkennen lassen. Bei den Säugern haben sie einen Funktionswechsel erfahren und sind zu den drei Gehörknöchelchen geworden.*

Im Konferenzraum der Tiere

Die Teilnehmer gönnen sich eine kurze Gesprächspause und blättern in den ausgelegten Magazinen. **Schwein Edeltraut** ist erstaunt zu sehen, wie viele Menschen als Paare in schönster Aufmachung fotografiert sind. »Ist es denn so wichtig, stets als Paar anzutreten und besonders attraktiv auszusehen?« Die schlaue **Krähe Betty** antwortet: »Wir sind doch auch gern mit unserem Partner zusammen, teilen die Nähe, obgleich es gewöhnungsbedürftig ist, all die Gerüche und Sonderlichkeiten des Partners zu ertragen. Sogar Krankheiten können übertragen werden. Sauber und adrett sollten wir trotzdem sein.« ***Homo sapiens* Immanuel** will erklären, warum Nähe so wichtig ist.

Ohne Sexualität kein Leben

Diese Überschrift ist ein wenig provokant, aber in der Tat – bis auf einige Einzeller und Bakterien – vermehren sich Lebewesen durch Sexualität. Der Vorteil der sexuellen Fortpflanzung besteht darin, das Erbgut der Nachkommen besser zu durchmischen. Gleich ob Pflanzen oder Tiere, beide sind daran interessiert, ihre Gene an die nächste Generation weiterzugeben, und dazu brauchen sie einen Partner. Nur selten kommt es in der Natur vor, dass Lebewesen, wie etwa Regenwürmer oder auch Schnecken, Zwitter sind. Sie beherbergen Eizellen und Spermien in einem Körper. Bei Pflanzen gibt es Selbstbestäubung, aber die Regel ist es nicht.

Festmahl an der Küste Samoas

Samoa ist eine kleine Insel im Indischen Ozean. Jedes Jahr an einem bestimmten Tag im Oktober besuchen die Bewohner den Strand. Sie durchwaten den Küstenstrand, und in ihren Händen tragen sie Siebe, aber nicht um Fische zu fangen, sondern Würmer. In der Dämmerung wimmelt das Wasser von Abermillionen Würmern, die an der Oberfläche schwimmen. Es sind Palolo-Würmer, aber nur deren Hinterleiber. Der andere Teil des Wurms hält sich mit seinen Borsten an den Korallen fest. Die Hinterleiber dieser Würmer enthalten die alles entscheidenden Geschlechtszellen. Die Wurmteile platzen, wenn sie an die Wasseroberfläche kommen. Die graugrünen Hinterleiber sind weiblich, die gelblichen männlich. Aus ihnen tritt milchiges Sperma heraus. Die weiblichen Schläuche platzen und entlassen ihre Eizellen ins Wasser. Durch chemische Signale, die Hormone, finden Spermium und Eizelle zusammen und entwickeln sich zum Wurm, wenn sie vorher nicht gegessen werden. Die Eingeborenen laben sich an diesem reich gedeckten Tisch. Der Wurm ist für sie ein Leckerbissen – egal ob gedünstet oder roh. Er schmeckt immer. Leider wird dieses Fest nur einmal im Jahr an ein oder zwei Nächten gefeiert. Die Sex-Orgie des Palolo-Wurms findet nämlich nur bei einer ganz bestimmten Stellung des Mondes statt. Der Wurm ist ein Beispiel für eine durch Mondphasen synchronisierte Fortpflanzung.

Durch perfekte Synchronisation, die wir bis heute noch nicht richtig verstehen, löst ein so einfach gebautes Tier ein Problem, das sich allen Tieren stellt, um biologisch erfolgreich zu sein. Wie gibt man seine Gene an die nächste Generation weiter? Aber obwohl das Problem immer dasselbe ist, sind die Lösungen erstaunlich vielfältig. Wer genetisches Material austauschen will, muss schon über einige Tricks verfügen. Seepocken überreichen ihrer Partnerin die Spermien mit einer dehnbaren Röhre. Sie haben den längsten Penis im Tierreich bezüglich ihrer Körpergröße. Der Erfindungsreichtum der Natur kennt keine Grenzen. Männliche Anglerfische sind zu Anhängseln ihrer Gattinnen geschrumpft. So umgehen sie die in der lichtlosen Tiefsee schwierige Partnersuche, deren Misserfolg die Art gefährden würde.

Warum wimmelt es in der Natur nur so von unterschiedlichen Sexpraktiken? Weil zwei vorteilhafte Eigenschaften kombiniert werden. Sich sexuell fortpflanzende Lebewesen können sich schneller und besser an Veränderungen der Umwelt anpassen. Durch die Durchmischung des Genpools werden mehr Anpassungsmöglichkeiten geschaffen. Denn Männchen und Weibchen haben meist unterschiedliches Erbmaterial. Aber die Verdoppelung des Erbmaterials hat einen weiteren Vorteil. Falls ein Gen durch Mutation verändert wird, kann oft das andere seine Aufgabe übernehmen. Das geschädigte Gen bleibt stumm. Das hat zwar den Nachteil, dass das veränderte Gen von Generation zu Generation mitgeschleppt wird. Doch das ist der Preis für die Anpassung.

Rotlichtmilieu im Ozean

Rotlichtmilieus existieren in vielen modernen Gesellschaften. Man findet sie fast überall auf der Welt. Hier bieten Frauen Sexualität gegen Geld an. Oft sind die Gebäude und Zimmer rot erleuchtet. Daher der Name. Ob dieses Rot den Wunsch nach Sexualität steigert, weiß ich nicht. Aber bei einer Wurmart im Indischen Ozean hat Licht eine große Bedeutung. Wenn es dunkel wird über dem Ozean und der Mond kaum leuchtet, schicken die Männchen und Weibchen Ei- und Samenpakete ins Wasser. Diese beginnen in der einsetzenden Dämmerung zu leuchten. Sie flackern wie eine Taschenlampe, die man auf »Aus« und »Ein« stellt. Durch die Lichtsignale finden Spermien und Eizellen im Wasser zusammen. Und verschmelzen miteinander. Ein neuer Wurm entsteht. Wer diese Beleuchtung auf dem Ozean gesehen hat, kommt nur noch ins Staunen, mit welchen Tricks die Natur arbeitet, um Spermien und Eizelle zusammenzuführen. Es flackert und leuchtet auf und im Ozean.

Stark wie ein Löwe

Löwen haben in vielen Gesellschaften einen guten Ruf. Sie sind Sinnbilder des Mutes, der Kraft, des Stolzes und der Tapferkeit. Nach ihnen baut man Statuen, verehrt sie in Abbildungen und setzt ihr Konterfei auf Fahnen und Wappen. Auch in der Sprache finden sie Anerkennung. Man nennt den Löwen sogar den »König der Tiere«. Mir ist keine abschätzige Redewendung über Löwen bekannt, wie man sie häufig bei anderen Tieren findet. Man spricht von der blöden Kuh, dem dreckigen Schwein, der falschen Schlange, dem dummen Huhn und vieles mehr. Löwen haben einen anderen Rang in unseren Köpfen.

Hat diese Einschätzung etwas mit Dichtung und Wahrheit zu tun? Denn genaue Kenntnis über das Verhalten der Löwen hat man erst seit den Sechzigerjahren des vergangenen Jahrhunderts. Über das schwierige Zusammenleben in und außerhalb des Rudels wusste man fast gar nichts. George B. Schaller hat die Lücke des Wissens geschlossen. Durch seine Forschungsarbeit verstehen wir den König der Tiere besser. Der Wissenschaftler lebte gerne in der freien einsamen Natur. Die Nächte verbrachte er – eingehüllt in einem Schlafsack – unter freiem Himmel. Als Student las ich sein Buch über das Leben der Berggorillas. Wie genau er diese Tiere beobachtete und welche Schlüsse er aus ihrem Verhalten zog, faszinierte mich. Und dann startete er das Projekt »Serengeti-Löwe«. Er wusste, dass er Monate und Jahre mit den großen Katzen genießen würde. Und er ahnte, welcher Herausforderung er sich stellte, um das Leben des Löwen zu erforschen. Das Ergebnis kann sich sehen lassen. Seine Bücher erweckten Träume in mir. Ich wollte zu den Gorillas und zu den Löwen in der Serengeti.

Begegnung mit Löwen

Es ist früh am Morgen, und wir reiben uns noch die Müdigkeit aus den Augen. Als die glutrote Sonne aufgeht, sind wir plötzlich hellwach. Über der Landschaft liegt noch Nebel von der kalten Nacht. Wir sehen, wie Leben in das Löwenrudel kommt, das etwa 50 Meter vor uns nächtigt. Die Tiere recken und strecken sich. Meine Frau, der Fahrer Hadzi und ich beobachteten sie vom Land Cruiser aus, ohne ein Wort zu wechseln. Ruhe ist die Voraussetzung, um Tiere zu beobachten. Plötzlich erhebt sich eine Löwendame und läuft gemächlich vom Rudel fort, gefolgt von einem vielleicht acht Jahre alten Herrn. Seine prächtige

Mähne verrät uns, dass er über eine gute Kondition verfügt. Eine volle Mähne ist ein Zeichen für gutes Wohlbefinden. Sie trottet vor ihm her und dreht sich plötzlich vor seiner Nase um, dabei hat sie ihren Schwanz erhoben, wirft sich auf dem Boden auf den Rücken, dreht sich hin und her und steht auf. Sie umkreist ihn, reibt ihren Körper sanft an seinen und trottet wieder langsam davon. Er scheint die Zeichen verstanden zu haben. Er nähert sich ihr vorsichtig und stupst sie sanft. Sie reagiert auf seine Annäherungsversuche und lässt ihn aufsteigen. Während der Begattung stößt sie ein rollendes Knurren aus. Er hingegen packt sie mit seinen Zähnen im Nacken und knurrt dabei. Die Begattung ist kurz, aber häufig. Unsere Stoppuhren messen die Zeit: 41 Sekunden. Wir beobachten die beiden vier Stunden lang. In dieser Zeit haben sie sich 17-mal gepaart. Aber sie waren in dieser Zeitspanne noch nicht fertig, das Liebesspiel ging weiter. George B. Schaller hat ein Paar 55 Stunden beobachtet, und dabei hat er 157 Paarungen gezählt. Eine Paarung hat ihn besonders beeindruckt, weil sie ihm zeigte, dass Gefühle im Spiel sind. Er schreibt: »Einmal unterbrach ein Männchen sein Liebeswerben, um eine Gazelle zu jagen, die unklugerweise zu einem Wasserloch gegangen war. Er trug seine Trophäe zur Löwin und gestattete ihr, sie ganz alleine zu fressen; ein rührendes und auffälliges Zeichen, wenn man bedenkt, dass er hungrig war. Gibt ein erwachsener Löwe einem anderen Fleisch, ist das die höchste aller Gesten, eine Verneinung seiner Grundsätze.« (→ Quellennachweis, Schaller, Seite 301)

Auch bei der Paarung von Löwen sind Gefühle im Spiel.

Während unser Liebespaar mit sich beschäftigt war, zog das Rudel weiter. Eine Stunde vor Dunkelheit trafen wir es schließlich wieder, und unser Liebespaar lag friedlich im Gras. Nie zuvor in unserem Leben haben wir Lebewesen getroffen, die sich in kurzer Zeit so häufig gepaart haben. Wenn zwei Biologen, wie meine Frau und ich, so etwas zum ersten Mal erleben, bleibt eine heftige Diskussion nicht aus. Am Abend fehlte es uns nicht an Gesprächsstoff. Alles drehte sich um die Frage, wie eine solch häufige Paarung in kurzer Zeit möglich ist. Des Rätsels Lösung ist vielleicht der Penisknochen des Männchens.

Der Penisknochen, ein verlorenes Erbe

Außer Löwen haben noch weitere Säugetiere einen Penisknochen. Es ist ein kleiner Knochen im Penis. Sein Name leitet sich von der lateinischen Bezeichnung ab: *Os penis* oder *Baculum*.

Hunde haben ihn, Meerschweinchen und auch unsere nahen Verwandten wie Gorillas und Schimpansen. Sie alle verlassen sich bei der Erektion ihres männlichen Geschlechtsorgans nicht auf den Schwellkörper alleine, sondern helfen mit einem Penisknochen nach. Er gehört sicher zu den merkwürdigsten Phänomenen überhaupt und variiert stark von Tierart zu Tierart. Der leichte Bärenmakak wiegt etwa zehn Kilogramm und besitzt im Verhältnis zu seiner Körpergröße einen großen Penisknochen. Dieser ist etwa fünf Zentimeter lang. Halsbandmangaben – eine andere, deutlich größere Affenart – haben einen wesentlich kleineren Penisknochen. Walrosse haben vermutlich den größten Penisknochen mit etwa 60 Zentimeter Länge.

Warum haben Männer keinen Penisknochen?

In frühen Zeiten der Geschichte der Menschheit hatten auch Männer, so die gängige Lehrmeinung, einen Penisknochen. Er ist aber im Laufe der Evolution des Menschen verschwunden. Christopher Opie vom University College in London hat dafür eine spannende Theorie entwickelt: Wahrscheinlich fehlte der evolutionäre Druck, um den Penisknochen beizubehalten. In Urzeiten – etwa vor 1,9 Millionen Jahren – lebten die Vorfahren des heutigen modernen Menschen polygam, so wie auch unsere nächsten Verwandten, die Schimpansen. Schimpansenfrauen haben mehrere Männer und die Männer mehrere Frauen. Aufgrund des evolutionären Druckes hat sich die Lebensweise des Frühmenschen verändert. Er wurde monogam. Mann und Frau gingen enge Bindungen ein, und der Mann konnte sich beim Sex ganz auf seine Partnerin konzentrieren und ungestört zur Ejakulation kommen, statt gleichzeitig die lauernde Konkurrenz im Auge behalten zu müssen.

Vielleicht war der Verlust des Penisknochens die Geburtsstunde der menschlichen Intimität. Hunde, Katzen, Gorillas und Schimpansen haben keine Scheu, sich in aller Öffentlichkeit fortzupflanzen. Wir Menschen ziehen uns in aller Regel zurück. Wir genieren uns, in der Öffentlichkeit Sex zu haben. Soweit ich weiß, gilt dies in hohem Maße auch für Naturvölker.

Unterstützt wird diese Theorie durch neue genetische Untersuchungen. Forscher der Universität in Stanford, USA, haben herausgefunden, dass im Laufe der Evolution der Mensch eine bestimmte DNA-Steuersequenz verloren hat, was vermutlich dazu führte, dass dadurch der Penisknochen verloren ging.

Erinnern wir uns: Der biologische Sinn der Sexualität besteht darin, Nachkommen zu zeugen, um seine Gene weiterzugeben. Wie gut die Überlebenschancen eines Tierkindes sind, hängt unter anderem davon ab, wie selbstständig es geboren wird und von der Mutter, den Eltern oder anderen Gruppenmitgliedern beschützt wird.

Im Laufe der Stammesgeschichte hat sich eine verwirrende Vielfalt von Formen und Verhaltensweisen sozialen Lebens entwickelt. Dafür gibt es einleuchtende Gründe: Zusammenleben erhöht die Sicherheit. Der Warnpfiff eines Murmeltiers warnt alle Murmeltiere. Zusammenarbeit kann auch die Nahrungsbeschaffung erleichtern. Pelikane fischen stets gemeinsam, Löwinnen arbeiten bei der Jagd zusammen. Das Zusammenleben fördert Lernprozesse und die Bildung von Traditionen. Ein Rotgesichtmakaken-Weibchen in Japan – eine Affenart, die unseren Berberaffen ähnlich sieht – hat gelernt, Kartoffelchips im Wasser zu waschen. Heute können es nahezu alle. Es wurde zur Tradition und zum Nutzen aller. Eine Form des sozialen Zusammenlebens ist die Familie. »Miteinander-Füreinander« ist die Devise.

Elefanten beim zärtlichen Liebesspiel im Wasser.

Die perfekte Familie

So nennt Anne Rasa ihr spannendes Buch über das Leben der Zwergmungos. Ihr gelang etwas, was wenige Menschen erleben dürfen. Die kleinen Raubtiere öffneten ihr die Tür zu einem neuen Verständnis für Tiere. Über ihre Forschungsergebnisse und über ihr Buch war Konrad Lorenz hell begeistert. Anne und ich trafen uns bei einem Verhaltensforschungskongress in Bonn. Wir waren beide noch blutjung. Beide hatten wir am Nachmittag keine Lust, weitere Vorträge anzuhören, und so entschlossen wir uns, stattdessen einen Spaziergang zu machen. Ich erzählte ihr von meinen Wellensittichen und sie mir von ihren Zwergmungos. Wir verstanden uns prächtig, sodass der Tag mir noch nach über 30 Jahren lebhaft in Erinnerung ist. Wir verloren uns später dann zwar aus den Augen, aber an die Zwergmungos dachte ich häufig.

Als Annes Buch erschien, las ich es in einem Rutsch durch. Es ist gespickt mit erstaunlichen Fakten, die man bis dahin nicht kannte. Sie erforschte die Zwergmungos in Kenia. Jedem der beobachteten Tiere gab sie einen Namen und konnte sich ihnen nähern, ohne sie bei ihren Tätigkeiten zu unterbrechen. Die Tiere akzeptierten sie. Vielleicht betrachteten die Mungos Anne als eine von ihnen – sozusagen in »Großformat«. (→ Quellennachweis, Rasa, Seite 301)

Die Mungo-Familie besteht in der Regel aus 30 Tieren und wird von einem weiblichen Leittier angeführt. Man nennt das Familienoberhaupt – wie im Bienenstaat – Königin, weil es in der Familie den Ton angibt und bestimmt, was gemacht wird. Warum sich gerade ein bestimmtes Weibchen zum Leittier erhebt, ist noch ein Rätsel. Fest steht jedoch, dass die Königin ihre Artgenossen an Gewicht und Größe übertrifft. Normalerweise wiegt ein ausgewachsenes Tier – gleich, ob Männchen oder Weibchen – nicht mehr als 420 Gramm, aber sobald ein Weibchen Chefin im Rudel ist, beginnt es erneut zu wachsen und erreicht drei Wochen später ein Gewicht von 640 Gramm. Damit übertrifft die Königin alle anderen Rudelmitglieder an Körperkraft, einschließlich der Männchen. Die Königin ist die Einzige, die sich fortpflanzt. Bekommt ein anderes Weibchen Junge, wird es umgebracht. Das erinnert an unsere Bienen. Alle Rudelmitglieder helfen beim Füttern und Versorgen des königlichen Nachwuchses mit. Auch beim Umzug, wenn man von einem Termitenhügel zum anderen zieht.

Meine Frau und ich beobachteten, wie etwa 20 Mungos schnell über die staubige Straße huschten. Jedes der Tiere hatte ein Mungokind im Maul. Aus irgendeinem Grund hatte ihnen ihre alte Wohnung nicht mehr gefallen. Einige von ihnen stoppten, als sie uns im Jeep sahen. Wie eingefroren standen sie da und betrachteten uns. Als sie registrierten, dass von uns keine Gefahr ausging, rannten sie flugs weiter zu ihrem neuen Zuhause. Blitzschnell verschwanden sie im Termitenhügel. Einer von ihnen hielt auf der Spitze des Hügels Wache.

Anne Rasa hat beobachtet, was es heißt, ein Mungokind zu stehlen. Als ein Schwarzhalsreiher ein Zwergmungokind aufspießte und verschlucken wollte, wurde er von einem Weibchen der Gruppe beobachtet. Das Weibchen schrie sofort los. Es war vermutlich ein Warnruf, sofort rannten die anderen Tiere aus dem Busch herbei. Ohne zu zögern, griffen sie den Vogel an und verhinderten so, dass er das Baby schlucken konnte. Sie bissen sich mit ihren kräftigen Kiefern an seinen Beinen fest. Sie ließen nicht los, und der Reiher hatte größte Schwierigkeiten, das Weite zu suchen. Nur durch einen großen Kraftakt konnte er sich befreien. Sie verhielten sich nach dem Motto der Musketiere: Alle für einen und einer für alle.

Jedes Rudelmitglied ist wichtig. Fehlt ein Rudelmitglied, machen sich die anderen auf die Suche. Finden sie es nicht, warten sie mehrere Tage auf es und ziehen auch nicht weiter. Wie wichtig der Einzelne ist, zeigt auch folgende Beobachtung: Ein Tier konnte sich nicht mehr bewegen, es litt unter einer fortschreitenden Lähmung. Die Lähmung war am Schluss so weit fortgeschritten, dass es sich nicht mehr säubern konnte. Vier andere Tiere kamen ihm zu Hilfe. Sie beleckten und massierten das arme Tier von oben bis unten. Im Schlaf legten sie sich um den Patienten, um ihn zu wärmen. Doch eines Morgens war die Lähmung dermaßen fortgeschritten, dass das kranke Tier den Schlafplatz nicht mehr verlassen konnte. Da verzichteten auch die anderen auf Nahrung und blieben sechs Tage fastend im Bau. Die Gruppe wollte den Kranken offensichtlich nicht alleine sterben lassen. Wann das Tier innerhalb dieser sechs Tage starb, weiß man nicht. Am siebten Tag verließ die Gruppe den Bau. Als Anne Rasa den Bau untersuchte, kam ihr Leichengeruch entgegen, und sie wusste, dass der Mungo gestorben war. Ob sie innerhalb der sechs Tage Totenwache gehalten haben, wie es manchmal Elefanten tun, bleibt ein Geheimnis.

Dir Sprache der Zwergmungos

Wer wie die Mungos im engen Familienverband lebt und unzählige Feinde in der Luft oder an Land hat, benötigt ein gutes Kommunikationssystem, um zu überleben. Anne Rasa zählte an einem Tag nicht weniger als 23 Raubvogelarten, die gerne Mungos verzehren. Auch für Schakale, Servale – eine kleine Katzenart – und Füchse sind Mungos ein gefundenes Fressen. Ohne gegenseitige Verständigung und Warnung hat man denkbar schlechte Karten, im Busch zu überleben. Laute Rufe sind nicht geeignet, denn sie locken die Raubtiere erst an. Die Sprache der Mungos sind Piepsignale.

Jeder Signalruf klingt anders, so wie auch die Stimme von Menschen anders klingt. Auf diese Weise können die Tiere erkennen, welches der Rudelmitglieder in der Nähe ist. Diese Pieptöne liegen etwa bei 50 Kilohertz einer Tonlage, die auch den dichtesten Pflanzenwuchs durchdringt. Alle Mitglieder dieser kleinen Gruppe rufen ständig: »Hier bin ich«, um in dem hohen Gras zusammenzubleiben. Jeder im Rudel kennt seine Pflichten und Rechte, aber auch die Vorzüge des Familienlebens. Alle profitieren davon. Die Chefin missbraucht ihre enorme Überlegenheit jedoch nicht zu Gewaltakten gegen Untergebene. Im Gegenteil, die Kraft gestattet es ihr, mit großer Freundlichkeit zu regieren. Für mich gibt es keine Zweifel: Zwergmungos leben in einer perfekten Familie.

Warum leben einige Tierarten im Familienverband, andere hingegen alleine oder im lockeren Verbund mit Artgenossen? Die Natur kennt alle Formen des Zusammenlebens, aber auch die des Einzelgängers. Was sind die Vor- und Nachteile der verschiedenen Lebensformen? Tiere, die über Generationen zusammenleben, werden vergleichsweise sehr alt, und viele von ihnen sind intelligent. Den Eindruck habe ich auch von Zwergmungos.

Wir machten mit einem Zwergmungo ein kleines Experiment für einen unserer Filme. Sylvia und ich beobachteten im Busch, wie die Mungos Vogeleier stibitzten und öffneten. Sie halten mit ihren beiden Vorderpfoten das Ei fest und kicken es unter ihrem Körper hindurch gegen einen festen Gegenstand, sodass das Ei zerbricht. Diese Art, Eier zu öffnen, wollten wir im Film zeigen. Drehort war das alte Raubtierhaus im Basler Zoo. Einem der dort lebenden Mungos gaben wir ein Hühnerei. Er sah sich seine Beute an, umlief sie, zauderte und umlief sie wieder. Es war auf seine Stirn geschrieben, dass er nach einer Lösung suchte. Er bewegte das Ei an eine Stelle, wo er erhöht darüberstehen konnte, und versetzte ihm einen Stoß, sodass das Ei gegen die Wand schmetterte und zerbrach. Und der Mungo ließ es sich schmecken.

Wer im Familienverband mit mehreren Mitgliedern lebt, muss mit den anderen kommunizieren. Er muss die Zeichen des Gegenübers richtig interpretieren und deuten. Das ist Geistesarbeit und erfordert ein bestimmtes Maß der Fähigkeit, sich in den anderen zu versetzen.

Das liest sich leicht, ist aber in Wirklichkeit oft eine Herkulesarbeit. Das wissen wir alle aus Erfahrung und dem täglichen Zusammenleben. Ich habe sieben Geschwister, und einige von ihnen habe ich bis heute nicht verstanden. Ich bin unfähig, ihre Gedanken und Gefühle zu interpretieren. Und dennoch haben sie in meiner Welt einen anderen Stellenwert als Fremde. Ich würde ihnen immer helfen, wenn sie zum Beispiel finanzielle Nöte hätten. Das Band der Familie hält uns zusammen. Das Band der Familie bietet Schutz vor Bedrohung durch andere und eröffnet ein hohes Maß an Freiheit.

Mozart hätte seine musikalische Begabung nie verwirklichen können, ohne dass ihm der Vater – die Familie – den Rücken freigehalten hätte. Vermutlich gilt dies für die meisten Genies. Die Familie kann eine Brutstätte der Kreativität sein. Natürlich auch das Gegenteil. Einige Biologen sind der Meinung, dass das Wachstum unseres Gehirns und damit die Evolution unserer geistigen Fähigkeiten eine Folge der Familie ist. So vorteilhaft es ist, wenn Kinder und Eltern zusammenbleiben, hat es auch Nachteile. Jungtiere können für ihre Eltern und Großeltern zu Konkurrenten um Nahrung und Paarungsmöglichkeiten werden. Oft haben die Jungen keine Möglichkeit, sich fortzupflanzen, und müssen bei der Aufzucht der Geschwister ihren Eltern helfen. Die Eltern profitieren vom Verbleib der Jungen, weil sie sich als Bruthelfer engagieren. Außerdem fällt es größeren Familien leichter, ein begehrtes Revier zu verteidigen und Feinde abzuwehren.

WISSEN KOMPAKT

1. ***Der Sinn der Sexualität:*** *Ein Grundprinzip des Lebens ist der Austausch der Erbinformation zweier Lebewesen, dadurch kann Neues entstehen. Sexualität ist in der Lebensgeschichte sehr früh, schon bei einfachen Organismen, etwa Bakterien, verwirklicht.*
2. ***Geschlechtlichkeit:*** *In einer Art gibt es zwei verschiedene Geschlechter, die ihre Gene je zur Hälfte an die nächste Generation weitergeben. Die sexuelle Fortpflanzung beschleunigt die Evolution. Die genetische Durchmischung erhöht die biologische Fitness*

der nächsten Generation. Das langfristige Überleben in einer sich ständig verändernden Umwelt wird erleichtert.

3. ***Pluspunkte der nichtgeschlechtlichen Fortpflanzung:*** *Gute Genkombinationen bleiben erhalten, da es keine Veränderungen – außer Mutationsereignisse – gibt. Sofern sich die Lebensbedingungen nicht verändern, sind die Nachkommen optimal angepasst. Ein Beispiel dafür sind die Blattläuse, die sich ohne eine geschlechtliche Fortpflanzung vermehren. Sie sind genetisch alle gleich und können in kurzer Zeit ihre Wirtspflanze durch eine ungeheure Saugleistung schädigen. Dieses System ist aber nur dann erfolgreich, wenn auf der Pflanze keine Veränderungen eintreten.*
4. ***Die Bedeutung der Weibchen:*** *Wenn Weibchen für den Nachwuchs sorgen müssen, muss von Seiten des Männchens oder der Gruppe viel investiert werden, damit die Gene weitergegeben werden. Die Investition kann sich auf die Nahrung, den Schutz oder die gemeinsame Fürsorge für die Nachkommen beziehen.*

Im Konferenzraum der Tiere

Die Konferenz hat gezeigt, dass die Tiere in vielen Bereichen den Menschen überlegen sind. Sei es in der Luft, im Wasser oder an Land. Aber sie zeigte auch, dass Menschen und Tiere sich ähnlicher sind, als wir dachten. Heute beweist die Arbeit der Verhaltensforscher deutlich, dass der Mensch mit allen Tieren verbunden ist. Selbst in der Sexualität oder im Zusammenleben gibt es große Ähnlichkeiten. Das ist kein Wunder, denn alles Leben auf unserem Planeten ist durch Evolutionsprozesse entstanden. Die Evolution schnitzt aus unserem Erbmaterial der DNS dasjenige heraus, was am besten zu wem passt in der Welt, in der er lebt. **Edeltraut, eine Vertreterin der Hausschweine,** senkt traurig ihren Kopf und spricht ganz leise. »Warum nennt *Homo sapiens* uns dann Dreckschweine, wenn wir doch alle miteinander verbunden sind? Wir haben so viele gute Eigenschaften, und sogar mit unseren Hinterlassenschaften gehen wir bewusst um, fast sogar besser als ihr Menschen.«

Das große Reinemachen

Ziemlich spät in meinem Leben habe ich erfahren, was Farbenpracht bedeutet. Meine Frau Sylvia und ich schnorchelten im Korallenriff, und vor unseren Taucherbrillen präsentierte sich eine Farbenpracht, wie ich es mir in meinen schönsten Träumen nicht vorstellen konnte. Sofort schoss mir das Lied eines österreichischen Sängers in den Kopf, in dem er fröhlich schmettert: »Das gibt's doch nicht.« Ich hatte plötzlich das Gefühl, etwas verpasst zu haben. Aber das Glücksgefühl siegte.

Die Welt unter Wasser

Ich gebe zu – ich habe mich in die Unterwasserwelt verliebt, und dieses Gefühl wurde noch getoppt. Meine Frau Sylvia ging es genauso wie mir. Ich glaube, wir waren gut zwei Stunden schnorcheln und konnten uns kaum lösen, nicht sattsehen an dieser wunderbaren farbigen Welt. Sie fragen sich jetzt vielleicht, was dieser Gefühlsausbruch mit Reinemachen zu tun hat.

Hier meine Antwort: Die Unterwasserwelt ist glasklar. Alles glänzt, selbst die Augen der Fische. Wir hatten das Glück, einem blauen Drückerfisch tief in die Augen zu schauen. Während wir das taten, wurde uns bewusst, dass Fische keine Augenlider haben. Das wussten wir, aber wir haben uns nie klargemacht, warum sie keine haben. Die Welt unter Wasser ist bunt und abwechslungsreich. Mit ihren Augen sehen die Tiere diese wunderbare Welt. Sie erkennen ihre Auserwählte oder ihre Feinde oft an der Färbung ihres Körpers.

Der anatomische Aufbau des Fischauges ähnelt dem der Säugetiere. Sie haben eine Hornhaut, eine Iris, einen Glaskörper und eine Netzhaut. Aber es fehlen ihnen die Augenlider. Augenlider wischen und befeuchten die Optik in einem Arbeitsgang. Ohne dass es uns bewusst wird, schlagen wir sehr häufig mit unseren Wimpern das Auge auf und zu. Wer blinzelt, sieht klarer. Dieser Wimpernschlag sorgt dafür, dass unsere Hornhaut von Schmutzteilchen gereinigt wird. Er hat ungefähr die gleiche Bedeutung wie ein Fensterputzer. Mit ihm fahren wir die Glasscheibe hoch und runter. Der Wimpernschlag hilft also, unsere Welt gut ohne Kratzer sehen zu können.

Das Reinigen der Hornhaut können sich Fische ersparen. Sie leben in in klarem, sauberem Wasser – jedenfalls ist es von der Evolution so vorgesehen –, und ihre Hornhaut wird somit ständig von Wasser umspült. Was sich die Evolution sparen kann, das spart sie sich auch. Bei einigen an Land lebenden Tieren fehlt ebenfalls das Augenlid, um das Auge sauber zu halten. Geckos zum Beispiel haben keines. Sie müssen deshalb zu einer anderen Technik greifen. Das Prinzip bleibt das gleiche. Drüberwischen und nass. Aber diesmal nicht mit dem Augenlid, sondern eben mit der Zunge.

Ohne Fleiß kein Preis: Putzerfische

Bleiben wir noch etwas unter Wasser und beobachten einen erstaunlichen Fisch. Vor unseren Augen sehen wir, wie ein Putzerfisch einen Doktorfisch reinigt. Er stellt seine Arbeit in den Dienst eines anderen. Putzerfische verdienen sich ihren Lebensunterhalt damit, dass sie einem Kunden, zum Beispiel einem Doktorfisch, ihre Reinigungsdienste anbieten. Sie betreiben sogenannte Putzstationen, an denen sie größere Fische putzen. Nichts Besonderes, könnte man im ersten Augenblick denken, aber in Wirklichkeit steckt dahinter eine der komplexesten und ausgefeiltesten Beziehungen im Tierreich. Wie teilen sie dem anderen Fisch mit, dass sie bereit zum Putzen sind?

Putzerfische sind an bestimmten Orten zu finden und nehmen eine bestimmte Schwimmhaltung ein. Auch ihr Farbenkleid trägt zur Verständigung bei. Die Kunden schwimmen zur Putzstation und warten friedlich einer nach dem anderen, bis sie an der Reihe sind. Was sie wünschen, teilen sie durch ihr Verhalten mit. Sie stehen nahezu reglos mit gesenktem oder erhobenem Kopf im Wasser. Andere spreizen die Flosse ab und öffnen ihr Maul. Der Putzerfisch weiß nun, was zu tun ist. Er schwimmt mit wedelnden Bewegungen oder wedelnder Schwanzflosse auf seinen Kunden zu. Sorgfältig sucht er den Körper ab und entfernt Parasiten, abgestorbene Hautpartikel und Algen. Hat der Kunde sein Maul geöffnet, schwimmen die Putzerfische ins Maulinnere und den inneren Kiemenraum und fressen Parasiten und Hautteilchen. Der Fisch wird gereinigt, und die Putzerfische werden satt.

Wo so viel Beute lockt, haben die Putzerfische Konkurrenz bekommen. Andere Raubfische haben im Laufe der Evolution das Aussehen der Putzerfische nachgeahmt, um diese paradiesischen Fressgründe zu erobern. Einer von ihnen ist der Schleimfisch, *Aspidontus taeniatus*. Man kann ihn kaum vom Putzerfisch unterscheiden. Die Ähnlichkeit ist verblüffend. Er verhält sich auch noch ganz ähnlich wie das Original. Kein Wunder, dass die Kunden des Putzerfisches auf ihn hereinfallen. Diese erleben dann ihr blaues Wunder. Mit seinen scharfen Zähnen beißt er ihnen erbarmungslos von den Flossen und anderen Körperstellen Hautstücke ab. Das schmerzt. Und die Kunden ziehen sich allmählich zurück, sehr zum Leidwesen der Putzerfische. Diese kleinen Fische haben es in sich und demonstrieren, wie sehr man Fische unterschätzte. So konnte sich kaum jemand vorstellen, was Forscher vom Max-Planck-Institut und der Uni Konstanz erst kürzlich herausgefunden haben: dass Putzerfische ihren Körper im Spiegel erkennen. Ich werde später genauer darauf eingehen, wenn wir die Spiegelversuche anderer Tiere diskutieren (→ Seite 261 ff).

Von Büffeln und Flusspferden

Reinigung des eigenen Körpers durch ein Tier einer anderen Art ist nicht so fremd in der Biologie. Aus vielen Naturfilmen ist bekannt, dass Madenhacker – so heißen diese Vögel – auf einem Büffel hocken und einen Parasiten nach dem anderen mit ihrem Schnabel herauspicken. Wir haben beobachtet, wie ein Vogel geduldig und beharrlich mit seinem Schnabel in das Ohr und die Nase pickte, um Parasiten zu fangen.

Eine Win-win-Situation: Der Madenhacker befreit den Büffel von Parasiten.

Auf den ersten Blick sieht es für den Büffel gefährlich aus, aber der Vogel weiß genau zu zielen und mit welcher Intensität er picken darf. Und das weiß auch der Büffel. Wie Vogel und Büffel miteinander kommunizieren und jeder seine Wünsche ausdrückt, weiß man meines Wissens bisher noch nicht. Aber die Putzaktion zu beobachten, ist ein kleines Schauspiel, das seine Zeit dauert. Hat der Büffel schließlich genug von der Säuberungsaktion, schüttelt er den Kopf.

Wer kennt es nicht, dieses fassförmige, bis zu drei Tonnen schwere Ungetüm, das unter Wasser wie in anmutiger Zeitlupe Ballett schwimmt, als wäre es aller Schwere enthoben. Das Flusspferd. Auch Flusspferde benötigten Hilfe bei der Körperpflege. Ein Gefolge von Fischen reinigt die Haut des Schwergewichts, während es sich gemächlich fortbewegt. Für Fische ein gefundenes Fressen, für Flusspferde eine unentgeltliche Putzkolonne.

Der große Schiet

Im Laufe der Jahre habe ich festgestellt, dass die Reinigungsprozedur für Tiere genauso wichtig ist wie für uns Menschen. Nehmen wir nur unsere Körperausscheidungen. Die meisten von uns spülen sie einfach weg und denken nicht weiter darüber nach. Viele Tiere gehen aber mit diesem Material äußerst sinnvoll um.

Wacholderdrosseln leben im Norden Europas und brüten auch dort. Wie alle Vogelnester sind diese ebenso von Räubern bedroht. Für Krähen ist der Drosselnachwuchs ein gefundenes Fressen. Wenn da nicht die Drosselmutter wäre. Sie kann sich zwar nicht mit den Kräften der Krähe messen, aber sie verfügt über eine wirkungsvolle Waffe: ihren Kot. Nähert sich ein Räuber dem Nest, fliegt sie dicht über ihn und bombardiert ihn mit ihrem Kot. Dieser stinkt grauenvoll und zerstört die wetterfeste Schicht des Gefieders bei dem Eindringling. Manchmal wird das Gefieder so sehr verschmutzt, dass der Räuber nicht mehr aufsteigen kann. Wachholderdrosseln sind nicht die Einzigen, die Kot als Waffe einsetzen. Auch die Eissturmvögel verwenden ihren Abfall zur Verteidigung. Sie nisten in den Meeresklippen Westeuropas.

Kot als Desinfektionsmittel

Geier setzen ihren Kot als Reinigung gegen gefährliche Bakterien und Viren ein. Er wirkt als Desinfektionsmittel. Sie spritzen den Kot auf ihre Beine und Füße. Dieses Verhalten ist äußerst sinnvoll. Wie bekannt, hüpfen Geier häufig auf Tierleichen herum, die zum Teil schon im Verwesungsprozess sind. Diese Leichen bieten einen Tummelplatz für Krankheitserreger. Die »Fuß- und Beinduschen« aus Urin und Kot sind Gift für Krankheitserreger und schützen auf diese Weise die Geier.

Die Stinkbombe

Eiderenten kommen vor allem in Nordeuropa vor. Die großen Meerenten ernähren sich von Muscheln und Schalen. Für das Leben im Meer sind sie gut ausgerüstet. Sie verbringen einen Großteil ihrer Zeit mit Schwimmen und Tauchen. In der Luft jedoch sind sie nicht besonders geschickt. Deshalb können sie auch nicht auf schmalen Felsbänken brüten, sondern sind gezwungen, ihr Nest an Land – zum Beispiel auf Wiesen – zu bauen. Sobald die Eier gelegt sind, verlässt das Weibchen während der vierwöchigen Brutzeit nur noch selten das Nest. Es muss dann keine Nahrung zu sich nehmen und hat deshalb auch keine Ausscheidungen. Während dieser Zeit entsteht in ihrem Verdauungstrakt jedoch ein immer ranziger riechendes Gemisch von verschiedenen Stoffen. Sieht das Weibchen zum Beispiel einen Fuchs in seiner Nähe, der ihm und seinem Gelege gefährlich werden könnte, verlässt es sein Nest. Aber zuvor kotet es auf seine Eier. Eier und Nest stinken dann unvorstellbar. Wir Menschen riechen es von Weitem, und der Fuchs läuft angeekelt davon. Eiderenten müssen einen unterentwickelten Geruchssinn haben, denn ohne zu zögern setzen sie sich anschließend wieder auf ihre stinkenden Eier.

Wegwerfwindeln

Zwar werden die körperlichen Ausscheidungen oft gut genutzt, aber sie können andererseits auch eine große Gefahr für die Gesundheit sein. Vögel, die in Bruthöhlen leben, zahlen ihren Preis, wenn es ums Saubermachen geht. Die Küken können zur Entleerung ihres Darms ihren Po nicht einfach über den Rand des Nests halten, wie viele andere Vögel. Die kleinen Kohlmeisen haben jedoch eine bemerkenswerte Lösung für dieses Problem gefunden. Sie produzieren Kotsäcke, die die Mutter in den Schnabel nimmt und einen nach dem anderen aus der Bruthöhle wirft. Die von den Küken produzierten Kotsäcke sind das Nonplusultra an Wegwerfwindeln.

Hygiene von Mensch und Wanze

Körper- und Hautpflege spielt im Leben jedes Menschen eine wichtige Rolle. Hautpflege und Reinlichkeit sind Eckpfeiler der Gesundheit. Wer in diesen Dingen nachlässig ist, läuft Gefahr, von Bakterien, Einzellern und Viren befallen zu werden. Einige von ihnen sind durchaus gefährliche Krankheitserreger. In der Zeit der Pest beispielsweise starben Tausende von Menschen mangels Reinlichkeit. Sich waschen und reinigen ist sowohl ein Gebot der Vernunft als auch der Biologie – ja, selbst Wasserwanzen tun es.

In vielen Seen und Tümpeln Europas tummeln sich Wasserwanzen. Sie sind winzig und nicht größer als ein Pfefferkorn. Der Volksmund nennt sie Seifenkäfer, und dahinter steckt eine erstaunliche Geschichte. Regelmäßig tauchen die Winzlinge auf, krabbeln an Land und beginnen ein eigenwilliges Putzmanöver. Sie rudern mit ihren Vorderbeinen, und auf einmal bildet sich Schaum, der aus zwei Drüsen in der Nähe der Augen schäumt. Es ist nicht direkt Seife, was sich hier bildet. Es ist Wasserstoffperoxid, ein hochwirksames Desinfektionsmittel gegen Bakterien. So hält der Käfer seine Haut keimfrei. Aber irgendwann hat die Schaumschlägerei ein Ende. Dann heißt es abspülen.

Ein Kamm im Maul

Wer Krallen hat und ein Fell, der kratzt sich auch. Lieblingsbeschäftigung für viele Tierarten von klein auf. Verklebte oder verschmutzte Haare isolieren schlecht und schützen weniger gegen Sonne, Wind und Wetter. Es ist also durchaus sinnvoll, wenn sich Tiere kratzen, putzen und gegen den Filz ankämpfen. Wer Halbaffen wie die Kattas im Zoo beobachtet, sieht häufig, wie sie sich gegenseitig mit der Zunge ablecken. Es handelt sich dabei oft nicht um den Austausch von Zärtlichkeiten, sondern um eine Fellpflege der besonderen Art. Die Tiere kämmen sich. Sie reinigen ihr Fell. Wie einige wenige andere Tierarten haben sie eine Art Kamm im Maul. Die unteren Schneidezähne stehen hervor wie die Zinken eines Kammes. Sie berühren die Zähne des Oberkiefers nicht, sondern liegen in der gleichen Ebene wie die Zunge. Ein ideales Werkzeug zur Haarpflege. Selten, aber effektiv.

Die größten Gegenspieler aller Putzbewegungen sind kleine Schmarotzer, die sich gerne zwischen den Haaren verstecken, zum Beispiel Zecken. Jeder Hundehalter kann ein Lied davon singen. Zecken sind gefürchtet und gefährlich für die Gesundheit von Mensch und Tier. Sie treiben Bohrlöcher in die Haut, suchen nach Rohstoffen und Energiequellen und können gefährliche Krankheiten übertragen, wie etwa Borreliose oder Hirnhautentzündung.

Der reinste Kontinent für Zecken bietet ein wahres Eldorado an Bodenschätzen – es ist die Haut eines Nashorns. Das mächtige Tier suhlt sich im Schlamm – eine wirkungsvolle Methode, um zumindest im ersten Behandlungsschritt mit den kleinen Plagegeistern fertigzuwerden. Der zweite Schritt geschieht außerhalb der Schlammgrube. Das Nashorn reibt sich an Felsen und Bäumen. Es geht darum, die von der Sonne hart getrocknete Schlammkruste abzureiben – mitsamt den Zecken. So wird man sie los, die Schmarotzer.

Kein Kotballen zu viel

Wer die Serengeti betritt, ist begeistert von der schönen Landschaft und dem Tierreichtum. Nirgendwo auf der Erde leben so viele Tiere zusammen wie dort. Tausende von Gnus und Zebras weiden hier, aber auch Elefanten. Wenn man die Herden genau beobachtet, sieht man, wie sie urinieren und koten. Immer wieder aufs Neue sind wir von der Sauberkeit überrascht. Man sieht fast kaum Kotballen. Auch nicht von den grauen Riesen, den Elefanten. Der Elefant hat die Anpassung an eine

Die Hinterlassenschaften der großen Herden sorgen für Nahrung und neues Leben.

Nahrung, die aus zähen Pflanzen besteht, zur Vollkommenheit entwickelt. Fressen ist die Hauptbeschäftigung während des Tages. Als nachlässiger Esser lässt der Dickhäuter Futter für andere Tiere übrig, die nicht wie er mit dem Rüssel bis zu drei oder vier Meter hinaufreichen können, um an Nahrung zu gelangen. In 24 Stunden können zehn Elefanten mehr als eine Tonne Kot absetzen. Falter und Käfer ernähren sich von diesem Dung. Vögel holen sich Körner heraus, und auch Pilze gedeihen darin. Die Käfer werden schließlich zur Mahlzeit von Vögeln und Mungos. Ein perfekter Kreislauf.

Elefanten sind in der Lage, die Vegetation entscheidend zu beeinflussen. Obwohl sie viel fressen, können die grauen Riesen mit ihrem Ökosystem im Gleichgewicht leben. Sie leisten einen großen Beitrag zum Zyklus des Pflanzenlebens und verhelfen vielen anderen Geschöpfen zu ihrer Nahrung. In der Natur gibt es keinen Dreck und Schmutz, das ist eine Erfindung von *Homo sapiens*. Wo immer der Mensch auf der Erde auftaucht, hinterlässt er eine Dreckspur. Sie ist das Verdienst seiner

Kreativität und Intelligenz. Kein Tier auf diesem Planeten produziert so viel Müll wie der Mensch. Er ist gekrönter Weltmeister.

Geboren für den Kot: Pillendreher

Sollten Sie ein Lebewesen suchen, dessen ganzes Leben sich ausschließlich um Kot dreht, kann das nur der Mistkäfer sein. Von ihm gibt es viele Arten. Am eindrucksvollsten ist vermutlich der Skarabäus, der Pillendreher. Wir konnten ihn über eine Stunde bei der Arbeit beobachten, fotografieren und filmen. Wie diese Käfer ihre Mistkugeln formen, ist beim ersten Anblick eigentümlich und lustig. Der Dungballen wird, bevor sie ihn rollen, zur Kugel geformt. Das Weibchen rollt einen Kotballen mit den Hinterbeinen fort, wobei sie sich mit den kräftigen Vorderbeinen abstemmt. Das Tier läuft dabei ständig rückwärts. Die Bewegungsrichtung verläuft also von links nach rechts.

Sowohl Männchen als auch Weibchen formen Mistkugeln. Bei den Männchen handelt es sich um eine Art Geschenk, mit der die Gunst des Weibchens gewonnen werden soll. Das Weibchen dagegen rollt den Mist zu Kugeln, um den Nachwuchs mit Nahrung zu versorgen. Die Mistkugel wird vergraben, und das Weibchen legt ein einziges Ei hinein. So ist die Käferlarve während ihrer Entwicklung reichlich mit Nahrung und Wasser versorgt. Mistkugeln sind beliebt unter den Pillendrehern, aber einige von ihnen scheuen die Arbeit und überfallen lieber einen Artgenossen mit seiner Mistkugel. Wir konnten einen Kampf beobachten, der über vier Runden ging. Zu unserer Freude gewann der Besitzer, und der Räuber lag auf dem Rücken und strampelte mit den Beinen. Gott sei Dank nicht zu lange, und dann krabbelte er davon. Eine starke Leistung, Pillendreher können Kugeln bewegen, die 50-mal so viel wiegen wie sie selbst.

Jedes Lebewesen produziert Abfall. Selbst Bäume müssen Abfall in Form von Gas abgeben, den Sauerstoff. Genau das ist die Luft, die wir atmen. Außerdem lagern Bäume giftige Stoffe, wie zum Beispiel Tannine, in ihren Blättern ab, die von Zeit zu Zeit ausgeschieden werden. Der Laubteppich im Herbst produziert eine enorme Menge an organischem

Material – ein zukünftiger Komposthaufen. Und es gibt zahlreiche hungrige Mäuler, die helfen, ihn ins Erdreich zu transportieren. Regenwürmer wurden schon von Aristoteles als Verdauungsorgan der Erde bezeichnet. Zweifelsohne sind sie für die Gesundheit des Bodens von grundlegender Bedeutung. Abgesehen davon, dass sie durch ihren Tunnelbau zur Durchlüftung des Bodens beitragen, stellt ihr eigener Abfall einen wichtigen Bestand der Ackerkrume dar. Durch die Enzyme in ihrem Darm wird eine reichhaltige Mischung aus Mineralien und Nährstoffen freigesetzt, durch die neues Wachstum möglich ist. Keine unserer Nutzpflanzen könnte ohne den Abfall anderer Lebewesen wachsen. Die Abfälle des Körpers sind nicht nur das Ende eines natürlichen Kreislaufs. Sie sind auch der Beginn neuen Lebens.

Man sollte bedenken, dass wir Menschen früher auch Teil dieses natürlichen Kreislaufs waren, aber dann wurden wir so zahlreich, dass unsere Abfälle statt zu einer Ressource zur Gefahr wurden.

WISSEN KOMPAKT

1. ***Parasiten:*** *Viele Organismen, die andere Lebewesen besiedeln, nutzen diese als willkommene Nahrungsquelle. Sie entziehen den betroffenen Pflanzen oder Tieren Nährstoffe und schädigen sie, ohne sie jedoch zu töten. Diese Organismen sind im Tier- und Pflanzenreich stark vertreten, stammen meist von frei lebenden Vorfahren ab und haben sich in Körperbau und Lebensweise allmählich zu Parasiten entwickelt. Dies führt zu großen Umgestaltungen des Körpers. Die meisten Schmarotzer haben sich auf einzelne Organe bestimmter Tierarten spezialisiert, außerhalb derer sie nicht leben können, wie zum Beispiel Läuse und Flöhe. In der Regel erzeugen Parasiten eine hohe Zahl von Nachkommen, um die Art zu erhalten. Die Schädigung des Wirts hält sich aber meist in Grenzen, da sonst der Parasit durch Nahrungsentzug selbst beeinträchtigt würde. Die meisten Schmarotzer leben ständig auf ihrem Wirt, entweder auf seiner Außenseite (Außenschmarotzer) oder aber in seinem Innern (Innenschmarotzer).*

2. ***Immunabwehr:*** *Der Wirt versucht durch geeignete Maßnahmen, den Eindringling zu bekämpfen. Mehrere Strategien sind möglich.*
3. ***Unspezifische Abwehr:*** *Durch die Körperoberfläche – Haare, Hornhaut, Schuppen, Schleim, Flimmerepithel, Husten – können Krankheitserreger beseitigt werden.*
4. ***Spezifische Abwehr:*** *Wenn Keime in den Organismus eindringen, ist eine unspezifische Abwehr oft wirkungslos. Hoch spezialisierte Zellen treten auf den Plan, um spezielle Bakterien und Viren zu bekämpfen. Dem Organismus steht ein großes Arsenal an Waffen zur Verfügung (Fresszellen, Killerzellen, Antikörper, Mastzellen).*
5. ***Eingewanderte Bakterien (Endosymbionten):*** *Tierische und pflanzliche Zellen können ohne die eingewanderten Bakterien, die zur normalen Zellausstattung gehören, nicht überleben – es sind die Mitochondrien und Chloroplasten. Mitochondrien sind sozusagen die Kraftwerke der Zellen, die die Lebewesen mit Energie versorgen. Chloroplasten in den Pflanzenzellen nehmen die Sonnenenergie auf und benutzen sie, um in der Photosynthese Zucker herzustellen. Dabei fällt als Stoffwechselprodukt Sauerstoff an, der den Tieren das Leben ermöglicht.*

Im Konferenzraum der Tiere

Nach dieser langen Sitzung, bei der jeder in Gedanken versunken über seine eigene Hygiene und den Schmutz, den er produziert hat in seinem bisherigen Leben, nachdenkt, erhebt sich plötzlich ein babylonisches Stimmengewirr, das unverständlicher nicht sein kann. **Schwein Edeltraut** quickt. **Einstein, der Fisch,** plappert auf seine Art mit kleinen Wasserblasen, die er geschickt wieder einfängt. **Krähe Betty** kräht Immanuel ohrenbetäubend zu. Und **Oktopus Amadeus** versucht, mit den Armen zu reden, und verhakt sich in der Tischdecke. In bestem Amerikanisch zählt **Graupapagei Alex** die Arme von Amadeus: eight, und **Bonobo Kanzi** hämmert auf seinem Computer: »I want a surprise, surprise, I am tired.« Keiner versteht sich, und ermattet erwarten alle, was das nächste Kapitel zu bieten hat.

Mori, der Mohrenkopfpapagei, lebt inmitten meiner Wellensittichschar.

Wie sage ich es dem anderen? Kommunikation

Ich tauche und betrachte voller Ehrfurcht diese wunderschöne Unterwasserwelt. Ein Fisch hat es mir besonders angetan. Er ist so neugierig und schwimmt direkt vor meiner Taucherbrille. Er ließ sich nicht stören, drei oder vier Minuten inspizierte er mich. In mir entstand der Wunsch, mit diesem Geschöpf zu kommunizieren. Aber mir waren im wahrsten Sinne des Wortes die Hände gebunden. Ich hatte keine Idee, wie ich es anstellen sollte.

Die Mitbewohner

Mein Gegenüber, der Fisch, nimmt die Welt ganz anders wahr als ich. Ich weiß nicht einmal, was er genau sieht. Seine Augen sind seitlich angeordnet. Er hat womöglich ein ganz anderes Bild von der Welt als wir Menschen. Töne als Kommunikationsmittel bei unserer Begegnung mit dem Fisch kamen auch nicht infrage, und die »Hand«- beziehungsweise die Flossenzeichen unseres Gegenübers verstanden wir nicht. Geschweige denn elektrische Impulse, mit denen manche Fischarten kommunizieren. Dazu fehlen uns das Sensorium oder besser die Sinnesorgane. Aussichtslos! Vielleicht ist dies einer der Gründe, warum wir Fische so grausam behandeln. Sie können keine Angst und Schmerzrufe abgeben, die wir verstehen und die in uns ein Mitgefühl auslösen. Untereinander können sie natürlich kommunizieren, denn alle Lebewesen müssen Informationen aufnehmen und verarbeiten, um sich an ständig wechselnde Umweltanforderungen anpassen zu können. Das gilt sowohl für die Großen wie Elefanten und Blauwale als auch für die Kleinen wie Bakterien und Viren.

In dem Moment, wo Sie diese Zeilen lesen, kommunizieren Tausende Bakterien in Ihrem Körper untereinander, um mit den Veränderungen der Umwelt fertigzuwerden. »Auf unserer Haut sind es nur ein paar Milliarden, eine Zahl die ungefähr der menschlichen Weltbevölkerung entspricht.« (→ Quellennachweis, Kegel, Seite 300) Ein einziges Gramm Darm enthält bis zu einer Billion Bakterien, und wir beherbergen ungefähr zwei bis drei Kilogramm Bakterien in unserem Körper. Allein in unserem Mund, so ergaben Hochrechnungen, können bis zu 25 000 Bakterienarten leben.

Warum mache ich diesen Ausflug in die Mikrobiologie? Für die Bakterien sind wir ein Kosmos, und ohne sie ist unser Leben gefährdet oder nicht möglich. Und das nur, weil diese Winzlinge erfolgreich kommunizieren und unsere Wegbegleiter seit der Entstehung des Menschen sind. Auch wir kommunizieren mit ihnen, ohne dass wir es merken. Doch nun wollen wir die Mikrobiologie verlassen und die Grundzüge der Tier-Kommunikation besprechen. Aber zuvor ist noch eine wichtige Begriffsbestimmung nötig.

Kommunikation: Was ist das?

Der Begriff Kommunikation ist in aller Munde und wird häufig benützt. Bei genauerer Betrachtung stellt man aber fest, dass er nicht einfach zu definieren ist. In der Verhaltensforschung setzt sich immer mehr folgende Definition durch: Kommunikation ist eine Form der Informationsübertragung von einem Sender zu einem Empfänger, welche unter einem für beide Teile positiven Selektionsdruck entstanden ist.

Diese Definition möchte ich an folgendem Beispiel näher beleuchten: Ein Habicht kann einen Hasen nur deshalb entdecken, weil der Hase Signale, zum Beispiel Form, Farbe oder Bewegung, an die Augen des Habichts sendet. Vielfach wird ein Hase ebenso Signale vom sich nähernden Habicht erhalten. Diese wechselseitige Informationsübertragung aber wird nicht als Kommunikation bezeichnet, denn sowohl Räuber als auch Beute versuchen die Aussendung eines jeden Signals an den anderen zu unterdrücken. In Räuber-Beute-Systemen hat die Selektion, also die Auswahl, darauf hingearbeitet, dass möglichst wenig oder gar keine Signale abgesendet werden. Die Aufnahme von Information ist hier nur für den Empfänger von Vorteil, für den Sender aber möglicherweise von großem Nachteil. Sender und Empfänger müssen einen Vorteil haben, damit man von Kommunikation sprechen kann.

Signale werden nur wirksam, wenn sie von den Sinnesorganen des Senders und Empfängers empfangen sowie im Nervensystem des Empfängers decodiert und verstanden werden. Sie sind im Laufe der Evolution so ausgelesen worden, dass ein gemeinsamer Code für die Angehörigen einer Art besteht. Kommen wir nochmals zu den Fischen zurück. Können wir wirklich nicht mit ihnen kommunizieren? Einstein, der Vertreter der Fische, sitzt am Konferenztisch. Vermutlich würde er die Geschichte ähnlich erzählen wie ich, wenn er sprechen könnte.

Begegnung mit Einstein

Einstein, der Fisch, lebte in einem Aquarium von mir. Ich fütterte ihn täglich nahezu zur gleichen Zeit. Das hat Einstein schnell verstanden. Er wusste, wann und wo es Futter gab. Er wartete praktisch auf mich.

Einstein beobachtete mein Verhalten aus dem Aquarium heraus. Aus meinen Handlungen und Bewegungen schloss er, dass ich im Begriff war, ihn zu füttern. Am Anfang dachte ich, er hätte die Zeit als Gedächtnismarker. Das wollte ich wissen und machte zwei kleine Experimente. Ich fütterte ihn zu anderen Zeiten, und in einem anderen Experiment machte ich unterschiedliche Versuche. Ich änderte meine Körperhaltung und meine Bewegung. Kurzum, Einstein schloss aus meinem Benehmen, wann er gefüttert wurde. Es war die Vorstufe einer Kommunikation. Eines Tages fiel mir auf, dass er nach dem Füttern eine Weile verharrte. Ich wusste nicht, warum. Vorsichtig steckte ich meinen Zeigefinger ins Wasser und kraulte ihn am Rücken. Er ließ es sich gefallen. Später wurden aus unserer Kraulsession Minuten statt Sekunden. Ich hatte den Eindruck, es gefiel ihm.

Wir beide bauten eine Beziehung auf, die nur dadurch entstanden war, weil wir die Kommunikationszeichen verstanden. Ich habe diesen kleinen Fisch richtig gerngehabt. Er weckte in mir schöne Gefühle. Als er starb, war ich sehr traurig. Ich glaube, wir waren Freunde. Viele meiner Menschenfreunde belächelten mich und ich mich selbst auch.

In jener Zeit wusste man wenig von unseren Brüdern im Wasser, außer, ob sie gut oder schlecht schmeckten. Warum verstehen wir die Fische kaum? Sie leben in einer ganz anderen Welt als wir Menschen. Wir können uns in die Unterwasserwelt kaum eindenken, geschweige denn einfühlen. Unter allen Wirbeltieren wie Säugetiere, Vögel, Reptilien, Amphibien und Fische wecken Fische die wenigsten Gefühle in uns. Der Grund liegt auf der Hand. Sie zeigen uns keinen erkennbaren Gesichtsausdruck, und wir glauben, sie sind stumm. Diese Vorstellung macht es uns schwer, mit ihnen zu kommunizieren. In unserer Ignoranz unterschätzen wir sie und sprechen ihnen auch Gefühle ab.

Aber viele wissenschaftliche Studien haben gezeigt, dass sie Schmerz und Leid empfinden wie andere Tiere auch. In einer Stresssituation geben sie das gleiche Stresshormon Cortisol ab wie die meisten anderen Tiere. Sie sind ein Kind der Evolution wie wir alle. Sie haben wirklich ein schlechtes Image in unserer Gesellschaft. Man traut ihnen nicht zu, dass sie Probleme durch Nachdenken lösen können. Die Artgenossen von Einstein beweisen das Gegenteil und können denken. Vielleicht ist dies alles kein Zufall. Einstein gehört zur Fischart *Haplochromis burtoni*. An dieser Fischart haben die Forscher Logan Grosenick, Tricia Clement und Russell Fernald Erstaunliches herausgefunden. Die Fische erkennen ihr eigenes Beziehungsgeflecht. Fisch D beispielsweise weiß, welche Stellung er im Schwarm einnimmt. Er weiß, die Fische A, B und C sind ihm überlegen, und er ist E überlegen. Das wäre nicht erstaunlich, wenn er mit allen gekämpft hätte. Aber so war es nicht. Fisch D hat beobachtet, dass Fisch B den Fisch C besiegt hat. Und Fisch A den Fisch B. Und da Fisch C ihn besiegt hat, ist ihm klar, dass er Fisch A und B aus dem Weg gehen muss. Gegen Fisch E hat er den Kampf gewonnen. Mit großer Wahrscheinlichkeit haben die Fische die Kommunikationszeichen verstanden, die jeder abgegeben hat.

Was Einstein gesehen hat, als er mich durchs Aquarium beobachtet hatte, weiß ich nicht. Aber in aller Regel ist der Sehsinn bei vielen Fischarten gut ausgebildet. Die meisten größeren Raubfische der Meere, wie zum Beispiel Haie, haben ein scharfes Sehvermögen. Ihre gute Sicht hilft ihnen bei der Jagd auf Beute. Viele Zierfische, beispielsweise Goldfische, sehen die Welt bunter als wir. Im Gegensatz zum Menschen verfügen Goldfische über einen vierten Zapfentyp, mit dem sie UV-Licht erkennen können. Als Zapfen werden die Sehzellen im Auge bezeichnet, die für die Unterscheidung von Farben zuständig sind. Das menschliche Auge kann nur Rot, Grün und Blau voneinander unterscheiden. Die übrigen Farben ergeben sich durch Mischungen – ähnlich wie bei einer Malpalette. Nun wird klar, warum die Unterwasserwelt so bunt ist. Wer keine Farben sieht, braucht auch keine bunte Welt. Aber Fische sehen Farben. Wie schon erwähnt, seit Einsteins Zeiten hat die Wissenschaft einen großen Fortschritt gemacht.

Was das Aussehen alles verrät

Nach allem, was wir heute wissen, ist es gut möglich, dass der Fisch Einstein mich an meiner Haarpracht, an meiner Kopfform und an vielem anderen mehr erkannt hat. So wie mich Hunde ebenfalls an meinem

Aussehen erkennen. Färbung, Zeichnung oder Gesten und Gesichtsausdrücke können ebenfalls der Kommunikation dienen, wobei visuelle Signale für fast alle Lebewesen die schnellste Art der Nachrichtenübertragung sind. Nachteilig ist allerdings, dass sie nur auf kurze Entfernung funktionieren.

Die Körpersprache der Tiere ist ein wichtiges Kommunikationsmittel. Körper und Gesicht der Schimpansen etwa können wie für ihre Absichten werbende Reklametafeln wirken. Sie machen zum Beispiel einen Schmollmund, der Angst, Frustration oder Verzweiflung anzeigt. Ihr Angstgrinsen ist eine Beschwichtigungsgeste, und ihr Spielgesicht verrät eindeutig die Absicht: »Spiel mit mir.« Und auch die bittend ausgestreckte Hand, das begeisterte Umarmen des Artgenossen oder das Schulterklopfen lassen keine Zweifel darüber aufkommen, welche Absichten mithilfe der Körpersprache ausgedrückt werden können. Andere Tierarten, aber auch Schimpansen, machen sich groß, um dem Artgenossen zu imponieren oder ihm zu drohen.

Paviankinder machen durch Körpersprache und Mimik ihre Absicht klar.

Was sagt uns der Wolf?

Beim Wolf zeigen ein erhobener Schwanz und aufgerichtete Ohren Dominanz an, während ein eingezogener Schwanz Unterlegenheit ausdrückt. Fühlt sich ein dominanter Wolf herausgefordert, stellt er die Nackenhaare auf und zieht die Oberlippe zurück, um das kräftige Gebiss zu entblößen. Das unterlegene Tier reagiert darauf zumeist mit Abducken und Einziehen des Schwanzes, oder es rollt sich auf den Rücken. Diese Signale können aber auch kombiniert werden, etwa um komplexe Botschaften zu übermitteln. Glaubt ein rangniederes Tier einen Angriff zu erkennen, zeigt es häufig eine Mischung aus verschiedenen Gesten. So duckt es sich mit eingezogenem Schwanz und angelegten Ohren zusammen, knurrt aber auch und richtet die Nackenhaare auf, um anzuzeigen, dass es zwar unterwürfig ist, aber dennoch bereit, sich zu verteidigen. Das Drohsignal bei Wölfen besteht sowohl aus visuellen als auch akustischen Signalen.

Ohne unsere Augen könnten wir die Feinheiten der Wolfsmimik nicht interpretieren. Sie helfen uns Menschen, einen Blick in unsere Umwelt zu werfen. Das weiß nahezu jeder. Aber wussten Sie, dass Wissenschaftler annehmen, dass der Sehsinn bis zu 80 Prozent der Information über die Außenwelt liefert und ein Viertel unseres Gehirns bei der Verarbeitung des Seheindrucks beschäftigt ist. Der Sehsinn ist das wichtigste Sinnessystem in unserem Körper. Seine Leistungen bringen selbst Experten zum Staunen.

Dialekt unter Vögeln

Vögel sind wahre Meister im Kommunizieren. Sie trällern, was das Zeug hält. Besondere Spezialisten leben in San Francisco. Wir treffen dort Luis Baptista. Er ist Professor für Vogelkunde und spricht gut Deutsch. Er hat es in Deutschland gelernt, wo er den Gesang der Buchfinken untersuchte. Heutiger Handlungsort ist ein kleiner Park mitten in San Francisco. Dort nimmt er den Gesang von Weißkopf-Ammerfinken auf. Das Spannende ist, dass die Finken in einem kleinen Park der Stadt ihren eigenen Dialekt trällern. Das sei ganz ähnlich wie bei Menschen in unzugänglichen Gebirgstälern, meint Luis. Für Finken sind es die Hochhausfronten aus Beton und Glas, die den Kontakt zur Außenwelt behindern. Ein paar Kilometer weiter – beim Wahrzeichen von San Francisco, der Golden Gate Bridge – lockt Luis die Vögel mit einem einfachen Trick an. Er spielt ihnen ihren eigenen Gesang vom Band vor. Die Männchen glauben, einen Eindringling im Revier zu hören, und schmettern diesem ihren eigenen Reviergesang entgegen. Und wieder ist es eine andere Mundart, der Golden-Gate-Dialekt. In jedem Stadtteil von San Francisco haben die Finken ihren eigenen Zungenschlag.

Luis hat Tausende von Klangspektogrammen auf dem Computer gespeichert. Er kennt alle Dialekte der Vögel von San Francisco und hört, ob es ein Zugereister ist oder nicht. Wie gut er die Dialekte nachpfeifen konnte, ist unglaublich. Ich höre ihn noch heute. Eine besondere Begabung, die es ihm erlaubt, mit diesen Vögeln elegant zu kommunizieren. Am Schluss unseres Drehs gibt er uns noch eine Kostprobe der Buchfinken im Schwarzwald. Auch sie haben Dialekte. Buchfinken in Freudenstadt im Schwarzwald pfeifen andere Melodien als die am Bodensee. Aber wie können solche mundartlichen Unterschiede überhaupt zustande kommen? In der Nähe San Franciscos führte er uns zu einem Nest, in dem Weißkopf-Ammerfinkenküken gerade geschlüpft sind. Die Vogelkinder hören von klein auf den Heimatdialekt des Vaters oder eines anderen Männchens. Sie lernen Note für Note – wie Menschenkinder Sprechen lernen. Allerdings nur in den ersten 12 Monaten ihres Lebens, dann erlischt ihre sensible Phase, wie es Wissenschaftler nennen. Wie die Alten summen, so zwitschern auch die Jungen.

Tiere produzieren eine erstaunliche Vielfalt an Lautäußerungen – vom einfachen Zirpen der Grillen, vom Gesang der Nachtigallen und Wale, vom Heulen der Wölfe bis zum hoch entwickelten Vokabular der Papageien und Schimpansen. Bei Schimpansen kann das Repertoire 34 oder mehr Laute umfassen. Der Schall macht es möglich. Er pflanzt sich schnell fort und ist ein geeigneter Informationsträger. Denn Laute und Töne sind nichts anderes als unterschiedliche Schallschwingungen. Bei hohen Tönen schwingen mehr Schallwellen pro Sekunde als bei tiefen. Tiefe Töne breiten sich weiter aus und können Hindernisse besser

Elefanten nutzen Infraschall-Laute, um sich über große Entfernungen zu verständigen.

durchdringen. Elefanten können sich mithilfe ihres Infraschalls über 50 Kilometer Entfernung unterhalten. Tiefe und kurze Töne enthalten meist nur einfache Mitteilungen, während bei anderen Frequenzen oft sehr komplizierte Nachrichten gesendet werden. Man denke an den wunderbaren Gesang der Vögel. Sie übertreffen bezüglich ihrer stimmlichen Fähigkeiten alle anderen Tiere.

Augentier Vogel

Vögel sind meist tagaktiv, daher verwenden sie vor allem optische und akustische Signale. Aus diesem Grunde kommunizieren sie häufig mit Gesängen und leuchtenden Farben. Vögel sind Augentiere wie wir Menschen, vielleicht macht sie diese Fähigkeit für uns Menschen so beliebt und populär. In England lieben es die Menschen, die gefiederten Freunde durch das Fernglas zu beobachten. Wenn der Mensch einen ebenso hoch entwickelten Geruchssinn hätte wie die meisten Säuger und deren an chemischen Reizen reiche Welt wahrnehmen könnte, wäre das Erschnuppern von Säugern vielleicht genauso beliebt wie Bird-Watching.

Eine uralte Sprache: Die Chemie im Boot

Bei Insekten und Säugetieren sind chemische Signale besonders gut entwickelt. Chemische Signale werden auch Pheromone genannt. Sie sind stammesgeschichtlich älter und universeller verbreitet als visuelle und akustische Signale, die erst mit der Entwicklung leistungsfähiger Lichtsinnes- und Hörorgane auftraten. Pheromone spielen oft im Zusammenhang der Fortpflanzung eine Rolle. Beispielsweise sondern weibliche Seidenspinner ein Pheromon ab, das männliche Seidenspinner aus einem Umkreis von mehreren Kilometern anlocken kann. Über elf Kilometer Entfernung hat ein Nachtpfauenaugemännchen die Pheromone eines Weibchens wahrgenommen. Bei Ameisen und Bienen wurde die chemische Kommunikation fast schon zu einer Art Sprache entwickelt. Bei Weberameisen hinterlassen die Mitglieder eines Baus, die eine Nahrungsquelle gefunden haben, eine Pheromonspur. Begegnen sie einer ebenfalls suchenden Artgenossin, wird der Geruch der Nahrung mit den Fühlern (Antennen) auf sie übertragen, damit sie zur Futterquelle folgt. Droht Gefahr, senden die Tiere ein Alarmpheromon aus, das aus vier Einheiten besteht, von denen die ersten beiden »Aufpassen« und »Haltet den Eindringling« bedeuten, während die dritte Aggression und die vierte Angriff signalisiert.

Klipp und klar

Einer der Nachteile chemischer Kommunikation liegt in der Schwierigkeit, das Signal rasch zu verändern. Normalerweise kann aus Duft kein bestimmtes Muster erzeugt werden, was dagegen bei Schall und optischen Signalen leicht möglich ist. Folglich werden die meisten chemischen Signale dazu benutzt, eine einzige relativ unveränderliche Botschaft zu überbringen. Viele Säugetiere kennzeichnen ihr Revier oft an bestimmten Stellen mit Duftmarken. Mit Duft wird auch die Fortpflan-

Balu und Sunna verstehen sich auch ohne Worte prächtig.

zungsbereitschaft von Säugetierweibchen gesteuert. Die chemisch-physikalischen Eigenschaften der Pheromone sind an deren biologische Funktion angepasst.

Duftmarken, die der Markierung dienen, müssen über mehrere Tage beständig sein. Alarmpheromone der Ameisen sind dagegen äußerst flüchtig, sodass sie jederzeit eine akute Gefahr anzeigen können. Hunde kennzeichnen ihr Revier durch Urin, Pferde durch Kot, und viele andere Säugetiere geben ein Sekret aus speziellen Duftdrüsen ab. Kommunikation mit Duftstoffen hat den Vorteil, dass auch bei Abwesenheit des Signalgebers Botschaften hinterlassen werden können.

Mein Bernhardiner Balu versteht mich

Auf einen Punkt möchte ich noch besonders hinweisen, weil er für den Umgang mit anderen Lebewesen wichtig ist. Was und wie ein Mensch oder Tier kommuniziert, ist von seinen Gefühlen abhängig. Zwischen kommunikativem Verhalten und Gefühlen bestehen vielfältige Wirkungszusammenhänge und Wechselbeziehungen. Sie sind beidseitig gerichtet. Kommunikationsverhalten kann Gefühle beeinflussen, sowohl eigene wie auch die anderer Lebewesen – und umgekehrt können Gefühle das Kommunikationsverhalten wie auch das kommunikative Verhalten anderer verändern. Das habe ich am eigenen Leib erfahren.

Nach einer schweren Herzoperation bin ich vier Wochen später mit meinem Bernhardiner Balu spazieren gegangen. Er wiegt 80 Kilo und ist sehr schnell und schlank. Beim Rückweg durchquerte ich den Fluss, der durch Freiburg fließt. Es war sehr trocken, und der Fluss hatte wenig Wasser. Ich dachte, kein Problem. Weit und breit war kein anderer Hund zu sehen. Hunde, die Balu anbellen oder mich bedrohen, haben nämlich schlechte Karten. Er geht sofort bellend und mit aller Kraft auf den Widersacher los. Das ist in meinen Augen eine ganz natürliche Reaktion meines Hundes.

Ich muss mich anstrengen, Balu an der Leine festzuhalten. Wie gesagt, ich war noch sehr geschwächt durch die Operation. Wie der Zufall es wollte, kam ein Schäferhund bellend und mit gesträubten Haaren die Uferböschung heruntergerannt. Durch meinen Kopf schoss nur ein Gedanke: »Oh weh! Balu wird mich ins Wasser werfen, oder ich muss ihn loslassen.« Ich entschloss mich fürs Festhalten und harrte der Dinge. Es kam alles ganz anders.

Balu blieb ganz ruhig und schaute mir tief in die Augen. Er visierte mein Gesicht und gab mir zu verstehen, dass ich mich an ihm abstützen kann. Was ich sofort tat. Wir gingen ganz langsam weiter, und dabei blickte er mich immer wieder an. Er schaute nach mir und in mein Gesicht. Er erkannte auf meinem Gesicht die Angst. Ich hatte Angst, dass meine große Operationsnarbe platzt, wenn ich hinfalle. Souverän meisterte er die Situation.

Friedlich kamen wir am anderen Ufer an, und der Schäferhund rannte weg. Vermutlich war ihm klar, dass er gegen Balu keine Chance hatte. Gegen Balu war er nämlich ein Leichtgewicht. Wie ich mich fühlte, kann ich gar nicht in Worte fassen. Ich war überglücklich und wusste, welch gutes Team wir sind und wie sehr wir uns lieben.

Buddy öffnet mir die Augen

Ich bin nicht nur auf den Hund gekommen, sondern auch auf die Vögel. Einer von ihnen begleitete mich 32 Jahre. Mit niemandem habe ich so lange zusammengelebt wie mit ihm. Er hat meine Höhen und Tiefen »federnah« mitbekommen. Und er hat mir die Augen geöffnet, was es heißt, mit einem Tier zu kommunizieren. Unser Zusammenleben hat ihm gutgetan. Ich kannte keinen Nymphensittich, der so alt wurde wie er. Ich nannte ihn Buddy. Selten war er im Käfig eingesperrt. Buddy flog in der Wohnung herum und trieb seinen Schabernack. Nicht immer zur Freude meines Schäferhundes Teddy. Wenn Buddy gut drauf war, neckte er ihn und landete auf seinem Kopf. Ich hatte nie geglaubt, dass man einem Vogel so nahe sein kann. Mein gefiederter Freund war vollkommen zahm und ein Familienmitglied wie meine Hunde.

Kaum ein Tier hat mir einen so tiefen Einblick in die Psyche und das Verhalten unserer Mitgeschöpfe gegeben wie Buddy. Wir sprachen dieselbe Sprache. Viele seiner Lautäußerungen hatten eine konkrete Bedeutung. Es kam häufiger vor, dass Buddy auf einen Baum im Garten flog. Aber spätestens gegen Abend rief er lautstark. Es war ein durch Mark und Bein gehender Ruf. Er war nicht zu überhören, selbst andere Vögel erschraken. Was er wollte, war klar, er wollte nach Hause. Ich kletterte auf den Baum, streckte Arme und Hände aus, sprach mit ihm, und Buddy hüpfte darauf und ließ sich vom Baum tragen. Dieses Spiel spielten wir häufiger. Er ist mir nie entgegengeflogen, was die Arbeit erleichtert hätte. Ich musste ihn immer holen und mit ihm sprechen. Auf dem Boden angelangt, kletterte er mir auf die Schulter, und wir gingen gemeinsam ins Haus zurück.

So innig unsere Beziehung auch war, mir war klar, Buddy braucht eine Partnerin, mit der er schnäbeln konnte, die ihm mit dem Schnabel die Schopffedern kraulte und mit der er sich in der Sprache der Nymphensittiche unterhalten konnte. Gesagt, getan. Ich kaufte eine Partnerin. Zu Anfang hielt sich die Freude in Grenzen. Es dauerte, bis sie zusammenfanden. Nach zwei oder drei Monaten waren sie ein Herz und eine Seele. Trotz Partnerin änderte sich unsere Beziehung nicht. Jeden Tag hatten wir Schmuseminuten. Er saß auf meiner Schulter und beknabberte mein Ohr, begleitet von tiefen Lauten. Wir waren zu dritt und später wurden wir noch viel mehr. Buddy und seine Jenny bekamen noch viele Vogelkinder. Aber das ist eine andere Geschichte.

Ein bunter Vogel

Mit ausgebreiteten Flügeln, den Kopf auf den Schnabel gestützt, lag Mori im Dickicht. Er war völlig erschöpft, und es fehlte ihm jegliche Kraft zum Wegfliegen, als ihn der Ridgeback-Rüde Leo entdeckte. Leo kläffte ihn nur an. Zum Glück schnappte er nicht nach ihm. Aber sein Bellen lockte meinen Freund Albert heran. Albert hatte Mitleid mit dem grün schillernden Vogel mit den grauen Kopffedern und nahm ihn mit nach Hause. Er kannte diese Vogelart nicht. Aber er war sich immerhin sicher: Das ist kein einheimischer Vogel. Albert wusste, dass ich schon seit vielen Jahren Wellensittiche halte. Er rief mich an und bat um Hilfe. Ich konnte ihm sagen, was zu tun war, und er päppelte Mori, den Mohrenkopfpapagei, auf. Nach zwei Wochen war Mori wieder fit, aber sehr scheu. Für Albert stellte sich die Frage: Wohin mit dem Vogel? Er hatte keinen Platz und keine Zeit für ein neues Familienmitglied. Letztendlich landete Mori bei mir und lebt heute mit einer Schar Wellensittichen in einer großen Voliere zusammen.

Der Beginn unserer Freundschaft und das Zusammenleben mit den kleinen Wellensittichen waren für Mori eine große Herausforderung. Verängstigt saß er oben auf einem Zweig in der Ecke. Nach zwei Tagen siegte seine Neugier über seine Angst. Wie konnte ich erkennen, dass der Vogel sich ängstigt? Die Signale sind bei Vögeln feiner als bei Hund und Katze. Sie ziehen den Schwanz nicht ein und verändern die Ohrenstellung nicht. Dennoch verrät ihr Äußeres, wie sie sich fühlen. Mori streckte seinen Hals und machte sich »schlank«, indem er die Federn ganz dicht anlegte und starr in die Umgebung schaute. Wie er so dasaß, wirkte er verängstigt. In dieser Gefühlssituation wollte ich mich ihm nicht nähern, sondern ihm die Zeit geben, sich selbst von der Angst zu befreien. Ich stellte mich einfach in die Voliere und beobachtete ihn in aller Ruhe. Nach zwei Tagen war das Eis gebrochen. Er interessierte sich für mich. Sein Interesse verstärkte ich durch eine leckere Erdnuss. Weder die fremden Wellensittiche noch ich lösten nun Angst bei ihm aus. Im Gegenteil: Er flog mir auf die Schultern, knabberte an meinen Ohren, bis sie bluteten, und vertrieb die kleinere Konkurrenz.

Erst allmählich begriff ich, was ich mir in die Voliere geholt hatte. Ich liebe meine Vögel, aber Mori ist etwas Besonderes. Er ist unglaublich anhänglich. Wenn es nach ihm ginge, könnte ich den ganzen Tag mit ihm verbringen. Er würde mir in seiner Sprache viele Geschichten erzählen. Vielleicht, wie er sich in der Wellensittichschar fühlt. Er fordert viel Zuneigung, gibt aber auch viel zurück. Täglich haben wir Plauder- und Kraulstunde. Und wehe, sie fällt aus, was oft nicht zu vermeiden ist, wenn ich auf Reisen bin. Wie mich Mori bei der Rückkehr begrüßt, habe ich selten bei einem Vogel erlebt. Wenn ich in die Voliere komme, fliegt er sofort auf meine Hand. Er stößt unaufhörlich zärtlich klingende Laute mit klaren Schnalzlauten aus und schaut mir mit seinen knallgelben Augen mit schwarzer Pupille direkt ins Gesicht. Er kann sich kaum beruhigen, so sprudeln die Töne aus seiner Kehle. Dieses Schauspiel dauert mehrere Minuten und findet nur statt, wenn ich langere Zeit weg war. Ich kann mich des Eindrucks nicht erwehren, dass er mir etwas mitteilen will. Ich bin sicher, Mori empfindet ähnlich und freut sich riesig auf mich – so wie ich mich auf ihn.

Können Papageien die menschliche Sprache lernen?

Sie erahnen es, ich habe mich immer für die Sprache der Vögel interessiert, und ich hatte das große Glück, den wohl bekanntesten Vogel zu treffen. Es ist Alex, der Graupapagei, ein Sprachgenie. Er kann wirklich sprechen und nicht nur nachplappern. Volker Arzt und ich wollten wissen, was hinter den Schlagzeilen steckt. Alex hat viel Staub im Wissenschaftsgebäude aufgewirbelt. Wenn wir ihn in unserem Film »Haben Tiere ein Bewusstsein?« zeigen könnten, wäre dies fantastisch. Wir reisten zu ihm nach Chicago. Aber der Start war eine herbe Enttäuschung. Alex hatte eine Pilzinfektion in der Lunge. Wir besuchten ihn im Hospital. Irene Pepperberg, die Forscherin, hatte uns schon erwartet.

Gemeinsam gingen Irene und wir zur Krankenstation von Alex. Er begrüßte Irene Pepperberg durch das Gitter eines Krankenkäfigs mit den Worten: »You be good?« (»Wie geht es dir?«). Irene lebt schon 15 Jahre mit ihm zusammen. Sie hat ihm Popcorn mitgebracht. Auch das scheint Alex nicht sofort zu ermuntern. Irene ist stolz auf ihren Alex. Er kann 40 Gegenstände, sieben Farben, fünf Formen unterscheiden, und er kann bis sechs zählen.

Volker wollte es wissen. Er zeigte ihm einen Spielzeug-Truck. Wie aus der Pistole geschossen, krächzte Alex: »Truck.« Dann folgte die Nagelprobe. Irene nahm zwei Holzstäbe in die Hand und fragte: »Wie viele Holzstäbe habe ich in der Hand?« Alex zögerte ein paar Sekunden, dann plapperte er: »Two« (»Zwei«). Irene freute sich und sagte: »Good Boy.« Um sicher zu sein, dass kein Trick dahintersteckt, nahm Volker drei Geldstücke aus dem Geldbeutel heraus und zeigte sie Alex. Diese Geldstücke hatte dieser sicherlich noch nie in seinem Leben gesehen. Klare Antwort: »Three« (»Drei«). Wir ließen nicht locker und hakten nach. Könnte es nicht doch eine versteckte Dressur sein?

Ausgeschlossen, argumentierte Irene. Auf unterschiedliche Gegenstände und Anzahlen gäbe er auch die richtige Antwort. Sie gab uns eine Kostprobe und zeigte ihm zwei verschieden gefärbte Schlüssel – der eine war rot, der andere blau. In der Form und im Aussehen waren sie aber identisch. Erste Frage von Irene: »How many?« (»Wie viele?«) Nun fragte sie nach dem Unterschied der Schlüssel. Die Antwort kam prompt: »Colour« (»Farbe«). Der Test ging weiter. Irene zeigte zwei unterschiedlich lange Bleistifte mit unterschiedlicher Farbe. Wer von beiden ist länger, lautete die Frage. Alex krächzte: »Green« (»Grün«) – und das war richtig. Für mich gibt es keinen Zweifel, dass Alex in seinem Kopf eine bestimmte Vorstellung von Formen, Größen und Zahlen besitzt, wie sonst sollte er darüber reden können.

Denken strengt an, auch Vögel. Alex hatte genug: »I am tired.« (Ich bin müde), plapperte er, kletterte in seinen Käfig zurück, schloss mit seinem Schnabel die Tür und verabschiedete sich auf seine Art: »Good bye«, sagte er. Irene Pepperberg verzichtete auf die übliche Art der Belohnung. Alex bekommt keine Nüsse oder Kekse, wenn er den Gegenstand richtig benannte, sondern den Gegenstand selbst; er darf ihn berühren und beknabbern. Die Verhaltensforscherin setzt auf Neugier statt auf Hunger. Das ist ungewöhnlich, aber papageiengerecht, es trifft genau Alex' Vorlieben für neues und aufregendes Spielzeug.

Was Hänschen nicht lernt, lernt Hans nimmermehr

Sicher ist der Grad der Komplexität und der Ausdrucksmöglichkeit der menschlichen Sprache mit dem Sprechen und Singen von bestimmten Vogelarten nicht zu vergleichen. Aber Ähnlichkeiten in der Entwicklung des Vogelgesangs und der Sprache gibt es. Sie erinnern sich an unsere Ammern in San Francisco. Ihre Dialekte konnten sie nur in den ersten 12 Monaten ihres Lebens lernen. Danach erlischt die Fähigkeit. Das ähnelt sehr dem Spracherwerb des Menschen.

Auch beim Menschen ist die Tür zum Sprechenlernen in der frühen Kindheit weit geöffnet und verschließt sich allmählich. In dieser Zeit ist der Dialog mit den Eltern unverzichtbar. Fehlen diese Kontakte, ist der Spracherwerb gefährdet. Das belegen Fälle, in denen Kinder nicht die Möglichkeiten hatten, die Sprache der Eltern zu imitieren. In ihrer Habilitationsschrift schreibt Dr. Barbara E. Nixdorf-Bergweiler: »Taube Kinder zeigen normalerweise keine für die Sprachentwicklung typische ›Plapperphase‹, ebenso wenig tritt diese Phase bei künstlich erzeugter Taubstummheit bei Vögeln auf.« Bei ihnen fällt der sogenannte Subsong oder Jugendgesang aus. Dieser Gesang ist vor allem zu hören, wenn der junge Vogel vor sich hin zu dösen scheint. Er klingt sehr zart und unauffällig und wirkt in seinem Aufbau sehr variabel.

Bereits Charles Darwin hat auf Ähnlichkeiten zwischen dem Jugendgesang der Vögel und dem Brabbeln von Kleinkindern hingewiesen. In beiden Fällen scheint es sich um erste Stimmübungen zu handeln, aus denen schließlich das volle Lautrepertoire gesanglichen beziehungsweise sprachlichen Ausdrucks erwächst. Das gehörte Wort oder der Gesang des Artgenossen ist nicht nur für die Entwicklung von Sprache und Vogelgesang notwendig, sondern auch für die Aufrechterhaltung der Sprachfähigkeit. Wenn Erwachsene taub werden, dann verändert sich allmählich die Sprachmotorik bis hin zur Unkenntlichkeit. Man kann diese Menschen dann kaum noch verstehen.

Wie wirkt sich bei Vögeln, in unserem Fall bei Zebrafinken, die Taubheit aus? Bei diesen Tieren verliert das Gesangsmuster seine ursprüngliche Struktur. Damit Zebrafinken einen für Zebrafinken adäquaten Gesang entwickeln und singen können, brauchen sie einen Vorsinger oder Tutor. Bei Zebrafinken ist es ein männlicher Artgenosse oder der Vater, denn die Weibchen singen kaum. Was geschieht, wenn man Zebrafinkenküken nach dem Schlupf nur von ihren Müttern aufziehen lässt? Diese Vögel entwickeln unter diesen Bedingungen einen abnormalen Gesang, der sich in vielen Parametern von einem normalen Gesang unterscheidet. Der veränderte Gesang findet auch auf der Zellebene seinen Niederschlag. Die Verknüpfung der einzelnen Nervenzellen untereinander ist anders, wie das mikroskopische Bild zeigt. Sprache und Gesangsentwicklung haben wirklich viele Gemeinsamkeiten.

Die Ähnlichkeiten und Gemeinsamkeiten der Gesangs- und Sprachentwicklung während der Ontogenese von bestimmten Vögeln und dem Menschen untersuchte Dr. Barbara E. Nixdorf-Bergweiler. Sie schreibt: »Ein weiteres gemeinsames Merkmal ist der Zeitverlauf für den Sprach- bzw. Gesangserwerb. Kleinkinder können bereits mit 20 Wochen Vokale deutlich besser aussprechen als mit 12 Wochen. Dieser Fortschritt bzw. diese Leistung werden allein durch Zuhören und Nachahmung erreicht. Um einen bestimmten Vokal in seiner Aussprache zu verbessern, reicht eine kleine Zeitspanne von 15 Minuten schon aus.« Auch bei Vögeln konnte mit einer kleinen Anzahl von Darbietungen eines Gesangsmusters ein Lernerfolg festgestellt werden. Spielt man Zebrafinkenjungen ein Gesangsmuster nur 30 Sekunden lang vor, so sind sie später in der Lage, diese Struktur in ihren Gesang einzubauen. Auch auf der Ebene der Anatomie des Gehirns und der Verschaltung der Nervenzellen gibt es erstaunliche Parallelen zwischen Sprachsystem und Gesangssystem. Diese wissenschaftlichen Erkenntnisse erhalten durch grausames Handeln des Menschen eine Bestätigung. In seinem 1993 erschienenen Buch schildert Russ Rymer das traurige Schicksal eines Mädchens, das fast zwölf Jahre lang von seinem Vater in

Zwischen Vogel und Mensch hat sich ein wunderbares Vertrauensverhältnis entwickelt.

einem kleinen Raum gefangen gehalten und für jede Lautäußerung geprügelt wurde. (→ Quellennachweis, Rymer, Seite 301) Und als das arme Mädchen schließlich unter Menschen kam, war ihm die Tür zum Spracherwerb fast verschlossen. Diese Unfähigkeit zu sprechen spiegelte sich auch im Umbau seiner linken Hirnhälfte wider. In der linken Hemisphäre liegt das Sprachzentrum. Beim Sprechen wird dieses Sprachzentrum neurologisch aktiv. Je besser man Sprachen beherrscht, desto aktiver ist das Zentrum. Bei diesem Mädchen glich die Aktivität dieses Zentrums tauben Kindern und jenen, denen während der ersten Lebensjahre keine Gebärdensprache angeboten wurde. Auf gehörte Sätze reagierte diese Hirnhälfte des Mädchens nicht.

Die Sprache des Menschen ist eines der letzten Bollwerke, mit dem die Einzigartigkeit des Menschen verteidigt wird. Aber ein gemeinsames Grundmuster von Sprache und Gesang lässt sich nicht mehr leugnen. Die Ähnlichkeiten und Gemeinsamkeiten der Gesangs- und Sprachentwicklung während der Entwicklung des Organismus von bestimmten Vögeln und dem Menschen ist verblüffend. Sowohl beim Menschen als auch bei Vögeln haben sich im Laufe der Evolution ganz bestimmte Areale im Gehirn herausgebildet, die für die Sprache und den Gesang unabdinglich sind. Dank neuer bildgebender Verfahren, wie zum Beispiel der Computertomografie, wissen wir vom Menschen, dass nicht nur die klassischen Sprachzentren wie das Wernicke- oder Broca-Areal beim Sprechen wichtig sind, sondern dass auch andere Bereiche im Gehirn eine maßgebliche Rolle spielen. Diese spezifischen Kernregionen sind beim Gesang und Sprechenlernen identisch.

WISSEN KOMPAKT

1. ***Chemische Kommunikation:*** *Wie bei der lautlichen Kommunikation benötigt auch die chemische Kommunikation einen Sender und einen Empfänger. Ein Beispiel hierfür sind die Hormone, die alle Körperzellen erreichen können; aber nur spezifische Zielzellen besitzen Rezeptoren für das jeweilige Hormon und sind in der Lage, auf das Signal zu reagieren.*

2. ***Die Wirkungsweise des Immunsystems:*** *Unser Immunsystem reagiert hochspezifisch auf einen Sender – ein Antigen, das mit speziellen Signalmolekülen ausgestattet auf einen Empfänger trifft und versucht, in das Innere einer Zelle einzudringen. Die Zelle kann auf das Signal reagieren und verhindern, dass der Eindringling seine krank machenden Substanzen verbreitet, indem es Antikörper produziert oder das Eindringen mit körpereigenen Substanzen verhindert. Die Kommunikation wird dann gestört oder aber sogar ganz unterbrochen.*

Im Konferenzraum der Tiere

Immanuel hat mit **Entlebucher-Hündin Cora** für eine kurze Zeit den Raum verlassen. Cora knurrt die hübsche junge Dame in der Maske an, die vermutlich vergessen hatte, ihr das Fell zu bürsten. Beruhigend, aber erfolglos redet sie auf die Hündin ein. Versteht Cora ihren Dialekt nicht? Immanuel und Cora kehren zurück zu den Teilnehmern und verfolgen das Stimmengewirr, das ihnen entgegenhallt. **Bonobo Kanzi** versucht sich mit seinen Worten verständlich zu machen, aber der Wortsalat endet in einem unverständlichen Gebrabbel aneinandergereihter Laute. Nicht besser ergeht es **Krähe Betty**. Nur **Graupapagei Alex**, der Wortkünstler, bringt Laute hervor, die zumindest Immanuel versteht. »I am tired«, kommt es aus seinem Schnabel. Wieso nur fällt es so schwer, die Signale zu verstehen? **Schwein Edeltraut** schaut mit kleinen, listigen Schweinsaugen wieder einmal in ein buntes Magazin und fragt erstaunt, was die vielen Striche in alle Richtungen zu bedeuten haben. **Kanzi,** der sich schon viel mit Sprache beschäftigt hat, erklärt ihr die Symbolik der Buchstaben, die zusammengesetzt Worte ergeben, die man hören und sogar sehen kann. **Oktopus Amadeus** unterstreicht die Erklärungen mit einem wohlgeformten O seines siebten Armes, **Cora** bleibt nur ein erstauntes Knurren übrig.

Der Ursprung der Worte

Wie Worte und Sätze entstehen, interessiert viele Menschen. Denn Sprache ist mit Sicherheit der deutlichste Ausdruck einer inneren, geistigen Welt. Die meisten Menschen sehen die Sprache als ein Privileg von *Homo sapiens* an. Aber auch unsere Sprache hat eine Evolutionsgeschichte. Unsere Sprachfertigkeit ist angeboren. Darüber gibt es keine Zweifel. Was liegt deshalb näher, als sie in den Genen zu suchen.

Die Sprachfähigkeit

Einer der sich auf die Suche nach der Sprachfähigkeit gemacht hat, war Svante Pääbo. Sie kennen ihn schon und erinnern sich vielleicht an das Kapitel über unsere Vorfahren (→ ab Seite 54). Er und sein Team wollten wissen, ob es im Erbgut Veränderungen im Genom gibt, die eng mit der Sprachfertigkeit in Verbindung stehen. Sie entdeckten das FOXP2-Gen. Dieses Gen produziert ein Eiweißmolekül (Protein), das für die Sprachfähigkeit von Bedeutung ist. Die Überraschung war perfekt, als sie fast das gleiche Molekül bei Schimpansen und anderen Säugetieren fanden. Der Unterschied war gering, nur zwei Bausteine (Aminosäuren) im Molekül waren ausgetauscht. Dieser minimale Unterschied erlaubte womöglich ein Zusammenfügen von Sätzen oder eine feinere Steuerung der am Sprechen beteiligten Gesichtsmuskeln.

Lassen wir Svante Pääbo selbst zu Wort kommen: »Ermutigt durch den Befund, dass die FOXP2-Eiweiße von Mäusen und Schimpansen sich stark ähneln, entschlossen wir uns, in das Mäusegenom zwei für Menschen typische Abweichungen einzuschleusen.« Was sich so einfach anhört, dauerte Jahre, bis die Wissenschaftler dies geschafft hatten. Der Erfolg spricht für sie, und die Forschungsergebnisse überraschten Svante Pääbo sehr.

»Das Piepsen, das die jungen Mäuse ungefähr im Alter von zwei Wochen von sich geben, wenn man sie aus dem Nest nimmt, unterschied sich geringfügig, aber deutlich erkennbar von dem ihrer Artgenossen ohne die menschliche Genvariante; dies spricht dafür, dass solche Veränderungen etwas mit der stimmlichen Kommunikation zu tun haben.« (→ Quellennachweis, Pääbo, Seite 301)

Die Forschung bleibt natürlich nicht stehen. Man wollte wissen, ob dieses Gen FOXP2 Einfluss auf die Ausbildung bestimmter Hirnareale hat. Wie so oft in der Wissenschaft half der Zufall. In einer englischen Familie hatten die Mitglieder Probleme beim Bilden und Verstehen von Wörtern. Zudem war es ihnen nicht möglich, das englische »s« für die Mehrzahl zu bilden. Aber das war nicht alles. Sie konnten auch Mundbewegungen, die für eine korrekte Aussprache notwendig sind, kaum durchführen. Eine Genanalyse ergab, dass das FOXP2-Gen beschädigt war. Das Gen beeinflusst demnach unter anderem die Entwicklung von Gehirnbereichen, die etwas mit dem Sprachverständnis und der Artikulation zu tun haben.

Ein Blick zurück

Lange bevor Forscher das FOXP2-Gen entdeckten, hatten sie den Wunsch, sich mit einem Tier zu unterhalten. Ende der Vierzigerjahre des vorherigen Jahrhunderts zogen der Psychologe Keith Hayes und seine Frau Cathy bei sich zu Hause eine neugeborene Schimpansin namens Vicky auf. Sie arbeiteten im Yerkes Laboratory of Primate Biology in Atlanta. Nach sechs Jahren intensivem und erfindungsreichem Stimmtraining konnte Vicky gerade vier Worte sprechen: Mama, Papa, cup und up. Das war kein ermutigendes Ergebnis, und die Gegner hatten Oberwasser. Zahlreiche Psychologen sahen sich bestätigt. Für sie war klar, dass die Menschen wegen ihrer einzigartigen angeborenen

Gorillas sind in der Lage, die Gebärdensprache zu erlernen.

Sprachfertigkeit den Menschenaffen überlegen sind. Menschenaffen haben nicht den anatomischen Apparat, um menschliche Sprache zu erzeugen. Dieser Schluss war zu vorschnell. Viele Forscher hatten Sprachfähigkeit mit Lautsprache gleichgesetzt. Man war der Meinung, dass sich die Schimpansen des stimmlichen Ausdrucks bedienen müssten, aber die gesprochene Sprache ist nur eine Ausdrucksmöglichkeit, um mit dem Partner zu kommunizieren, wie uns taubstumme Menschen lehren. Schimpansen benützen Zeichen, um ihre Gefühle und Absichten auszudrücken. Mithilfe dieser Zeichen können sie mit uns perfekt kommunizieren. Jane Goodall beschreibt, wie außerordentlich gebärdenreich sich Schimpansen unterhalten. Und welch verblüffende Fähigkeit sie haben, Handlungen zu imitieren. Sie ahmen nach, was sie sehen. Nie aber, was sie hören – anders als Papageien, die lautlich, aber nie visuell imitieren. Menschenkinder imitieren sowohl Visuelles als auch Manuelles. Die Stärke der Schimpansen liegt nicht in der Stimme, sondern in ihren Gesten. Mit ihren Händen können Schimpansen nahezu alles ausdrücken.

Washoe und Roger

Mit diesem Wissen im Kopf war es den beiden Forschern Beatrix und Allen Gardner klar, dass sie nach einer anderen menschlichen Ausdrucksform suchen mussten, die ohne gesprochene Sprache auskommt. Wie unterhalten sich zwei Menschen, die nicht hören können? Sie benutzen Zeichen. Dies war die Geburtsstunde der Zeichensprache. In den USA heißt sie ASL = American Sign Language. ASL ist eine echte eigene Sprache. Ihre Handzeichen bilden nicht Wirkliches nach, sondern sind willkürliche, auf Verabredung beruhende Symbole (Daumen an Lippen etwa heißt »Trinken«.) ASL hat eine Syntax, die nicht die gleiche ist wie die englische. Jede Sprache setzt ein erhebliches Übertragungs- und Abstraktionsvermögen voraus.

Das Ehepaar Gardner studierte unsere haarigen Brüder und Schwestern, bevor sie ihre eigenen Experimente planten. Beatrix hatte ihre Doktorarbeit bei dem Verhaltensforscher Niko Tinbergen geschrieben.

Washoe revolutionierte das Bild von den geistigen Fähigkeiten eines Schimpansen.

Niko Tinbergen bekam mit Konrad Lorenz und Karl von Frisch den Nobelpreis. Sie war also bestens gerüstet und ausgebildet für diese Aufgabe. Die Gardners wussten: Schimpansen, die in menschlichen Gruppen aufgezogen werden, handeln – abgesehen von der Sprache – sehr ähnlich wie Menschenkinder. Sie entschlossen sich, ein zehn Monate altes Schimpansenkind in ihr Haus aufzunehmen. Sie nannten es Washoe. Es lebte wie ein Menschenkind in der Familie. Dieses neugierige, liebe, aufgeweckte Mitgeschöpf öffnete die Tür zu einer anderen Sichtweise der Tiere. Falls ASL ihre geeignete Sprache war, sollte sie mit Gebärden um Nahrung und Trinken fragen.

Aber die Gardners träumten von mehr. Sie wollten mit Washoe richtig kommunizieren. Sie sollte nicht nur Vokabeln erlernen, sondern auch Zusammenhänge erkennen. Sie wollten zeigen, dass ein Tier ein starkes Bedürfnis hat, zu lernen und zu kommunizieren. Washoe sollte Fragen stellen, Tätigkeiten kommentieren und ihre Gespräche anregen. Der Traum war eine wechselseitige Kommunikation zwischen Mensch und Schimpanse. Diese Herkulesaufgabe konnte man nur mithilfe anderer Betreuer lösen. Die Gardners engagierten vier Helfer. Ihre Aufgabe bestand darin, Washoes Leben so anregend und sprachlich interessant wie möglich zu gestalten.

Liebe Leserin, lieber Leser, erlauben Sie mir bitte, Roger Fouts etwas länger zu zitieren. Meiner Meinung nach kann keiner Washoe besser charakterisieren und beschreiben als er. Er lebte im wahrsten Sinne des Wortes mit ihr zusammen. Er verstand ihre Gefühle und ihr Denken. Warum Washoe in der Welt der Wissenschaft weltberühmt wurde, ist auch sein Verdienst. Roger Fouts ist ein Wissenschaftler mit Herz und Verstand. Höchste Priorität hat das Wohlbefinden des Tieres, erst an zweiter Stelle das wissenschaftliche Ergebnis. Das macht ihn mir so sympathisch. Und es freut mich, dass ihm in unserer Filmserie »Wenn die Tiere reden könnten ...« Tausende von Menschen bei seiner Arbeit über die Schulter sahen.

Wie sich die Sprache bei Washoe entwickelte

Washoe ist ein wichtiger Bestandteil im Leben von Roger Fouts, das spürt man in jeder Zeile seines Buches »Unsere nächsten Verwandten.« (→ Quellennachweis, Seite 300) Tierliebe hat bei ihm Vorfahrt! Ohne ihn hätten die Gardners sicherlich nicht den Erfolg gehabt. Lassen wir ihn zu Wort kommen: »Während sie aß, badete und angekleidet wurde, sprachen wir durch Gebärden mit ihr. Wir erfanden aufregende Spiele, führten neue Spielsachen, Bücher und Zeitschriften ein und stellten besondere Alben mit Washoes Lieblingsbildern zusammen – all dies, um ihr den Gebrauch von ASL im Alltag vorzuführen. So oft wie möglich hielten wir uns zu zweit im Garten auf, sodass Washoe beobachten konnte, wie wir uns verständigten. Und vor allem wurde von uns erwartet, dass wir herzliche, liebevolle Beziehungen mit Washoe aufbauten.« Etwas später schreibt er: »Zum ersten Mal bei einer Studie mit Ammenaufzucht entwickelte sich die Sprache eines Schimpansenbabys genauso wie bei einem Menschenkind von einem Stadium zum nächsten, zur gleichen Zeit wie ihre Geschicklichkeit im Umgang mit Tassen, Gabeln und Töpfen.« Für den Begriff ›Trinken‹ streckte Washoe den

Daumen von der geballten Faust ab und führte ihn zum Mund. Für ›Hund‹ schlug sie sich auf den Schenkel; für ›Blume‹ berührte sie ihre Nasenlöcher mit zwei Fingern einer Hand; für ›Hören‹ legte sie den Zeigefinger ans Ohr, für ›Öffnen‹ hielt sie die Hände mit den Handflächen nach unten und drehte sie dann, sodass die Flächen gegenüberstanden. ›Weh‹ drückte sie aus, indem sie die Spitzen der Zeigefinger gegeneinander richtete und sie dort berührte, wo sie sich oder jemand anders sich wehgetan hatte, und so weiter. Und wieder hatten die Gardners recht mit ihrer Vermutung, dass dieses Primatenkind nicht eigens angespornt werden musste, um die Gebärden in sein Leben zu integrieren. Vielleicht denken Sie, einem Schimpansen fiele es schwer zu verstehen, dass das Wort ›Baum‹ sich nicht nur auf einen bestimmten, sondern auf alle Bäume bezieht. Aber sehr bald schon formte Washoe die Gebärde ›Öffnen‹, wenn sie entweder durch die Tür oder in einen Schrank wollte, und die für ›Hund‹ sowohl beim Anblick des lebenden Objekts als auch beim Bild eines Hundes. Nach etwa zehn Monaten fing sie an, spontan Worte zu kombinieren: Auf ›Gib mir Bonbon‹ und ›Komm öffnen‹ folgten bald längere Sätze wie ›Du mich verstehen‹, ›Du mich verstecken‹ und ›Du mich hinaus schnell‹. Sie kommentierte ihre Umgebung: ›Hören Hund‹; sie verteidigte den Besitz ihrer Puppe: ›Baby mein‹; und sie erfand eigene Worte, wenn sie ein Zeichen nicht kannte: ›Schmutzig gut‹ war ihr Töpfchen.« So weit Roger Fouts!

Den schlagenden Beweis für ihr ›Abstraktionsvermögen lieferte Washoe mit ihren Übertragungen des Wortgebrauchs, zum Beispiel bei dem Wort »offen« oder »auf«. Sie lernte es im Zusammenhang mit einer Tür. War diese Tür auf, so konnte Washoe an einen für sie verlockenden Ort gelangen. Zunächst übertrug sie das Wort von sich aus von dieser einen auf sämtliche Türen; dann aber auch auf Kühlschränke, Schubfächer und sogar auf den Wasserhahn. Der elementare Kern einer menschlichen Sprache besteht etwa aus rund 850 Wörtern. Washoe lernte in vier Jahren 132 ASL-Zeichen; einige fast auf Anhieb, für andere brauchte sie Wochen. Sie konnte die Zeichen von sich aus immer wieder richtig anwenden, auch wenn sie ihr nicht vorgemacht wurden, und sie konnte sie in neue Zusammenhänge einsetzen.

Abschied der Gardners

Es war ein trauriger Tag. Im Jahr 1970 entschlossen sich die Gardners, das Forschungsprojekt »Washoe« aufzugeben, und Washoe musste an die Universität von Oklahoma zu William Lemmon wechseln, der das Mutterverhalten von Schimpansen untersuchte. Das einzig Gute an dieser Entscheidung war, dass Roger Fouts mit umziehen und Washoe auch weiterhin betreuen sollte. Wie Roger Fouts dies empfand, erzählt er uns am besten selbst.

»Mir war natürlich klar, was das bedeutete. Meine Verantwortung für Washoe würde exponenziell zunehmen. Bisher war ich lediglich ein Teilzeitmitglied ihrer Pflegefamilie gewesen, aber jetzt schickten die Gardners ihre Adoptivtochter fort – was gewiss für jedes fünfjährige Kind ein traumatisches Erlebnis wäre –, damit sie künftig bei einem ihrer Geschwister lebte. Washoe und ich waren großartige Spielgefährten, und unsere gegenseitige Zuneigung war offenkundig, doch ich war nicht ihre Mutter und sicher auch kein Ersatz für die geliebte Mutterfigur, die Trixie (Gardner) seit Washoes früher Kindheit gewesen war. Wenn die Gardners bereit waren, das Projekt unter anderem deshalb zu beenden, weil es Washoe schwerfallen würde, sich an neue Studenten zu gewöhnen, wie konnten sie dann auf die Idee kommen, sie fortzuschicken und zu erwarten, dass sie sich an ein vollkommen neues Leben gewöhnte? Zumindest mir schien die Lösung weitaus schlimmer als das Problem. Aber die Gardners behielten ihre Beweggründe für sich. Nie fiel mir ein, zu fragen, warum sie nicht selbst mit Washoe nach Oklahoma gingen. ›Washoe‹ pflegte Allen Gardner immer zu sagen, ›gehört der Wissenschaft.‹ Ich konnte schwerlich darüber hinwegsehen, dass dieses erhabene Gefühl in gewisser Weise auch ein bequemer Weg war, sich der Verantwortung als Adoptiveltern zu entledigen. Aber Washoe war nie ein richtiges Familienmitglied gewesen, zum Teil war sie Stiefkind und zum Teil Forschungsobjekt, und jetzt wurde sie fortgeschickt, damit sie mit einem anderen Wissenschaftler und Teilzeitmitglied zusammenlebte. Washoe hatte in ihren fünf Jahren schon mehr Verluste und Traumata erfahren als andere in ihrem ganzen Leben. Brauchte sie wirklich mehr Umbrüche?

Schon um ihrer und meiner selbst willen war ich entschlossen, mit ihr zu gehen, aber der Plan verstörte mich.« Wie es mit Roger Fouts und Washoe weitergeht, lesen Sie am besten in seinem Buch. (→ Quellennachweis, Fouts, Seite 300) Was dieser Mann geleistet hat, um sich für ein Mitgeschöpf zu engagieren, verdient meinen größten Respekt. Mir sind wenige Menschen begegnet, die mit so viel Herzblut und Liebe zu den Geschöpfen Wissenschaft betrieben haben. Ich bin mit meiner Meinung nicht alleine, sondern teile sie mit Jane Goodall. Im Vorwort zu seinem Buch schreibt sie: »Nachdem er bewiesen hatte, wie ähnlich uns die Schimpansen in intellektueller und emotionaler Hinsicht sind, besaß er den Mut, sich den ethischen Konsequenzen seiner eigenen Forschung zu stellen. Er setzte nicht nur seine Karriere aufs Spiel, um Washoe die lebenslängliche Haft in einer winzigen, trostlosen Zelle zu ersparen, sondern wagte es auch, sich gegen das wissenschaftliche Establishment und die grausame Behandlung unserer nächsten stammesgeschichtlichen Verwandten aufzulehnen.«

Zwiegespräche

Nach jahrelangem Training entwickelte sich zwischen Roger Fouts und Washoe eine immer tiefere Freundschaft. Was er während eines Waldspaziergangs im Sommer 1978 mit Washoe erlebte, überstieg seine Vorstellungen und Träume. Während sie gemütlich dahinschritten, machte sie in der Gebärdensprache die Zeichen für »Baby« und »Bauch«. Sie war schwanger. Ihr Kind lernte ebenfalls ASL.

Zum Glück, denn der Werdegang von Roger Fouts hatte ein Happy End. Fouts gründete Mitte 1990 das Chimpanzee and Human Communication Institute in Ellensburg im Staate Washington. Regelmäßig kommunizieren dort die Schimpansen Moja, Tatu Dar und Loulis, der Adoptivsohn von Washoe, nicht nur mit den Pflegern und ihren Wissenschaftlern, sondern auch mit taubstummen Kindern. Durch das Gitter ihres geräumigen Freigeheges plappern Kinder und Schimpansen mit ihren flinken Händen über Puppen, Liebe und Freundschaft. Der Gesprächsstoff geht ihnen nicht aus. Sie können sich gar nicht vorstellen, wie glücklich ich war, als ich davon hörte, dass taubstumme

Kinder mit Schimpansen sprechen können. Und beide die Zwiesprache genossen. Eine mentale Brücke zwischen Mensch und Tier entstand.

Lassen wir noch einmal Roger Fouts zu Wort kommen. »Loulis, der Adoptivsohn von Washoe, lernte die Gebärdensprache, indem er seine Mutter beobachtete, mit anderen Erwachsenen kommunizierte und sie immer wieder übte. Nach lediglich acht Wochen mit Washoe sprach der einjährige Loulis regelmäßig Menschen und Schimpansen mit Gebärdensprache an. Interessanterweise machte er sich keine einzige der sieben Gebärden zu eigen, die wir in seiner Gegenwart benutzten, sondern lernte ausschließlich von Washoe und Ally, einem anderen Schimpansen. Achtzehn Monate nach seiner Ankunft verwendete Loulis nahezu zwei Dutzend Gebärden spontan.« Er war der erste Nichtmensch, der von anderen Nichtmenschen eine menschliche Sprache lernte. Damit lieferte er den Beweis, dass die Spracherlernung auf den Lernfähigkeiten beruht, die wir mit den Schimpansen gemein haben. Er zeigte auch, dass die Weitergabe von Sprache ein kulturelles Phänomen ist. Washoe vermittelte ihrem Sohn ein gestisches Kommunikationssystem – und Loulis war motiviert, es anzunehmen, weil beide davon soziale Vorteile hatten. Die Sprache festigt die Bindung zwischen ihnen.

Ein schwarzer Tag im Leben von Roger und Ally

Der Schimpanse Ally lebte zehn Jahre in der Obhut von Roger Fouts. Ally war in die Gruppe integriert, er war Washoes Partner und Loulis' Adoptivvater und ein enger Freund von Roger Fouts. Im Laufe der Jahre hatte Roger ihn aufgezogen und ihm die Gebärdensprache beigebracht. Sie waren ein Herz und eine Seele. Bis zu dem Tage, als Roger einen Brief von seiner früheren Arbeitsstelle erhielt.

Der Rektor schrieb ihm im Auftrag von Professor Lemmon, mit dem sich Roger überworfen hatte, dass er Ally zurückhaben wollte. Wie gesagt, Ally lebte schon zehn Jahre bei Roger. Nach Aussagen seiner Studenten plante Lemmon, seine ganze Schimpansenkolonie an ein biomedizinisches Labor zu verkaufen. Die Industrie suchte händeringend Schimpansen für die Aids-Forschung und bezahlte viel Geld für diese armen Geschöpfe. Sie wurden unter den grausamsten und schrecklichsten Bedingungen gehalten. Eine Box, in der die Tiere lebten, war 75 Zentimeter breit, 75 Zentimeter lang und einen Meter hoch. Für Roger stürzte eine Welt zusammen, und die Vorstellung, dass der fröhliche Ally unter diesen Bedingungen leben sollte, brach ihm das Herz, wie er in seinem Buch schreibt. Ich kann es nachvollziehen. Es wäre das Gleiche, wenn man mir Balu wegnehmen wollte und ihn in ein solches Verlies stecken würde. Ich kann für nichts garantieren, wie ich mit diesem grausamen, lebensverachtenden Professor Lemmon umgegangen wäre. Von Beruf war oder ist er Kinderpsychologe. Ein Hohn! Roger hatte keine Chance, denn rechtlich war Ally Lemmons Eigentum. An diesem Beispiel sieht man, welche Blüten es treiben kann, wenn unsere Tiere als Sachen betrachtet werden. Roger musste dieses arme Tier abgeben.

»Eines Morgens im Oktober legte ich Ally die Leine an, lud ihn in meinen Wagen und fuhr zum Institut. Nachdem ich Ally Lemmons Pfleger übergeben hatte, stand ich da und deutete ihm: »Leb wohl, Nuss.« »Mach's gut«, antwortete er. Ich sah Ally nie wieder.« Professor Lemmon, dieser schlimme Mensch, gab keine Ruhe. Er verlangte auch Washoe zurück, um sie an die medizinische Forschung zu verkaufen. Glücklicherweise waren diesmal die Besitzverhältnisse anders. Und Washoe konnte bei Roger Fouts bleiben. Welch ein Glück!

Washoe starb am 30. September 1970 eines natürlichen Todes im Chimpanzee and Human Communication Institute. Die Schimpansin wurde 42 Jahre alt. Sie lernte im Laufe ihres Lebens mehrere hundert Zeichen der amerikanischen Gebärdensprache. Washoe hat ihre Kenntnisse in ASL an ihren Adoptivsohn Loulis weitergegeben. Die Schimpansen verstanden, dass bestimmte Gesten symbolisch gemeint sind – wie Auto, Telefon, Zahnbürste und zum Beispiel dreckig.

Wenn es wichtig war, wurde auch die Syntax berücksichtigt. So machte es einen Unterschied, ob die Schimpansin »Washoe kitzeln Roger« oder »Roger kitzeln Washoe« sagte. Kein Problem für Washoe. Mit ihren ungeahnten Fähigkeiten hat Washoe die Ansichten über die kognitiven Leistungen von Schimpansen revolutioniert. Als die Ergebnisse 1969 veröffentlich wurden, wirkten sie epochal wie die erste Landung auf einem fremden Himmelskörper, schrieb damals die Londoner »Times«. Plötzlich schien plausibel, dass die Wurzeln der Sprache älter sind als die Menschheit und ins Tierreich zurückreichen.

Einige Sprachwissenschaftler bezweifelten die Ergebnisse von Roger Fouts und seiner Kollegen. Sie unterstellten ihnen, dass sie unabsichtlich geheime Zeichen gaben. So wie bei dem berühmten Pferd »Der kluge Hans«. Man spricht auch vom Klugen-Hans-Effekt. Das Pferd konnte angeblich zählen, aber wie sich bei näherer Überprüfung herausstellte, reagierte es nur auf Zeichen des Vorführers. Wurde das Pferd zum Beispiel gefragt: »Was ist 3 + 3?«, kratzte der Hengst sechsmal mit den Hufen am Boden. Alle waren begeistert, auch der Tiertrainer. Sie wussten nicht, dass er seinen Kopf um wenige Millimeter drehte, damit das Pferd sechsmal gekratzt hat. Bei »4 + 4« kratzte es achtmal, weil in diesem Moment der Trainer seinen Kopf ebenfalls minimal drehte. Es war also keine geistige Leistung, sondern nur einfaches Lernen. Mich konnten die Argumente der Sprachwissenschaftler nicht überzeugen. Und die neueren Forschungsergebnisse sprechen für Roger Fouts.

Kanzi, der Tausendsassa

Duane Rumbaugh und Sue Savage-Rumbaugh begannen in den 1970er-Jahren an der University of Georgia in Atlanta mit Schimpansen und Bonobos (Zwergschimpansen) mithilfe von Symbolen auf einer Computertastatur zu kommunizieren. Wir wollten es wissen und beschlossen, nach Atlanta zu fliegen. Zugegeben, wir hatten etwas Bauchgrimmen, ob alles klappen könnte. Sue machte mir am Telefon Mut und empfing uns freundlich. Zu Beginn eines Filmdrehs liegt immer eine gewisse Spannung in der Luft. Sue spürte dies und managte die Situation perfekt. Und Kanzi, der Bonobo, reagierte neugierig auf uns und ließ sich nicht stören. Kanzi, der Hunderte von Worten versteht und der bisweilen auch Englisch reden kann – nicht mit der eigenen Stimme, das können Schimpansen nicht, sondern mithilfe eines Sprachcomputers, auf dessen Monitor viele kleine Bildchen zu sehen sind. Diese Bildchen nennt man Lexigramme. Bildchen einer Rose würde vielleicht das Wort

Mithilfe der Symbolsprache können sich Orangs und Menschen unterhalten.

»Schmecken« bedeuten; ein rot gefärbtes Dreieck »gut« und ein Vieleck »schlecht« und ein blauer Kreis »Nahrung«. Will Kanzi ausdrücken, dass ihm die Nahrung schmeckt, drückt er auf dem Computer die Taste für Nahrung, also den blauen Kreis, dann die Taste Rose (Schmecken) und dann die Taste rot gefärbtes Dreieck (für gut).

Mithilfe dieser Lexigramme können sich Bonobos und Schimpansen mit Menschen unterhalten. Kanzi kannte die Bedeutung von 256 Lexigrammen (Wörter) und konnte sich gut mit Sue unterhalten. Seine Halbschwester Panbanisha versteht rund 300 Wörter (Lexigramme). Sogar syntaktische Feinheiten wie der Unterschied zwischen Subjekt und Objekt, zum Beispiel »Katze frisst Maus« und »Maus frisst Katze«, machen sprachbegabten Affen keine Probleme. Kanzi ist ein Tausendsassa unter den Bonobos. Er kann sogar telefonieren. Wir sind Zeugen. Jenny, eine Kollegin von Sue, ruft ihn an. Er erkennt die Stimme, es ist Jenny. Er schaut um sich; seltsam sie zu hören, wo sie doch gar nicht im Raum ist. Er nimmt den Hörer und lauscht, was sie sagt. Jenny fragt ihn, ob er eine »surprise« (Überraschung) will. Kanzi drückt auf die Taste, die »Ja« bedeutet. Jenny fragt weiter. »Möchtest du etwas essen? Vielleicht Lemmon oder Zuckerrohr?« Kanzi drückt die Taste für »Zuckerrohr«. Wir beobachten Kanzi etwa zwei Stunden. Dann hat er genug. Er schreibt an Sue, dass er ins Freigehege will. Sue erfüllt ihm den Wunsch, Kanzi und seine Schwester Tamoa sind im Freigehege. Gegenüber sitzt ihnen Sue Savage-Rumbaugh. Sie wendet sich zu Tamoa und fragt sie: »Kannst du Kanzi tätscheln?« Tamoa versteht kein Wort, aber Kanzi. Er zeigt ihr, wie man tätschelt. Sue fährt fort und fragt Tamoa: »Kannst du Kanzi umarmen?« Wieder versteht sie nicht, was sie tun soll, und wiederum zeigt ihr Kanzi, was sie tun soll, und umarmt Tamoa.

Der Höhepunkt der Begegnung war für mich, dass ich mit Kanzi ein kleines Spielchen spielte. Er forderte mich auf, mit ihm Ball zu spielen. Er warf mir einen gelben Ball zu. Ich warf ihn zurück. Er stutzte und sagte mir mittels Computer (Lexigramme), dass ich ihm den roten Ball zuwerfen soll, der neben mir lag. Ich war baff und folgte. Kanzi und seine Mitstreiter haben die Lexigramme nicht im Frontalunterricht gebüffelt. Die Fähigkeit ist ihnen von klein auf zugeflogen – ähnlich, wie Menschenkinder die Muttersprache lernen.

»Die Räume und die Umgebung des Instituts sind so angelegt, dass sie Gelegenheiten zum Sprechen schaffen. Viele ihrer Vokabeln haben die Bonobos bei Ausflügen im Wald gelernt – etwa um sich eine Stelle zu merken, wo Leckerbissen versteckt sind.« (→ Quellennachweis, Henschel, Seite 300)

Für mich als Verhaltensbiologe war es ein Geschenk, mit Bonobos und Schimpansen zu sprechen. Das übertraf meine Vorstellungen, was Tiere können. Natürlich habe ich die Einwände der Linguisten ernst genommen, die behaupteten, Tiere können nicht sprechen, sondern ihre Äußerungen sind nichts als andressierte Zeichen. Ich konnte bei bestem Wissen nicht einen wissenschaftlich methodischen Fehler finden. Ich habe mit vielen Kollegen diskutiert. Mein Doktorvater Professor Tschanz war ein äußerst kritischer Wissenschaftler. Bevor er etwas veröffentlichte, wurde es auf Herz und Nieren geprüft. Ich zeigte ihm unsere Filmaufnahmen. Die Filme sprachen eine eigene Sprache. Er war meiner Meinung und hatte keine Zweifel an der Richtigkeit der Ergebnisse. Sein Kommentar: »Da wird man bescheiden und steigt vom Thron. Birmelin, wir haben noch viel zu tun.«

Orang-Utans drücken die Schulbank

Die Studien von Roger Fouts und Sue Savage-Rumbaugh ermutigten auch andere Wissenschaftler, einer von ihnen ist Rob Shoemaker. Er wusste von Lyn Miles an der University of Tennessee, die sich mit ihrem Orang-Utan-Mann Chatek mittels ASL unterhielt. Chatek beherrschte über 150 ASL-Zeichen. Rob hat sein Herz an Orang-Utans verloren. Als wir ihn besuchten, arbeitete er im Zoo von Washington als Pfleger und Wissenschaftler. Wir verstanden uns sofort. Dieser Besuch war eine Freude in vielerlei Hinsicht. Noch nie zuvor sah ich so ein schönes Orang-Utan-Gehege. Die Tiere konnten sich hoch über den Köpfen der Besucher an Seilen durch den Zoo hangeln. Neugierig betrachteten sie ihre Besucher von oben. Bisweilen kam es vor, dass sie über einer Gruppe von sieben bis zehn Menschen stoppten, interessiert schauten und dann urinierten. Der Aufschrei der Besucher schien ihnen zu gefallen. Und man wird den Eindruck nicht los, dass sie gerne Besucher erschreckten. Langeweile gab es bei den Orang-Utans nicht.

Nach ausgiebiger Kletterstunde begann die Schule. Die Orang-Utans kletterten ins Schulgebäude, wo sie Rob empfing. Die Schule war gut ausgerüstet. Es gab Computer, auf deren Monitor Lexigramme abgebildet sind. Aber im Gegensatz zu Kanzi mussten Azy und Inda keine Taste drücken, um das Bild (Lexigramm) zu wählen, sondern per Touchscreen das entsprechende Symbol wählen. Schauen wir einmal bei einer Schulstunde von Inda zu. Sie lernt gerade eine einfache Zeichensprache. Das Symbol für Apfel ist ein Viereck mit einem Kreuz in der Mitte. Auf dem Bildschirm erscheint ein Apfel. Wenn Inda die Aufgabe verstanden hat, betastet sie das Viereck mit Kreuz. Inda hat verstanden und wählt unter den vielen Symbolen das richtige. Ihr Partner Azy ist schon weiter. Auf dem Touchscreen identifizierte Azy unter 32 Alternativen das Symbol für Apfel. Er kann auch Kategorien bilden und beispielsweise drei reale Weintrauben einer Zeichnung zuordnen, die eine ganze Weintraube zeigt.

Auch Gorillas können »sprechen«. Die Gorilladame Koko beherrscht 375 ASL-Zeichen und wendet sie regelmäßig und verlässlich an. Koko ist sogar in der Lage, ihre Gefühle auszudrücken. Sie benützt ASL-Zeichen für froh, traurig, wütend, langweilig. Die Forscherin Penny Patterson vermutet, dass Koko sofort merkt, wenn sie wütend oder traurig ist, da Koko – je nachdem – von einer mitfühlenden Wut ergriffen werde oder sie zu trösten versuche. Koko steht Washoe, Kanzi, Azy und Inda in ihrer Sprachfähigkeit in nichts nach.

Alle Primaten haben verbale Talente. Diese neuen wissenschaftlichen Ergebnisse gingen auch an den Sprachwissenschaftlern nicht ungehört vorbei. Mittlerweile sind auch Dauerzweifler überzeugt worden. Nicht zuletzt, weil die Wissenschaftler an ihren experimentellen Techniken gefeilt haben, um unangreifbar zu werden.

WISSEN KOMPAKT

1. ***Spracherwerb bei Menschenaffen:*** *Anatomische Untersuchungen an Menschenaffen zeigen, dass sie die Lautsprache der Menschen nicht erlernen können. Menschen besitzen eine komplexe Struktur im Bereich von Kehlkopf und Mund, die die Lautbildung beim Sprechen ermöglicht. Sie fehlt bei Menschenaffen. Man muss bei ihnen andere Formen der Sprache benutzen. Die geistigen Fähigkeiten zur Nutzung einer einfachen Sprache besitzen sie, und sie sind uns in bestimmten Bereichen sogar überlegen. Jungtiere eignen sich besonders zum Sprachenlernen, da sie eine höhere Lernbereitschaft zeigen. Wichtig ist, ob die Tiere die semantischen Aspekte der Sprache (Bedeutung der Wörter) und die syntaktischen Aspekte (Regeln der Kombination der Wörter) erkennen.*
2. ***Die menschliche Sprache:*** *Sie ist die komplexeste Art der Kommunikation. Im Gehirn gibt es ganz spezielle Bereiche, die für die Erkennung und für das Sprechen zuständig sind. Genetische Defekte können das Sprachvermögen beeinflussen. Die Unfähigkeit*

Angehöriger einer Familie in England ist besonders auffallend: Sie können keine Pluralformen (Anhängen eines »s« in der englischen Sprache) bilden. Dieses Defizit wird durch eine Mutation des Gens FOXP2 gesteuert. Das Sprachareal (linker Parietallappen) speichert die Informationen über den Inhalt der Sprache und ermöglicht, die Worte entsprechend dem gelernten Vokabular und den grammatischen Regeln in eine sinngebende Sprache anzuordnen. Ein weiteres Gebiet wird angeleitet, was gesagt werden soll, und programmiert motorische Bereiche, die Zunge, Lippen und Sprachmuskeln zu bewegen.

Im Konferenzraum der Tiere

Gerade schaut die Assistentin ins Konferenzzimmer und wirft einen Blick auf die Teilnehmer, die nun schon lange den Ausführungen gefolgt sind. Erschöpft und ein wenig unkonzentriert lümmeln sie in ihren Sesseln, werden aber gleich munter, als sie die Leckerbissen sehen, die ihnen gereicht werden. Eine erstaunliche Verwandlung! Schon der Gedanke an Köstlichkeiten hebt schlagartig die Stimmung im Raum. **Immanuel** strahlt beim kühlen Bier, **Bonobo Kanzi** tobt mit seinen Smarties umher, **Krähe Betty** schmollt etwas, da sie nur drei Mehlwürmer erkennt, **Graupapagei Alex** putzt erst einmal sein Gefieder, um dann genüsslich die Nüsse zu knacken, **Orang-Utan-Dame Nonja** leckt an den genießbaren Malfarben, **Schwein Edeltraut** grunzt nach dem Genuss köstlicher Landkartoffeln, **Entlebucher-Hündin Cora** knackt an einer Beinscheibe herum, **Kater Harry** maunzt, da er ein Rechenproblem nicht lösen kann – er ist doch der Denker, den man nicht mit Essen bestechen kann –, **Fisch Einstein** schwimmt seine Runden, und **Oktopus Amadeus** errötet vor Freude beim Anblick einer kleinen Muschel. Rundum Zufriedenheit und kleines Glück im Konferenzraum.

Auf der Bühne der Gefühle

Gefühle und Kommunikation sind untrennbar wechselseitig miteinander verbunden. Die Gefühle steuern unser Kommunikationsverhalten. Wer mir bei einem Angriff einer Elefantenkuh ins Gesicht geschaut hätte, hätte an meiner Mimik zweifelsfrei mein Angstgesicht gesehen. Es war ein absolutes Lehrbuchgesicht: aufgerissene Augen, gerunzelte Stirn, offener, verzerrter Mund. So wie man es in den Büchern der Psychologen beschrieben findet. Was war geschehen?

Das Angstgesicht

Ich war in Botswana im Okavango-Delta, um Elefanten zu beobachten. In unserem Auto befanden sich noch drei weitere Personen und ein Fahrer. Wir beobachteten gerade eine kleine Gruppe von Elefanten, die friedlich grasten. Ich bat den Fahrer, den Motor laufen zu lassen, um im Notfall schnell wegfahren zu können. Das war Usus in Tansania und Kenia. Leicht beleidigt erwiderte er, dass es nicht nötig sei. Sein Gesicht verriet mir seine Gefühle. Plötzlich tauchte hinter uns eine Elefantenkuh mit einem etwa einjährigen Kalb auf. Sie wollte zur Gruppe, und wir standen im Weg. Sie sah uns und fühlte sich vermutlich durch uns bedroht. Sie spreizte ihre Ohren und rannte auf uns zu. Die Zeichen waren klar, wir sollten verschwinden. Aber wir konnten nicht, der Motor sprang nicht an. Die lauten Versuche, den Wagen zu starten, machte sie noch nervöser und aggressiver. Kurzerhand rammte sie ihre beiden Stoßzähne in den Jeep, hob den Wagen hoch und warf ihn wieder hin. In diesem Augenblick waren alle still. Es herrschte eine Grabesstille.

Mit abgespreizten Ohren rannte die aufgebrachte Elefantenkuh auf uns zu.

Alle Gesichter spiegelten die Angst. Die Elefantenfrau stand schnaubend und prustend vor dem umgeworfenen Wagen. Was jetzt geschah, konnte ich mir nicht vorstellen. Zwei der Insassen wollten aus dem umgeworfenen Wagen krabbeln. Ich konnte sie nur noch festhalten und ihnen signalisieren, dass sie ruhig sein sollten. Sie wären in den Tod gekrabbelt. Wir blieben so lange im Wagen, bis wir sicher waren, dass die Elefantenkuh abzog. Das waren lange Minuten der Angst. Welche Gefühle ich für den Fahrer hatte, erzähle ich lieber nicht. Eine junge Frau hatte sich den Arm gebrochen, sonst kamen wir, bis auf das Auto, glücklicherweise unbeschadet davon.

Bereits der große Naturforscher Charles Darwin maß der Mimik als emotionalem Kommunikationsmittel in seinem Werk »The Expression of the Emotions in Man and Animals« eine wesentliche Bedeutung zu. (→ Quellennachweis, Darwin, Seite 299) Für den Begründer der Evolutionslehre bestand nicht der geringste Zweifel, dass Tiere Gefühle entwickeln. Er schrieb nicht nur von der Scham seines Hundes, sondern auch von der Intelligenz der Regenwürmer. Seine These: Wer die Gefühle seiner Artgenossen richtig interpretiert, steigert seine Überlebenschance, indem er angemessen reagiert. Wer in ein wutverzerrtes Gesicht schaut, sollte sich schleunigst auf den Rückzug machen, und ein angeekeltes Gesicht warnt uns vor verdorbenen Speisen.

Während des Angstzustandes spielen sich viele Theaterstücke auf den Bühnen unseres Körpers ab. Der Hormoncocktail wird durchgeschüttelt, und bestimmte Hormone im Blut steigen an und verraten unser Gefühl. Ohne Hormone würde in unserem Körper ein Chaos herrschen. Sie sind die stillen Signalstoffe zwischen Zellen und Organen. Sie koordinieren das Wachstum, lassen uns einschlafen, erzeugen Glücksgefühle, entscheiden über unser Geschlecht, dirigieren unseren Stoffwechsel und steuern unser Verhalten. Hormone sind chemische Botenstoffe, die in spezialisierten Zellen bestimmter Drüsen gebildet und meistens über die Blutbahn transportiert werden. Sie beeinflussen entscheidend unsere Gefühle und unser Verhalten. Mein Angstgesicht zeigte weit geöffnete Augen. Diese panisch aufgerissenen Augen erweitern vor allem das obere Sehfeld, dadurch sieht man Objekte ein wenig früher als bei normalem Blick. Die Nasenräume des Angstgesichts dehnen sich, und dadurch kommt bei jedem Atemzug mehr Luft in den Körper. Auch Tiere drücken ihre Angst in der Körperhaltung und im Mienenspiel aus. Bestes Beispiel dafür sind unsere Hunde. Jeder Hundebesitzer versteht die Signale, die sein Hund aussendet, wenn er Angst hat. Die Signale sind eindeutig: geduckter Körper, krummer Rücken, gesenkter Kopf, schleichende Bewegung, eingekniffener Schwanz und Vermeiden des Blickkontaktes. Wie bei uns Menschen, so gibt es auch bei Tieren klare Indikatoren, die die Angst erkennen lassen, und wie bei uns Menschen hält die Angst auch lange nach.

Tieren Gefühle wie zum Beispiel Angst, Wut, Freude, Liebe und Schmerz abzusprechen, ist nicht plausibel und widerspricht allen wissenschaftlichen Versuchen und Erkenntnissen. Zumal dies eine milliardenschwere Industrie tagtäglich demonstriert. In den Labors der Pharmakonzerne beispielsweise wird nach Substanzen gesucht, die die menschliche Psyche beeinflussen. Man testet Schmerzmittel an Ratten, Angstlöser bei Mäusen oder Antidepressiva an Schimpansen. Kein Psychopharmakon kommt auf den Markt, bevor seine Wirkung nicht am »Tiermodell« bestätigt wurde.

Welche Auswirkung die Forschung hat, beleuchten Zahlen eindrucksvoll: Ungefähr 18 Prozent der erwachsenen Bevölkerung der USA leiden unter dem Angstsyndrom, es ist die häufigste psychische Erkrankung in den USA. Auch Europa ist davon nicht verschont. Immerhin nehmen 10 Prozent der Bevölkerung Anti-Angst-Mittel.

Übertriebene Angst ist ein schlechter Wegbegleiter im Leben für Mensch und Tier. Wenn Organismen angstfrei sind, sind sie neugieriger, lernbereiter und denkfreudiger. Ich konnte mich selbst davon überzeugen, wie für Menschen entwickelte Psychopharmaka auch für Tiere ein Segen sein können.

Eine psychisch schwere Belastung

Gegen krankhafte Angst und andere psychische Erkrankungen setzt die Medizin und Tiermedizin Medikamente ein, die auf die Nerven oder deren Verschaltung einwirken. Eines der meistverkauften Mittel ist Valium. Es gehört zur Stoffklasse der Benzodiazepine. Wie sinnvoll der Einsatz von Psychopharmaka ist, kann und möchte ich nicht beurteilen. Der Streit für und gegen diese Pillen wird zu oft ideologisch geführt. Ich verhalte mich da lieber pragmatisch und mache es vom Einzelfall abhängig. So wie bei Cody, einem Dalmatiner in einem Vorort von Philadelphia. Was Cody passierte, war für Mensch und Tier eine psychisch schwere Belastung. Von einem Tag auf den anderen erkrankte Cody an einer Zwangsneurose. Er drehte sich im Kreis und versuchte, sich in den Schwanz zu beißen. Wenn man ihn bei seinem Tun stören wollte, knurrte er und schnappte nach den Besitzern Mike und Mary. Sie waren ratlos und traurig zugleich. Kein Tierarzt der Gegend konnte Cody helfen. Durch Zufall hörten sie von Karen Overall von der Universität für Tiermedizin in Pennsylvania.

Bei uns war es kein Zufall, wir suchten Karen Overall gezielt auf. Sie ist weltweit eine Kapazität auf dem Gebiet der psychischen Erkrankungen bei Tieren. Wir wollten, dass sie in unserem Film zur Verabreichung von Psychopharmaka Stellung bezieht. So eine Tierklinik habe ich zuvor noch nie gesehen, und ich konnte gar nicht glauben, dass man sich so für Tiere einsetzt. Alle Geräte waren auf dem neuesten Stand und vom Feinsten, so wie das bei uns in der Humanmedizin in einer guten Klinik der Fall ist. Für viele Städte und Dörfer in Afrika würde ich mir solch eine Klinik wünschen.

Nun zurück. Karen Overall brachte uns zu Cody. Sie gab ihm ein Medikament, das auch bei Menschen mit Zwangsneurosen verabreicht wird. Nach einigen Tagen trat Besserung ein. Cody lief weniger im Kreis und schnappte kaum noch nach seinem Schwanz. Cody wurde vollständig von seiner Zwangsneurose befreit, aber für einen hohen Preis im wahrsten Sinne des Wortes. Cody muss zeitlebens täglich Pillen schlucken, sonst kommt es zu einem Rückfall. Bei Cody, so Karen Overall, ist das chemische Gerüst im Gehirn zusammengebrochen, und in diesem Fall können nur Medikamente helfen. Ohne diese Tabletten wäre Cody eingeschläfert worden und würde nicht mehr freudig im Garten herumtollen.

Das Zuhause der Angst

Intensiv hat sich Joseph LeDoux und sein Team mit der Angst in Experimenten mit Ratten beschäftigt. Angst entsteht im Gehirn, und zwar in ganz bestimmten Bereichen. Unser Gehirn ist keine einheitliche Masse von Nerven- und anderen Zellen, sondern ist eher vergleichbar einem Haus, deren Bewohner in vielen Räumen und Wohnungen leben. Die Bewohner entsprechen den Nerven- und Gliazellen. Alle haben sie miteinander Kontakt und kommunizieren untereinander. Wenn es nötig ist, können sie alle die gleiche Aufgabe bewältigen. Es ist aber kein Haus, das auf einmal gebaut wurde, sondern im Laufe von Hunderten von Jahren immer wieder umgebaut wurde, und neue Räume und Wohnungen sind dazugekommen. Am Aufbau des Gehirns können wir die Evolution erkennen, die ältesten Teile sitzen unten und die neueren Strukturen weiter oben. So wie die Schichtungen der Erde – je tiefer man gräbt, desto ältere Gesteinsschichten findet man. Über das Gehirn sind gute Bücher geschrieben worden, die seine Komplexität und Faszination beschreiben. Besonders beeindruckt haben mich die Bücher des Bremer Neurobiologen Gerhard Roth. (→ Quellennachweis, Seite 301) Meine Begeisterung über das Gehirn möchte ich im folgenden Text mit ein paar Zahlen ausdrücken.

Vergleichszahlen

Das Menschengehirn ist, bezogen auf die Körpermaße des Menschen, das größte Gehirn unter den Säugern und hat ein Gewicht von etwa 1,4 Kilogramm. Das Hundegehirn ist viel kleiner und viel leichter. Das Gehirn der Hunde mit einem Körpergewicht von sieben bis 59 Kilogramm beträgt etwa 68 bis 135 Gramm. Das heißt, mein Bernhardiner Balu mit 78 Kilogramm Körpergewicht hat ein Hirngewicht von vielleicht 200 Gramm. Das ist schon sehr wenig. Ein anderer Zahlenvergleich verdeutlicht dies noch besser. Vergleicht man das Hirngewicht in Prozent zum Körpergewicht, so schwankt es zwischen 0,2 bis ein Prozent vom Gesamtgewicht. Beim Menschen beträgt das Gewicht des Gehirns etwa 2 bis 2,3 Prozent vom Gewicht des Körpers. Besonders groß geworden ist die Großhirnrinde. Sie umfasst beim Menschen auseinandergefaltet 2200 Quadratzentimeter, enthält 15 Milliarden Nervenzellen und hat eine Dicke von etwa zwei bis fünf Zentimeter. Sie lagert sich wie ein mehrfach gefaltetes Tuch um den Rest des Gehirns. Diese Myriaden an Nervenzellen (Neurone) sind unter- und miteinander über Kontaktpunkte verbunden. Diese Kontaktpunkte werden Synapsen genannt. Hier entsteht der Informationsaustausch zwischen den Zellen. Da eine Zelle mit Tausenden anderen Nervenzellen verbunden ist, entsteht ein großes Verrechnungszentrum.

Durch die Aktivität der Nervenzellen bilden sich in unserem Gehirn Farben, Gerüche und Emotionen. Die Nervenzellen sind das Substrat, mit dem wir denken und fühlen. Die Großhirnrinde ist ein riesiges Rechenzentrum. Hier treffen alle Informationen von anderen Hirnteilen ein, werden bewertet und unter Umständen neu berechnet, sodass im Kopf des Tieres und des Menschen seine persönliche Welt entsteht. Das Produkt ist ein Lebewesen mit eigenen Gefühlen, eigener Lernfähigkeit und eigener Intelligenz. Wie wir also die Außenwelt erleben, ist in der Architektur unseres Hirns begründet, und das gilt natürlich auch für Tiere wie unseren Hund.

Die Angst im Kopf

Nach der Vorstellung von LeDoux geschah in meinem Gehirn Folgendes, als ich die wütende Elefantendame erblickte: Sinneszellen des Auges nehmen die Information auf und senden sie über Nervenzellen an den Thalamus (Gehirnteil), einer Zentrale zur Verarbeitung von Sinneseindrücken. Von da wird die Information an den Mandelkern (Amygdala), einer alten Hirnstruktur, gesendet. Hier entsteht die Angst. Der Herzschlag wird schneller, der Blutdruck steigt, und meine Hände fangen an zu schwitzen. Das ist der schnelle Schaltkreis. Gleichzeitig wird die Information vom Thalamus zur Hirnrinde (ein neuer Gehirnteil, Sitz des Denkens) geschickt und von dort zum Mandelkern. Das ist der zweite Schaltkreis, der langsamere. Die Hirnrinde braucht ein wenig Zeit, um die Information zu verarbeiten. Warum aber zwei Schaltkreise? Der schnelle löst eine reflexhafte Schutzreaktion aus, damit man sofort dafür gewappnet ist, zu fliehen oder zu handeln. Ehe man sich besinnt, vollführt man emotional gesteuert schon die erste Reaktion. In einer brenzligen Situation ist solch ein überstürztes, blindlings ausgeführtes Verhalten lebensrettend. Derweil verarbeitet die Hirnrinde den Sinneseindruck gründlicher und entscheidet, ob die Alarmreaktion in meinem Körper gerechtfertigt ist oder nicht. Das Geschehen wird in einem Gedächtnisspeicher – ein anderer Teil des Gehirns – abgelegt. Das ist der Grund, warum wir uns immer wieder an schlimme Erfahrungen erinnern. (→ Quellennachweis, LeDoux, Seite 300)

Man kann die Angst abbauen, indem man sich ihr häufig stellt. Woher weiß man, dass der Mandelkern der Sitz der Angst ist? Tieren, bei denen man den Mandelkern künstlich zerstört hat, empfinden keine Angst mehr. Die Forschung über Ursache und Heilung der Angst geht weiter und wird durch bildgebende Verfahren wie Kernspin- und Computer-Tomografie unterstützt. Die meisten Erkenntnisse wurden und werden an Tieren gewonnen. Daher ist es paradox, Tieren dieses Gefühl abzusprechen. Die Ähnlichkeit im Verhalten von Menschen und Tieren ist augenfällig. Selbst die meiner Mutter und meines Hundes.

Die Angst meiner Mutter und meiner Hündin Wisla

Meine Mutter war eine mutige, tapfere Frau, und Angst spielte in ihrem Leben keine große Rolle. Selbst die Nazibarbaren konnten sie nicht einschüchtern. Als sie das Mutterkreuz für ihre fünf Kinder bekommen sollte, warf sie die Überbringerin mit Beschimpfungen aus der Wohnung. Mein Vater fürchtete ein Nachspiel, doch meine Mutter hatte Glück. Aber vor einer Sache hatte sie immer Angst: vor Gewitter und Blitzen. Rational war dieser Angst nicht beizukommen. Wann immer sie bei einem Gewitter die Möglichkeit hatte, floh sie in den Keller oder in einen »Schutzraum«. Was hat meine 62 Kilogramm schwere Bernhardinerhündin Wisla mit meiner Mutter zu tun? Ihre Größe und Erscheinung flößen ihr selber eine gehörige Portion Selbstbewusstsein ein. Angst vor anderen Hunden oder Menschen ist für sie kein Thema. Selbst Löwen und Tiger können sie nicht beeindrucken, wie manche

Zoobesuche zeigten. Was sie nicht kennt, wird erschnüffelt und bepinkelt. Sie ist die Ruhe selbst. Aber bei einem Gewitter ist sie nicht wiederzuerkennen. Sie hechelt und schnauft heftig und sucht mich. In der Nacht steht sie vor dem Schlafzimmer und bellt. Ich lasse sie dann herein. Am liebsten würde sie unter das Bett kriechen, aber dazu ist sie zu groß; sie legt sich ganz dicht zu mir ans Bett. Die Nachtruhe ist dahin, denn sie hechelt und schnauft laut. Am Tag flieht sie in den Keller, wie meine Mutter. Nach dem Motto: nichts hören, nichts sehen.

Der Angst auf der Spur

Ein Gewitter versetzt die selbstbewusste Wisla in Angst und Schrecken.

Unter Angstzuständen und Depressionen leiden heute viele Menschen. Der Wunsch, sich vom Leben zu verabschieden, ist manchmal fast übermächtig. Nur mit größter Anstrengung gelingt ein Überleben. Man kann es sich fast nicht vorstellen, dass diese Gefühle unter anderem durch den Mangel eines einzigen Stoffes, dem Serotoninmolekül, hervorgerufen werden. Die Wissenschaftler nennen einen Stoff, der an den Verknüpfungsstellen zweier Nervenzellen – den Synapsen – Informationen von einer Nervenzelle zur anderen überträgt, Neurotransmitter. Serotonin ist solch ein Neurotransmitter. Es hat einen starken Einfluss auf emotionale Zustände wie Furcht und Angst. Dazu der bekannte Neurobiologe Gerhard Roth: »Ein niedriger Serotoninspiegel führt bei Menschen und anderen Säugern oft zu Aggressivität sowie zu autoaggressivem Verhalten bis hin zum Selbstmord.« (→ Quellennachweis Roth, Seite 301) Wie viel Serotonin im Körper produziert wird, steht in den Genen. Sowohl bei unseren Verwandten, den Mäusen, als auch bei uns haben diese Gendefekte

Auswirkungen auf das Verhalten. Ein erhöhter Serotoninspiegel führt zu Ausgeglichenheit, ruhiger Gelassenheit und Zufriedenheit mit den Dingen. Ein niedriger dagegen erzeugt ein Gefühl allgemeiner Bedrohung und erhöhter Ängstlichkeit. Unsere Gefühle wie Angst und Zuversicht sind also von einem Baukasten unserer Moleküle abhängig. Die Forschung arbeitet mit Hochdruck daran, diese Krankheit zu heilen.

Da auch Tiere unter Angst und Furcht ebenso leiden wie wir, werden an ihnen Versuche durchgeführt. Bei erwachsenen Nagern, die während ihrer Entwicklung von ihrer Mutter getrennt oder in sozialer Isolation aufwuchsen, stellte man in bestimmten Bereichen des Gehirns eine geringe Serotoninkonzentration im Gehirn fest.

Eine immer wieder gestellte Frage drängt sich auf: Welchen Einfluss hat die Genetik, welchen Einfluss das Lernen auf die Angst? Und wie so oft geben Tierexperimente die Antwort. Unerfahrene Rhesusaffen zeigen keine Furcht vor Schlangen. Sehen die Jungtiere aber nur ein einziges Mal, wie ein erwachsener Affe vor einer Schlange erschrickt, dann beginnen sie sich vor einer Schlange zu fürchten. Die so erfahrene Schlangenfurcht lässt sich nicht wegdressieren. Das geht so weit, dass sie ihre Angst auch durch Schauen von Videofilmen erwerben. Zeigt der Film eine Szene, wie ein älterer Affe vor einer Schlange flieht, frisst sich in dem Affenkind die Angst fest. Wird allerdings im Videofilm mithilfe einer technischen Manipulation die Schlange gegen eine Blume ausgetauscht, nimmt das Jungtier die Schreckreaktion des erwachsenen Affen im Film nicht zum Vorbild. Es ist demnach nicht genetisch darauf vorbereitet, eine Blume mit Gefahr zu assoziieren. Es muss also etwas wie ein Vorwissen über schlängelnde oder kriechende Tiere geben, das durch Lernen geweckt wird.

Eine kleine Anmerkung: Ich habe die Begriffe Angst und Furcht als Synonyme benutzt. Aus folgendem Grund: Man diskutiert, ob sie im Gehirn an unterschiedlichen Stellen repräsentiert werden oder ob sie ein Gefühl sind. Die Furcht zielt immer auf ein Objekt, die Angst nicht.

Wehret den Anfängen: Schmerz

Wer von Schmerzen gepeinigt wird, hat nur einen Wunsch: Sie so schnell wie möglich loszuwerden. Man ist ein Gefangener eines einzigen Gedankens: »Schmerz lass nach.« In diesem Moment denkt man nicht daran, welch ein Geniestreich der Evolution dieses Schmerzgefühl ist. Der Schmerz ist eine Alarmglocke. Er warnt unseren Körper, wenn Gefahren durch Krankheit oder Verletzung drohen.

Was geschieht in unserem Körper, wenn wir uns verletzen oder Zahnschmerzen bekommen? Zuerst führt die Verletzung des Gewebes zur Freisetzung von entzündungsfördernden Stoffen wie Bradykinin, Prostaglandin, Serotonin und der Substanz P, die zum Teil aus den gereizten Nervenendigungen und aus den Blutkapillaren ausgeschüttet werden. Diese Substanzen wirken erregend auf bestimmte Schmerzsensoren (Nozizeptoren) und leiten die Information zum Rückenmark. Hier wird die Information auf andere Nervenzellen umgeschaltet. Reflexartig ziehen wir unsere Hand zurück, wenn wir auf eine heiße Herdplatte fassen. Ohne unser Wissen und Bewusstsein reagieren wir sofort und in Bruchteilen von Sekunden. Und das ist gut so, denn bis wir unseren Denkapparat einschalten, ist die Hand verbrannt.

Im Experiment lassen sich viele dieser Reflexe auch an Tieren auslösen, bei denen das Rückenmark durch chirurgische Operationen keine Verbindung mehr zum Gehirn besitzt. Komplexe Reaktionen wie Dauerschmerzen, Kopf-, Zahn- und Phantomschmerzen und das bewusste Erleben des Schmerzes – die Schmerzempfindung – erfolgen erst dann, wenn die durch den Schmerz ausgelöste Erregung über Stamm- und Zwischenhirn (Thalamus) das Großhirn erreicht. Die Erkenntnisse der Schmerzforschung basieren größtenteils auf Tierversuchen, umso erstaunlicher ist es, dass wir Menschen immer noch Schwierigkeiten haben, die einfache und einleuchtende Erkenntnis anzuerkennen: »Das Tier fühlt wie du den Schmerz.« Tieren grundsätzlich die Leidensfähigkeit abzusprechen, ist in höchstem Maße unplausibel und entbehrt jeder vernünftigen Begründung. Schmerzwahrnehmung ist ein biologisch universelles Prinzip. Ohne Schmerzwahrnehmung können die meisten Organismen in der Natur nicht überleben.

Die Entwicklung eines Alarmsystems, das Individuen auf deren Verletzlichkeit hinweist, zählt zu den genialen Tricks der Evolution. Vorformen eines komplexen Schmerzsystems sind allgegenwärtig. Selbst bei Kraken vermutet man, dass sie ein Empfindungssystem für Schmerzwahrnehmung haben. Mit Trauer und Wut erinnere ich mich, wie griechische Fischer Tintenfische auf Steine warfen, bis sie tot waren. Als junger Mensch tröstete ich mich damit, dass sie keine Schmerzempfindung haben, aber das war und ist falsch.

Wir Menschen neigen dazu, Tieren Schmerzen abzusprechen. Erst wo die Schmerzempfindung der unseren ähnelt, ist der Mensch für die Qualen des Schmerzes empfänglich. Da ist der Hund, der humpelt, um seine verletzte Pfote zu schonen, die Katze, die ihre Wunden leckt, das Schwein, das vor lauter Schmerzen quiekt und schreit. Bei Fischen hört unser Mitleid schon auf, weil eine Forelle nicht brüllt, wenn sie am Angelhaken um ihr Leben zappelt. Ihr Schmerzzentrum im Gehirn – der Thalamus, eine wichtige Umschaltstation der Schmerzinformation – ist zwar wenig entwickelt, aber dennoch besitzen Fische ein kompliziertes Nervensystem und zeigen intensive Stressreaktionen am Angelhaken. Die Atemfrequenz erhöht sich deutlich, der Fisch speit Schwimmblasenluft, der Körper sondert mitunter so viel Schleim ab, dass die Kiemen verkleben.

Als ich vor etwa zwanzig Jahren bei einem Vortrag während eines Verhaltensforschungskongresses in Hamburg zum ersten Mal von der Schmerzempfindung der Fische hörte, war ich geschockt und hatte Mitleid mit den geschundenen Kreaturen. Die Referentin, Gabriele Peters aus Hamburg, ist eine renommierte Fischforscherin und hat ihre Ausführungen mit Gefühl und wissenschaftlicher Akribie vorgetragen. Leider hat sich bis heute nichts verändert. Die Sportangler angeln immer noch fröhlich vor sich hin. Ich vermute, dass die Sportangler von den wissenschaftlichen Erkenntnissen keine Ahnung haben. Als Entschuldigung gilt: »Denn sie wissen nicht, was sie tun.«

Geburt eines Elefantenkindes

Fredy Knie, einer der Besitzer des Schweizer National-Circus Knie, rief mich aufgeregt an. Seine Stimme überschlug sich nahezu. »Es ist so weit«, sprach er ins Telefon, »Claudia bekommt ihr Baby, beeilen Sie sich.« Ich ließ alles stehen und liegen, eilte zum Auto und fuhr von Freiburg im Breisgau nach Rapperswil am Zürichsee. Das waren zwei lange Stunden, immer die Angst im Nacken, die Geburt zu verpassen. Wann hat man schon einmal die Gelegenheit, eine Elefantengeburt zu beobachten. Rechtzeitig kam ich an. Ich sehe Claudia noch vor mir, wie sie in stoischer Ruhe in ihrem Stall stand und die Wehen über sich ergehen ließ. Es war ihre erste Geburt und eine schwere dazu. Seit Stunden standen Tierpfleger, Tierarzt und Helfer bereit. Claudia trat von einem Bein auf das andere, und plötzlich bekam ich Zweifel, ob mein Eindruck ihrer Ruhe und ihres Gleichmuts zutreffend war. Und dann sah ich, wie ihr langsam die Tränen aus den Augen rannen und in einer dunkeln Spur über die faltige Haut liefen. Schlagartig wusste ich, dass Claudia Schmerzen hatte, und ich war voller Mitgefühl. Ein paar salzige klare Tropfen hatten genügt. Es bedarf der Zeichensetzung aus unserem eigenen Ausdrucksrepertoire, wenn unser Mitgefühl und Mitleid geweckt werden soll. Ohne diese Zeichen sind wir blind bei der Schmerzwahrnehmung.

Dies belegt folgender schreckliche Fall in der Medizingeschichte. In den 1940er-Jahren wurden Kleinkinder mit dem Pfeilgift Curare narkotisiert. Es schien tatsächlich eine betäubende Wirkung zu haben, denn die Kinder lagen regungslos auf dem Operationstisch, während die Chirurgen das Skalpell ansetzten. Das war ein verheerender Irrtum, denn Curare lähmt nur die Muskulatur. Die Kinder waren gelähmt, so konnten sie weder schreien noch sich bewegen, nahmen die Schmerzen aber wahr. Schrecklicher lässt sich kaum verdeutlichen, wie wichtig unser Ausdrucksverhalten bei der Schmerzwahrnehmung ist.

Noch sind die Schmerzforscher trotz aller raffinierten Apparate weit davon entfernt, die Geheimnisse des Gehirns entschlüsselt zu haben, wenn es von Schmerzen geplagt wird. Aber eines ist sicher und wundert niemanden, der Kopf- oder Zahnschmerzen hatte. Schmerz stört die Leistungsfähigkeit enorm. Mit Schmerzen hat man keinen klaren

Kopf, geschweige denn, dass man schwierige Denksportaufgaben lösen kann. Eine Schachpartie mit stechenden Ohrenschmerzen ist kaum vorstellbar. Wie wir aber den Schmerz empfinden, ist höchst subjektiv. Das gilt auch für Tiere. Unter meinen Hunden gab es sehr schmerzempfindliche Wesen. Meine Schäferhündin Arno heulte sofort auf, wenn man ihr aus Versehen leicht auf die Pfoten trat. Wisla, meine Bernhardinerin, drehte bei solch einer Belästigung nur den Kopf. Psychisch war sie aber ein Sensibelchen.

Während ich diese Zeilen schreibe, geht mir ein Artikel des Theologen Eugen Drewermann durch den Kopf. Hierin nimmt er Stellung zur Schmerzempfindung der Tiere und nennt Zahlen. Allein in Deutschland werden jährlich in den Tierversuchen der Pharmaindustrie und des Militärs zwischen sieben und 15 Millionen Tiere getötet, weltweit schätzen Tierschutzorganisationen 300 Millionen. Erschreckende Zahlen! Aber auch im Alltag werden Tieren unsägliche psychische und körperliche Schmerzen aus Unwissenheit und Rohheit zugefügt. Eugen Drewermann fordert: »Wir brauchen dringend jene für Kinder noch selbstverständliche Sensibilität, nach der Leid von Tieren einen Grund darstellt, aus Mitleid bestimmte Dinge nicht länger zu tun.« Dem habe ich nichts hinzuzufügen.

Warum gibt es Gefühle?

Gefühle sind kein Luxus der Natur, sie erfüllen überaus wichtige Aufgaben. Sie informieren unseren Körper bewusst oder unbewusst über seine innere Welt und helfen, Entscheidungen zu treffen, indem sie bestimmte Verhaltensweisen fördern und behindern. Gefühle sind Ratgeber unseres Handelns. Gefühle sind es, die unsere Kontakte zu Mitmenschen bewerten. Wenn uns jemand anlächelt, wissen wir automatisch, dass uns diese Person wohlgesinnt ist. Bei Tieren ist dies nicht anders. Die Tiere erkennen am Ausdrucksverhalten des anderen seine Handlungsabsichten. Ein Hund muss nicht lange überlegen, was die fletschenden Zähne seines Artgenossen bedeuten. Sie erlauben ihm eine blitzschnelle Bewertung der Situation.

Mittels Gefühlen erkennen wir Situationen, regulieren, motivieren und bewerten Verhalten. Unsere innere Welt versieht alles, was sie aufnimmt, mit einer neuen Qualität, die es in der Außenwelt nicht gibt. Je nachdem, welche Musik in einer Filmszene eingesetzt wird, bewerten wir den Film unterschiedlich. Eine zunächst belanglose Szene wie das Öffnen einer Tür kann durch die entsprechende Musik spannend oder langweilig sein. Gefühle sind ein ständiger Begleiter, mal stark mal schwach. Während eines Tages durchleben wir die verschiedensten Gefühlszustände. Einige angenehme wie Freude sind willkommen, Angst, Schmerzen und Hass dagegen nicht. Wer hat noch nicht mit einem Wechselbad der Gefühle zu kämpfen gehabt? Kaum einer.

Aber was passiert, wenn sie ausfallen? Mich schaudert es bei diesem Gedanken. Hätte ich keine Gefühle, würde ich nichts empfinden. Eine Welt ohne Gefühle – kaum vorstellbar, und dennoch gibt es Menschen, die nahezu gefühllos sind. Der Neurologe und Arzt António Damásio schildert in seinem Buch »Descartes' Irrtum« solch einen Fall. (→ Quellennachweis, Damásio, Seite 299) Der Mann, ein Patient, war ein Wirtschaftsprüfer in den Vereinigten Staaten mit einer hervorragenden Karriere. Ein Gehirntumor hatte ihn völlig verändert, und er musste sich einer Operation unterziehen. Nach der Operation blieben keine konkreten Ausfallserscheinungen zurück, und nach wie vor besaß der Patient ein gutes Gedächtnis und eine außergewöhnliche Intelligenz, aber in vielerlei Hinsicht war er nicht mehr er selbst. Anders als früher wurde er unzuverlässig und unberechenbar. Er verprellte seine Freunde, und zwei Ehen scheiterten in Folge. Auch seinen Beruf musste er aufgeben. Was war geschehen? Während der Operation des Stirnhirns wurden sowohl der rechte und linke Stirnlappen des Gehirns in Mitleidenschaft gezogen. Bei diesem unglücklichen Patienten sind zufällig Hirnstrukturen zerstört worden, deren Aufgabe es ist, die Wahrnehmungen mit den Gefühlen zu verbinden. Hierfür ist offenbar die gefühlsmäßige Entscheidungsfindung im präfrontalen Cortex des Stirnhirns ausschlaggebend. Fällt sie aufgrund einer Krankheit aus, treffen die Patienten unvernünftige Entscheidungen und sind nahezu ohne Gefühle. Jetzt fehlt jene Bewertungsinstanz, die für alle Entscheidungen maßgeblich ist, fasst Damásio das Krankheitsbild des Patienten zusammen. »Er kann sich nur schwer entscheiden, und wenn er es tut, kommt meist etwas Selbstzerstörerisches heraus.«

Heute wird man kaum noch einen Wissenschaftler finden, der nicht wenigstens den Säugetieren die großen Gefühle wie Freude, Angst und Wut zugesteht. Mehr Schwierigkeiten haben die Menschen, den Tieren das Gefühl der Trauer zuzusprechen. Wer zum Beispiel behauptet, Elefanten oder Dohlen trauern um ihren verstorbenen Artgenossen, erntet Spot. Für Darwin war es überhaupt keine Frage, dass Elefanten zur Trauer fähig sind. Er schreibt: »Man weiß, dass Indische Elefanten zuweilen weinen«, und schildert sehr genau eine Situation, in der Elefanten die Tränen kommen. Die auf Ceylon gefangenen und angebundenen Tiere »lagen bewegungslos auf der Erde, mit keinem anderen Zeichen von Leiden als den Tränen, welche ihre Augen füllten und beständig herabflossen«. (→ Quellennachweis, Darwin, Seite 299) Darwin wären wohl auch die Tränen gekommen, wenn er den Rindern, die zum Schlachthof transportiert werden, in die Augen gesehen hätte. Auch sie haben Tränen in den Augen. Man kann sie sehen, wenn man sich dem aussetzt und sich die Mühe macht, lange genug hinzuschauen.

Ein Gefühl, das nahezu jeder von uns kennt und bei einigen von uns Tränen fließen lässt, ist die Trauer. Der Verlust eines lieben Weggefährten löst bei uns dieses Gefühl aus. Aber auch Tiere trauern, wenn sie einen geliebten Menschen oder Artgenossen verlieren. Vor etwa einem Monat las ich in unserer örtlichen Zeitung folgende Geschichte: Ein Hund in einem kleinen Dorf in Italien besuchte zehn Jahre lang täglich das Grab seines verstobenen Menschenfreundes. Er blieb immer etwa eine Stunde und dann trollte er weiter. Der Nachbar des verstorbenen Hundefreundes konnte gar nicht glauben, was er täglich sah. Letztlich erbarmte er sich des treuen Hundes und versorgte ihn mit Futter. Kurz bevor der Hund starb, nahm dieser Nachbar ihn bei sich auf.

Ohne Gefühle sind wir in dieser Welt verloren, unsere Gefühle prägen unsere Persönlichkeit. Die Gefühlsleere wirkt sich auch auf andere kognitive Prozesse aus. Unser Erinnerungsvermögen ist besser, wenn es durch Gefühle unterstützt wird. Selbst abstrakte mathematische Inhalte verstehen wir eher, wenn sie mit Freude verbunden sind. In einer guten, freudigen Grundstimmung lernen wir leichter. Das gilt auch für Tiere. Wer die mentalen Fähigkeiten seiner Tiere testet, weiß das. Dauerhafte negative Gefühle belasten das Leben von Menschen und Tieren über die Maßen. Sowohl bei Menschen und Tieren können dann Verhaltensstörungen auftreten.

Positive Gefühle: Freude und Glück

Vielleicht ist Ihnen aufgefallen, dass ich einige Seiten über Gefühle wie Angst und Schmerz geschrieben habe, obwohl doch die positiven Gefühle wie Freude und Glück unser Leben ebenso bestimmen wie die negativen. Auch Freude und Glück sind nicht vom Himmel gefallen. Sie sind ein Produkt unserer Evolution. So wie man die negativen Gefühle bei Tieren findet, so findet man auch die positiven bei ihnen. Sie sind für das Überleben eines Tieres ebenso wichtig wie für uns. Glückliche Hunde lernen leichter und sind aufmerksamer. Sie genießen es, ihre Umwelt zu erkunden.

Warum habe ich also mit Angst und Schmerz begonnen? Man weiß über die Gefühle Angst und Schmerz mehr, weil die Forschung ihren Schwerpunkt auf diese Gefühle legt. Haben Sie schon einmal einen Menschen erlebt, der zum Arzt geht und ihn um Rat bittet, weil er glücklich ist? Wohl kaum! Negative Gefühle machen uns oft krank. Ein Ziel der Pharmaindustrie ist es, Krankheiten zu bekämpfen und nicht die Freude zu steigern. Positive Gefühle zu erforschen, war lange Zeit schwerer, als den Blickpunkt auf die negativen Empfindungen zu lenken. Dank moderner bildgebender Methoden hat man die Tür zu Glück und Freude einen Spalt weit geöffnet. Man beginnt die Prozesse im Gehirn zu verstehen. Und wen wundert es – die Entstehung und Verarbeitung dieser Gefühle findet an ähnlichen Orten des Gehirns bei Mensch und Tier statt. Jeder, der mit Tieren lebt und sie liebt, zweifelt keine Minute daran, dass sie Freude und Glück empfinden können. Umso enger die Bindung zwischen diesen zwei Lebewesen ist, umso größer ist das Verständnis. Man versteht sich blind, und das Glück wächst.

Gefühlswechsel

Der Gefühlszustand eines Tieres oder Menschen kann sich von einer Minute zur anderen ändern. Das haben wir vermutlich alle schon erlebt. Im einen Moment fühlen wir uns himmelhoch jauchzend, und kurze Zeit später sind wir zutiefst traurig. Man lernt, mit solchen Gefühlsschwankungen umzugehen. Auch Tiere machen so einen akuten Gefühlswechsel durch. Das habe ich selbst erlebt. Als ich dies zum ersten Mal erfuhr, verstand ich die Welt nicht mehr.

Schon auf dem Rückflug von Afrika freute ich mich, meine Wisla wiederzusehen. Wisla ist ein Bernhardiner, sehr anhänglich und charakterstark. Sie lässt sich beispielsweise nicht durch Futter bestechen. Ich öffne die Haustür und kann es kaum erwarten, sie zu streicheln und mit ihr zu schmusen. Da werde ich eines Besseren belehrt. Wisla sieht mich, knurrt und fletscht die Zähne. Keine Spur von freundlicher Begrüßung. Eher habe ich den Eindruck, dass sie mich beißen würde, wenn ich versuchen würde, sie zu streicheln. Meiner Frau gegenüber reagierte sie völlig anders. Als Sylvia sie ansprach, wedelte sie mit dem Schwanz. Zwar unterkühlt, aber freundlich. Sylvia ging ins Haus, ich blieb stehen und stellte den Koffer zwischen Wisla und mich. Sie knurrte noch immer. Ich begann, freundlich auf sie einzureden. Dieser Zustand dauerte mehrere Minuten. Dann ganz plötzlich veränderte sich ihr Gesicht, sie sprang auf mich los, warf mich fast zu Boden, leckte mein Gesicht und gab Freudentöne von sich. Sie konnte ihre Freude nicht mehr zurückhalten. Wir waren ein Herz und eine Seele. Sie wich mir den ganzen Abend nicht mehr von der Seite. Ich bin sicher, Wisla hatte einen Gefühlswechsel durchgemacht. Von Wut zu Freude.

Freude ist nach Auffassung vieler Wissenschaftler ein Basisgefühl wie auch Angst und Traurigkeit. Das Gefühl der Freude zeigt dem Tier, wo es sich wohlfühlt. Wird ein Tier vor die Wahl gestellt, wird es immer dorthin gehen, wo es Freude empfinden kann und nicht Angst. Bei großer Freude geben die Nervenzellen des Gehirns den chemischen Signalstoff Dopamin ab. Dopamin ist wie Serotonin ein Neurotransmitter. Jaak Panksepp, einer der führenden Köpfe der Emotionsforschung bei Tieren, ist überzeugt, dass Tiere Freude empfinden können.

Die Freude ist Sylvia ins Gesicht geschrieben: ein Kuss von Enkelin und Robbe.

Um seine Hypothese zu untermauern, führten er und sein Team viele neurophysiologische Experimente durch. Unter anderem dieses: Sie setzten zwei Ratten täglich für zwei Stunden in einen Käfig, der mit viel Beschäftigungsmöglichkeiten ausgestattet war. Die Tiere nahmen das Angebot freudig an. Verabreichte man den Tieren jedoch ein Medikament, das die Ausschüttung von Dopamin an den Nervenzellen verhinderte, verflog ihre Freude.

Zurück zu meiner lieben Wisla. Es war uns natürlich wichtig, dass sie während unserer Abwesenheit gut versorgt war. Ohne diese Sicherheit wären meine Frau und ich nicht nach Afrika geflogen. In der Zeit, als wir in Afrika waren, zog eine liebe Bekannte in unser Haus. Es fehlte Wisla also an nichts, nur ich war nicht da. Bei der Rückkehr aber immer das gleiche Schauspiel: erst Drohen, dann Freude.

Wie sicher können wir dabei sein, auf menschliche Gefühle zu schließen? Vorsicht ist auf jeden Fall angebracht. Dass uns die Freude so bekannt erscheint, kommt jedoch nicht von ungefähr. Alle Säugetiere, wir eingeschlossen, haben im Zentrum des Gehirns eine fast identische ringförmige Struktur, das limbische System. Dieses limbische System gilt als Zentrale der Gefühle. Bei Tieren ebenso wie bei uns Menschen. Verständlich also, dass uns Gefühle bei Tieren wie bei Wisla so vertraut erscheinen. Dieses gefühlsmäßige Verständnis gilt nicht nur für Haustiere, sondern auch für Wildtiere. Sie erinnern sich an die Löwin Elsa und an die Elefantenkuh Virgo und deren besondere Bindung an Menschen zu Beginn des Buches (→ Seite 24 und 26).

Wer so lange Schimpansen in der Natur beobachtet hat wie Jane Goodall, zweifelt keine Minute daran, dass sie Gefühle haben und ähnlich fühlen wie wir. In ihrem Buch »Wilde Schimpansen« beschreibt sie die letzten Stunden des Schimpansen McGregor. Sie schreibt: »Am nächsten (letzten) Morgen gaben wir ihm zwei harte Eier zu fressen, und während er sich unter Freudengrunzern an seiner Lieblingsmahlzeit labte, schickten wir ihn, ohne dass er etwas ahnte, in die ewigen Jagdgründe. Wir achteten darauf, dass keiner der Schimpansen seinen toten Körper zu Gesicht bekam, und es schien, als ob Humphrey lange Zeit nicht ahnte, dass er seinen alten Freund nicht wiedersehen würde. Fast sechs Monate lang kehrte er immer wieder zu dem Platz zurück, an dem McGregor die letzten Tage seines Lebens verbracht hatte, kletterte auf einen Baum und spähte umher, wartete und horchte. Während dieser Zeit schloss er sich nur selten den anderen Schimpansen an, wenn sie sich auf den Weg zu irgendeinem abgelegenen Tal machten. Und wenn er gelegentlich mit ihnen ging, kam er gewöhnlich schon nach wenigen Stunden zurück und wartete wieder auf den alten McGregor und die tiefe schallende Stimme seines Gefährten, die seiner eigenen so ähnlich war.« (→ Quellennachweis, Van Lawick-Goodall, Seite 301)

Ich selbst habe erlebt, was es für ein Tier bedeuten kann, wenn es den Partner durch Tod verliert. Mein Nymphensittich Buddy, mit dem ich über 30 Jahre zusammengelebt habe, verlor seine Partnerin Susi. Die beiden waren ein Herz und eine Seele. Sie flogen zusammen, schnäbelten miteinander und zogen gemeinsam Nachwuchs groß. Ein Traumpaar. Jeder achtete auf den anderen. Susi starb früh an einer Krebserkrankung. Buddy saß auf seiner Stange im Käfig, obwohl die Käfigtür offen stand, und Susi lag am Boden. Er schrie unaufhörlich, sein Geschrei ging durch Mark und Bein. Nichts konnte ihn trösten. Nicht einmal mit den von ihm geliebten Nudeln konnte ich ihn ablenken. Das Geschrei dauerte nahezu vier Tage. Meine Frau und ich waren mit unseren Nerven am Ende.

Ich kaufte ihm eine neue Partnerin. Zunächst nahm er kaum Notiz von ihr, aber nach und nach gewöhnte er sich an sie. Und doch war diese Beziehung mit seiner ersten nicht zu vergleichen. Die beiden kraulten sich seltener und schnäbelten weniger. Ihr Umgang wirkte auf mich kühler. Mit der Biologie schien es zu stimmen – sie zogen mehrere Bruten erfolgreich groß –, aber mit den Gefühlen war es offenbar nicht so weit her. Insgesamt überlebte Buddy noch zwei weitere Nymphensittichfrauen. Zu keiner war aber die Beziehung so innig wie zu seiner Susi. Beim Tod seiner zweiten und dritten Frau schrie er kaum. Buddys schwächere Reaktionen auf den Tod seiner Partnerinnen sprechen dafür, dass man mit guten Gründen davon ausgehen darf, dass diesen Verhaltensweisen die Empfindung von Trauer zugrunde liegt.

Jenny zeigt Mitgefühl

Jenny, die letzte Partnerin von Buddy, machte mir klar, dass es so etwas wie Mitgefühl unter den Tieren gibt. Buddys Beziehung zu Jenny war ähnlich stark wie die zu Susi, der ersten Partnerin. Sie verstanden sich. Einige Wochen bevor Buddy mit 32 Jahren starb, wurde er immer schwächer. Am Abend, wenn es kälter wurde, legte Jenny ihren Flügel um Buddy, so wie es Männer tun, wenn sie ihren Arm um die Partnerin legen. Ich glaube, sie wollte ihn wärmen. Sie spürte auch, dass er schwächer wurde. Es fiel ihm schwerer, sich gegen die Wellensittichschar zu verteidigen und sich am Futterplatz zu behaupten. Was ich beobachtete, konnte ich kaum glauben. Jenny vertrieb die Sittiche, fauchte, spreizte die Flügel, legte die Schopffedern an. Ihre ganze Körperhaltung zeigte, dass es ihr mit ihrer Drohung ernst war. Die aufmüpfigen Sittiche verstanden die Zeichen und flogen weg. Sie selbst fraß anschließend nichts aus dem Napf, sondern ließ nur Buddy fressen. Sie drohte also nicht aus Hunger. Ihre Aggressivität hatte nur einen Sinn: Sie wollte

Buddy ermöglichen, ungestört zu fressen. Beim ersten Mal dachte ich, es sei Zufall. Aber je schwächer Buddy wurde, desto häufiger trat dieses Verhalten auf. Für mich gibt es keinen Zweifel, dass Jenny dieses Verhalten gezielt einsetzte.

John Aspinall, der sein Herz den Gorillas verschrieben hat, erklärte mir: »Tiere haben tiefere Gefühle als wir Menschen.« Ich stutzte und versuchte ihm zu widersprechen. Seine Argumente brachten mich zum Nachdenken. Heute, viele Jahre später, bin auch ich nicht viel klüger. Aber ich glaube, eine Verallgemeinerung ist falsch. Ob Tier oder Mensch, alle sind wir einzigartige Persönlichkeiten, und jedes dieser Individuen begegnet der Welt auf seine eigene Art und Weise. Darunter gibt es gefühlskalte oder gefühlvolle Tiere oder Menschen.

Gefühle sind kein Beiwerk oder Luxus der Evolution. Sie sind ein mächtiges Instrument der Natur, mit dem sie ihre Geschöpfe antreibt und steuert. Wenn es beispielsweise darum geht, sich gegen Rivalen durchzusetzen oder darum, sich zu versöhnen, zu beruhigen oder sich in der Sexualität zu behaupten. Wer Tieren gerecht werden will, muss sie als empfindsame Geschöpfe wahrnehmen und verstehen.

WISSEN KOMPAKT

1. ***Hormone:*** *Hormone sind chemische Botenstoffe im Körper von Lebewesen (Pflanzen und Tiere), die eine Information weiterleiten. Sie werden in speziellen Drüsen gebildet und meist über das Blut zum Erfolgsorgan transportiert. Es ist ein langsamer Informationsweg, der an entfernten Orten physiologische Veränderungen hervorruft. Beispiele für Hormone: Schilddrüsenhormon zur Stoffwechselsteuerung, Sexualhormone zur Entwicklung und Steuerung der Sexualität und Reifung von Ei- und Samenzellen, Nebennierenhormone zur Aktivierung der Stress-Symptomatik und Steuerung von Entzündungsreaktionen. Hormone sind hierarchisch kontrolliert von Neurohormonen im Gehirn und unterliegen einem Regelkreis.*
2. ***Nervenzellen:*** *Sie sind die schnelle Eingreiftruppe, die in Millisekunden Veränderungen und Reaktionen bewirken kann. Die*

zentrale Instanz ist das Gehirn, dessen Nervenzellen über das Rückenmark alle Organe erreichen. Motorische Nervenzellen bewirken Veränderungen im Bereich der Muskeln, sensorische Bahnen informieren über Sinneseindrücke, die die Informationen zu den motorischen Bahnen oder Bereichen im Gehirn weiterleiten. Die Nervenzellen treten in Kontakt mit Tausenden von anderen Nervenzellen und verstärken oder verringern Informationen. Die Kontaktstellen zu anderen Nervenzellen sind die Synapsen, chemische Verbindungen, die über Neurotransmitter den Reiz an die nächste Nervenzelle weiterleiten.

3. ***Reflex:*** *Er ist eine Reaktion auf einen Reiz, der unbewusst abläuft und vom Bewusstsein nicht gesteuert wird. Die Reflexe sind zum Teil überlebenswichtig, können sich aber auch verlieren. Einige Beispiele beim Menschen: Kniesehnenreflex, Lidschlussreflex, Klammerreflex bei Neugeborenen.*

Im Konferenzraum der Tiere

Sehr gerne will **Immanuel** sich noch weiter auf das spannende und zum Teil unerforschte Thema der Gefühle einlassen und blickt erwartungsvoll in die Runde – vor sich eine Schlafgesellschaft, die nur noch mühsam seinen Ausführungen folgt. **Entlebucher-Dame Cora** träumt mit halb geschlossenen Augen vor sich hin, **Kater Harry** jagt mit schnellen Beinbewegungen einer Maus nach und erreicht sie nur im Traum, **Orang-Utan-Dame Nonja** – ganz verloren – lümmelt auf ihrem bunten Urwaldsessel und sieht schon das nächste Kunstwerk vor sich, während **Bonobo Kanzi** ganz gespannt neue Wortkombinationen am Computer ausprobiert. **Oktopus Amadeus** mit seinen zwei Gehirnen wiederum übt mit seinen Armen neue Bewegungen ein, mit denen er seine Gesprächspartner ordentlich beeindrucken kann. Eine schläfrige Stimmung breitet sich aus und wird erst unterbrochen durch die Assistentin, die mit Erfrischungen in den Konferenzraum kommt. Aber nicht jeder lässt sich aus der Traumwelt in die Realität entführen.

Im Reich der Träume

Meine Frau Sylvia hat in aller Regel einen guten Schlaf. Aber hin und wieder in den letzten Jahren schreit sie herzergreifend in der Nacht. Die Rufe sind so laut, dass ich wach werde. Im ersten Moment erschrecke ich und frage mich, ob sie Albträume hat. Es fällt mir schwer, sie zu wecken. Oft höre ich mir die Rufe an und überlege, was sie wohl träumen mag. Natürlich kommt mir Sigmund Freud sofort in den Kopf. Der große Traumdeuter.

Was sagen uns die Träume?

Was verarbeitet meine Frau in ihren Träumen? Kindheitserlebnisse, schlechte Erfahrungen oder einfach nur die Erlebnisse des Tages? Ich weiß es nicht, mein Grübeln führt zu nichts. Nach ein paar Minuten streichle ich sie am Kopf. Sie erwacht, und wie aus der Pistole geschossen kommt meine Frage: »Was hast du geträumt?« Meist weiß sie es nicht, und dennoch diskutieren wir. Ich habe schon oft mit anderen Menschen oder Tieren in einem Raum, einem Zelt oder einer Hütte geschlafen, aber noch nie zuvor habe ich so klare Wimmerlaute gehört wie bei ihr. Es war ein Novum für mich und befremdete mich. Und ich dachte, dass nur Menschen dazu fähig sind.

Wenn da nicht Balu wäre, mein Bernhardiner. Balu kann in unserem Haus schlafen, wo immer es ihm gefällt. Er hat seine Gewohnheiten, gegen 22 Uhr liegt er in unserer Nähe und schläft. Wir nehmen kaum Notiz von ihm, wir sind alle in der Entspannungsphase und genießen den Abend. Plötzlich kann es passieren, dass er laute Wimmerlaute von sich gibt und leise bellt. Alles in seinem Körper ist aktiv. Er kratzt mit seinen Pfoten am Boden und stößt Laute aus. Ich stehe neben ihm und wünsche mir zu wissen, was in seinem Kopf vor sich geht. Das Einzige, was ich weiß, ist, dass er schläft. Aber ob er träumt und von was er träumt, ist ein Rätsel für mich – genauso wie bei meiner Frau.

Rätsel Schlaf

Der Schlaf von Menschen und Tieren birgt viele Geheimnisse. Noch heute sind wir uns nicht ganz sicher, warum Menschen und Tiere schlafen. Darüber wird unter Wissenschaftlern heftig diskutiert und geforscht. Wie immer hilft den Wissenschaftlern die neue Technik, den Schlaf besser zu verstehen. Aber eines wissen wir: Auch im Schlaf haben Menschen und Tieren viele Ähnlichkeiten. Viel mehr, als wir uns das erträumt haben.

Bei vielen Säugetieren sind die charakteristischen Schlafmerkmale gleich. Große Unterschiede bestehen zwischen den einzelnen Arten in der Schlafdauer, der Länge der Träume sowie der Dauer der anderen

Phasen. Wissenschaftler haben über 150 Tierarten untersucht und dabei festgestellt: Je größer die Tiere sind, desto kürzer schlafen sie – Elefanten zum Beispiel lediglich drei bis vier Stunden pro Nacht. Die großen Raubkatzen dagegen scheinen eine Ausnahme zu sein. Sie schlafen zwischen 18 und 20 Stunden.

Die Anatomie des Schlafes, also unserer nächtlichen Ruhezeit, unterteilt sich in mehrere sich wiederholende Phasen. REM- Phasen (aus dem Englischen = Rapid Eye Movement; → Haben Tiere Träume?, Seite 212) und Tiefschlafphasen wechseln sich mit anderen Phasen ab. Unser Schlaf startet mit einer ausgiebigen Tiefschlafphase in die Nacht. In dieser Zeit schwingen elektrische Hirnstromwellen (EEG = Elektroenzephalogramm) ein- bis viermal auf und ab pro Sekunde. Dieser langsame Verlauf der Hirnstromwellen charakterisiert den Tiefschlaf. Diese Hirnstromwellen nennen Schlafforscher Delta-Wellen. Der Tiefschlaf ist wichtig für unser Gedächtnis, wir gehen heute davon aus, dass es ohne ihn keine langfristige Verfestigung von Erfahrung und Wissen

Große Raubkatzen wie diese Löwen schlafen bis zu 20 Stunden pro Tag.

gäbe, so der Schlafforscher Jan Born von der Uni Lübeck. Über den biologischen Sinn und die Aufgabe der REM-Phasen diskutieren die Wissenschaftler heute immer noch heftig. Viele Belege sprechen dafür, dass der REM-Schlaf den Lernprozess unterstützt, indem er das Gedächtnis verstärkt. Zudem zeigen Tiere, die ein Lernprogramm absolviert hatten, eine geringfügige Zunahme des REM-Schlafes, und dessen Entzug erschwert das Lernen. Während des REM-Schlafes vertiefen wir das Gelernte, aber handeln nicht. Stattdessen rufen wir Erinnerungen ab.

Beim Schlafen schließen Tiere in der Regel die Augen, ihre Aufmerksamkeit ist reduziert, und ihre Atmung wird umgestellt. Bei uns Menschen wird die Atmung durch zwei Zentren im Gehirn (Stammhirn) gesteuert, dem willkürlichen und unwillkürlichen Zentrum. Wenn wir wach sind, regulieren wir die Atmung mit dem willkürlichen Zentrum. Wir können die Atmung ein- oder ausschalten, je nach Wunsch. Wir sind uns unserer Atmung bewusst. Während des Schlafes stellt das willkürliche Zentrum seine Tätigkeit ein und schaltet auf das unwillkürliche um. Peretz Lavie hat für diese Aufgabe einen guten Vergleich herangezogen: »Die Arbeitsweise dieses Zentrums ähnelt im Prinzip der einer automatischen Kurssteuerung in einem Flugzeug, das heißt, Tiefe und Rhythmus der Atmung schwanken entsprechend dem Sauerstoff- und Kohlendioxidspiegel im Blut.« (→ Quellennachweis, Lavie, Seite 300)

Wie atmen wasserlebende Säugetiere während des Schlafens?

Wir hatten das Glück, etwa 80 schlafende Delfine zu beobachten. Die Delfine schwammen geordnet im Kreis. Ab und zu, doch nur vereinzelt, kam ein Delfin auf uns zu. Er schwamm mehrere Male im Kreis um uns herum, schlug mit den Hinterflossen und verschwand. Dies war eine kurze Unterbrechung des Schlafes der Tiere. Der Schlaf der Delfine ist eigenartig. Obwohl Delfine hochintelligente Tiere sind, zeigen sie keinen REM-Schlaf. Können sie also nicht träumen? Meines Wissens weiß man dies noch nicht. Von den vielen untersuchten Säugetieren hat lediglich der australische Ameisenigel keine REM-Phase. Die Wissenschaft steht vor einem Rätsel, denn der Ameisenigel ist in der Ahnentafel weit vom Delfin entfernt. Sie sind noch eierlegende Säugetiere. Aber das

Dicht aneinandergedrängt schlafen die Flusspferde im Wasser.

war nicht die einzige Überraschung, als man den Schlaf von Delfinen untersuchte. Professor Lew Muchametow und seinem Team gelang es, Hirnströme von schlafenden Delfinen abzunehmen. Wie schwer das ist, brauche ich nicht zu schildern. Sie stellten fest, dass Delfine mit nur einer Gehirnhälfte schlafen, während die andere Hälfte hellwach bleibt. Das war eine wissenschaftliche Sensation und warf viele neue Fragen auf. Die elektrische Hirntätigkeit des schlafenden Delfins ähnelt der von Landsäugetieren und zeichnet sich durch eine hohe Spannung und langsame Hirnstromwellen aus, aber diese Aktivität tritt eben nur in einer der beiden Hirnhälften auf. (→ Quellennachweis, Lavie, Seite 300)

Warum kommt es zu solch einer Spezialanpassung, oder warum schlafen die Delfine mit nur einer Hirnhälfte? Delfine sind Säugetiere und besitzen Lungen statt Kiemen wie die Fische. Sie atmen wie wir den Sauerstoff aus der Luft ein. Um also genügend Sauerstoff zu bekommen, müssen sie auftauchen und Luft einatmen. Unter Wasser bekommen sie jedoch keinen Sauerstoff. Schlafen und Atmen behindern sich gegenseitig. Sie mussten deshalb eine neue Atemtechnik entwickeln. Delfine besitzen aber im Gegensatz zu uns und den anderen Säugetieren nur ein willkürliches Zentrum. Um aber atmen zu können, muss daher das Gehirn kontinuierlich in Tätigkeit sein, sodass sich der Delfin den Luxus des Tiefschlafs in beiden Hirnhälften nicht leisten kann. Er hat keinen Autopiloten, um bei dem Bild von Peretz Lavie zu bleiben, er benötigt zwei Flugkapitäne, die sich ablösen, sprich zwei Hirnhälften.

Unser Schlaf ist älter, als wir uns erträumten

Schlaf ist für die meisten Lebewesen überlebenswichtig und von fundamentaler Bedeutung für ihre Gesundheit und ihr Wohlbefinden. Schlaf ist nicht mit Ruhen zu verwechseln. Während wir schlafen, spielen sich in den unterschiedlichen Gehirnarealen verschiedene elektrische Theaterstücke ab, wie ich es eben schon beschrieben habe (→ Rätsel Schlaf, Seite 206). Man spricht von Schlafphasen. Diese typischen Schlafphasen findet man bei Säugern, Vögeln und Reptilien.

Bei Fischen konnte man bis vor Kurzem diese Schlafphasen nicht nachweisen. Louis Leung und seine Kollegen von der Stanford University haben einen Weg gefunden, einen genaueren Einblick in den Schlaf von Fischen zu finden. Mit überragender Technik gelang es ihnen, elektrische Potenziale vom Gehirn der Fische sichtbar zu machen. »Wir haben damit erstmals die neuronalen Signaturen des Schlafes bei einem Knochenfisch identifiziert.« Groß war die Überraschung, dass man so etwas Ähnliches wie eine Rem-Phase bei Fischen findet. Fische sind schon viel länger auf diesem Planeten als Reptilien, Vögel und Säuger. Der Start der Wirbeltiere begann im Wasser, und Fische sind die ältesten Vertreter. Fische leben schon seit 450 Millionen Jahren auf der Erde. War dies der Zeitpunkt, als der Schlaf erfunden wurde? Vieles spricht dafür.

Gefahren und Vorteile des Schlafes

Bei einer Kosten-Nutzen-Rechnung, wie sie heute oft von Biologen aufgestellt wird, müssen die Gefahren des Schlafes durch Vorteile ausgeglichen werden, sonst hätte er sich in der Evolution nicht durchgesetzt. Während der Nachtruhe entfernt oder schwächt das Gehirn bestimmte

Kontakte zwischen den Nervenzellen. Dieses neuronale Ausmisten ist sinnvoll, denn zum einen spart es Energie, indem wir unseren Stoffwechsel im Schlaf drosseln. Zum anderen festigt es unser Gedächtnis. Inhalte werden aus einem Zwischenspeicher herausgenommen und ins Langzeitgedächtnis gebracht, und wie es scheint, werden Lernprozesse begünstigt. Auf alle Fälle stellt der Schlaf für den Körper eine Ruhe- und Erholungsphase dar, die somit der Homöostase (= Selbstregulation) dienen kann. Angesichts der überzeugenden Beweise dafür, wie wichtig der Schlaf für das Verhalten ist, müssten wir eigentlich die Faktoren maximieren, von denen wir wissen, dass sie schlaffördernd sind, und jene minimieren, die schlafhindernd sind.

Was Schlafentzug für Tiere bedeutet, hat Allan Rechtschaffen in einem schrecklichen Experiment nachgewiesen. In einer speziell entwickelten Versuchsapparatur waren zwei Ratten untergebracht. Beide Tiere waren so verdrahtet, dass man die Schlaf- beziehungsweise Körpertemperatur aufzeichnen konnte. Die beiden Ratten waren zwar durch eine Glasscheibe getrennt, konnten sich aber sehen. Eines der armen Tiere konnte schlafen, wenn es müde war, das andere wurde am Schlafen gehindert. »Innerhalb der ersten zehn Tage, die gewöhnlich das Limit an Schlafentzug bei Versuchen mit Menschen darstellen, traten keine auffälligen Unterschiede zwischen den beiden Tieren auf.«

Gegen Ende der zweiten Woche begannen sich bei der Ratte mit Schlafmangel erste Zeichen von Störungen bemerkbar zu machen. So traten auf der Haut ihrer Pfoten Geschwüre auf. Noch überraschender war, dass das Tier, obwohl es mehr fraß, an Gewicht zu verlieren begann. Der Gewichtsverlust war keineswegs die Folge von körperlicher Betätigung, denn die Kontrollratte leistete ebenso viel Muskelarbeit und verlor weder an Gewicht, noch nahm sie mehr Nahrung zu sich.« (→ Quellennachweis, Hobson, Seite 300)

Bis zu ihrem Tod nach vier Wochen Schlafentzug nahm die Testratte ständig ab, während sie gleichzeitig immer mehr Nahrung zu sich nahm. Außerdem verlor sie die Fähigkeit, ihre Körpertemperatur zu regulieren. Die Bedeutung des Schlafes wird in diesem grausamen Experiment vermutlich jedem klar. Leider wird das Schlafbedürfnis in der

Tierhaltung häufig unterschätzt oder nicht verstanden. Auch bei unseren Haustieren wie Hund, Katze, Hamster oder Wellensittich.

Haben Tiere Träume?

Wer Bilder im Kopf erstellen kann, macht dies womöglich auch im Schlaf. Haben Tiere Träume? Ich bin Gast bei Adrian Morrison von der University of Pennsylvania in Philadelphia. Seit Jahren untersucht er das Träumen von Tieren. Dieser freundliche Forscher mit den lustigen Augen nimmt sich viel Zeit für uns. Keine Hektik und kein Schauen auf die Uhr begleiten unser Treffen. Wir sind konzentriert und weiß Gott nicht schläfrig. Er erklärt mir: »Träumen ist eine Eigenschaft des Gehirns und geht vom Gehirn aus. Während des Träumens beginnen Nervenzellen in der Großhirnrinde zu feuern, ähnlich schnell oder sogar schneller als im Wachzustand. Dieses Feuerwerk der elektrischen Impulse sind die Hirnströme, die über das Großhirn fließen und messbar sind. Ihr Kurvenverlauf ist charakteristisch und verrät etwas über die Träume und den Schlaf. Begleitet werden diese Hirnströme durch rollende Hin- und Herbewegungen der Augäpfel. Man nennt diese Schlafphase daher REM-Phase (→ Seite 207). In dieser Zeit toben die wildesten Träume über die mentale Bühne.«

Adrian Morrison zeigt mir das Video einer schlafenden Katze. Nichts Besonderes, sollte man meinen, aber dieses Video hat es in sich. Er erklärt mir: »Normalerweise sind im Schlaf die Muskeln für die Fortbewegung blockiert, aber es gibt Erkrankungen, da ist die Blockade unvollständig, so wie bei dieser weiß-schwarz gefärbten Katze auf dem Bildschirm. Sie hat die Ohren aufmerksam nach vorne aufgestellt und schaut in eine Richtung, als gäbe es etwas, das sie interessiert. In Wirklichkeit träumt sie mit halb geschlossenen Augen und geschlossener Nickhaut. Plötzlich steht sie auf, läuft schwankend, als ob sie leicht betrunken wäre, macht einen etwas verschlafenen Sprung und fängt die Maus ihrer Träume. Ihre Hirnströme verraten, dass sie sich in einer REM-Phase des Schlafes befindet.« Die Traumgeschichten der Tiere, so darf man annehmen, sind die Geschichten aus ihrem Lebensraum.

Beim Schlafen liegen Bienen entspannt auf der Seite. Ob sie auch träumen, wissen wir nicht.

Die Biene Maja

Jedes Gehirn absolviert während des Schlafes täglich ausgedehnte Phasen, in denen es ausschließlich mit sich selbst zu tun hat. »Neue Erkenntnisse legen denn auch nahe, dass der Schlaf einen entscheidenden Faktor bei der Gedächtnisbildung darstellt.« (→ Quellennachweis, Menzel/ Eckoldt, Seite 300)

Randolf Menzel widmete sein Forscherleben den Bienen. Er hat unser Bild über dieses kleine Insekt revolutioniert. In meinem Kopf hat er viele Kerzen angezündet. Er schreibt in seinem Buch »Die Intelligenz der Bienen«: »Diese Gedächtnisbildung im Schlaf spielt auch im normalen Verhalten der Bienen eine Rolle. Lernen sie zum Beispiel einen neuen Weg zurück zum Stock, dann erinnern sie sich an diesen nicht besonders gut, wenn sie in der Nacht danach nicht schlafen dürfen.«

Die Arbeitsgruppe von Tom Seely stellte darüber hinaus fest, dass Bienen ihren Schwänzeltanz weniger präzise durchführen, wenn sie in der Nacht davor am Schlafen gehindert wurden. Im Schwänzeltanz weist die Tänzerin auf eine bestimmte Stelle im Gelände hin, an der sie eine wichtige Entdeckung gemacht hat. Das kann man sich nur leisten, wenn sie sich an diese Stelle erinnert. Der Schlaf spielt also bei Bienen eine ebenso wichtige Rolle wie bei uns Menschen. Bemerkenswert: Selbst die so legendär fleißigen Bienen legen tagsüber ein kurzes Nickerchen ein. Meist um die Mittagszeit.«

Was ich bei Balu oder meinen anderen Hunden beobachtet habe, kann man auch bei Bienen sehen. Im Schlaf liegt ihr Körper entspannt auf der Seite, und ihre Antennen hängen herab. Und wer genau hinsieht, beobachtet bisweilen ein Zucken, ohne dass die Biene aufwacht. Randolf Menzel glaubt, dass auch Bienen träumen. Aber wovon sie träumen, bleibt vorläufig noch ein Rätsel.

WISSEN KOMPAKT

1. ***Wachheit und Schlaf:*** *Wachheit ist der Zustand des Bewusstwerdens der äußeren Umwelt. Der Gegenpol ist der Schlaf, bei dem man auch äußere Reize erhält, sich aber derer meist nicht bewusst*

ist. Ungelöst ist aber die Frage, warum wir eigentlich schlafen. Alle Vögel und Säugetiere schlafen und zeigen einen typischen Schlaf-wach-Zyklus. Er wird vom Hypothalamus gesteuert.

2. ***Hirnströme des EEG:*** *Die Ströme des EEG (Elektroenzephalogramm) verlaufen synchroner, wenn weniger geistige Aktivität stattfindet. In Ruhe und bei geschlossenen Augen zeigt eine gesunde Person langsame, synchrone Wellen. Öffnet sie jedoch die Augen und versucht, ein schwieriges Problem zu lösen, so treten schnelle Wellen auf (Beta-Wellen), die die Desynchronisation in unterschiedlichen Gehirnregionen aufzeigen.*
3. ***Das EEG:*** *Elektroden, die außen auf die Kopfhaut angesetzt werden, können Hirnströme (elektrische Aktivität einer großen Zahl von Nervenzellen des Gehirns) messen.*

Im Konferenzraum der Tiere

Nach den langen Ausführungen über Schlafen und Träumen können sich die Teilnehmer kaum noch auf ihren Beinen halten und versinken mit eingeschränkter Aufmerksamkeit in ihre eigene Welt. Nur **Oktopus Amadeus** mit seinen vielen Armen will mit allen Teilnehmern Kontakt aufnehmen. Was er sagen will, weiß wohl nur er selbst. **Schwein Edeltraut** versteht ihn nicht und würde am liebsten einen seiner Saugnäpfe anknabbern. **Kater Harry** macht es ihr nach, aber er ist ein zu großer Feinschmecker. **Orang-Utan-Dame Nonja** entreißt Amadeus den eingerollten Pinsel, **Krähe Betty** und **Graupapagei Alex** hüpfen auf seinem Arm umher und benutzen diesen als Springseil, **Entlebucher-Hündin Cora** fragt sich, warum Amadeus kein Knochenskelett hat, an dem man nagen könnte, **Fisch Einstein** gefällt es gar nicht, in die Fänge zu geraten. Und **Immanuel** und **Bonobo Kanzi** fragen sich, warum die ganze Gesellschaft eigentlich wenig bei der Sache ist.

In den Denk- und Rechenstuben der Tiere

Können sich Tiere tatsächlich etwas vorstellen, unabhängig davon, ob es in der äußeren Welt gerade vorhanden ist oder nicht? Haben sie ein Bild von ihren Feinden, ihrer Beute, ihrer Umgebung? Spannende Fragen und Antworten, die Sie in Staunen versetzen werden.

Das Wiedererkennungsvermögen

Auf den ersten Blick könnte die Frage nur rhetorisch erscheinen, denn die meisten Tiere haben bekanntlich ein Wiedererkennungsvermögen. Und wie will man etwas wiedererkennen, wenn man vorher nicht ein Bild davon in sich trägt. Der Spatz, der sein eigenes Nest von anderen unterscheidet, der Hund, der seinen Herrn bei der Rückkehr begrüßt, das junge Gänslein, das seine Eltern am Gesicht erkennt – sie alle, sollte man meinen, benötigen mehr oder weniger klare Vorstellungen von dem, was sie dann als bekannt identifizieren.

Das Problem liegt jedoch darin, dass man durchaus etwas wiedererkennt, ohne es sich vorher vorgestellt zu haben. Plötzlich, bei einer bestimmten Szene eines Films, wird einem klar, dass man sie schon einmal gesehen hat. Jeder, der eine Fremdsprache gelernt hat, verfügt über einen aktiven und passiven Wortschatz. Und ärgert sich über seinen passiven Wortschatz. Der passive Wortschatz zeichnet sich dadurch aus, dass man ihn beim Lesen wiedererkennt, aber nicht aktiv spricht. Etwas nur passiv wiederzuerkennen, ist wesentlich einfacher, als davon aktiv eine Vorstellung zu entwickeln. Auch ein Wechselautomat ist in der Lage, Geldscheine zu erkennen, und wahrscheinlich hat auch eine Grabwespe keine wirkliche Vorstellung ihres Schlupflochs, obwohl sie sich eindeutig an Steinen, Stöcken oder anderen Landmarken dieser Umgebung orientiert und so ihren Nesteingang wiederfindet.

Um das Vorstellungsvermögen bei Tieren zu testen, müsste man, um sicherzugehen, Situationen heranziehen, in denen simples Wiedererkennen ausgeschlossen ist. Und das ist gar nicht so einfach. Nehmen wir jenen Schimpansen, der gelernt hat, aus einem Haufen unterschiedlich geformter Holzklötzchen genau das gewünschte herauszuholen. Man brauchte ihm nur vorab einen Würfel, eine Pyramide, eine Kugel oder etwas anderes zu zeigen, und schon fischte er die entsprechende Figur heraus. Dazu bedarf es keiner bildlichen Vorstellungskraft. Aber jetzt wurden die Klötzchen in einen Sack gepackt, sie waren nicht mehr zu sehen, allenfalls zu ertasten. Und genau das unternahm der Schimpanse. Kaum hatte man ihm den Musterwürfel gezeigt, griff er mit dem Arm in die Sacköffnung und tastete konzentriert so lange herum, bis er die Würfelform gefunden hatte. War dieses Verhalten nicht ein klarer Beleg, dass er sich die Form im Kopf vorgestellt hat, um sie blind ertasten zu können? Es scheint so, und persönlich bin ich überzeugt, dass er in der Tat ein inneres Bild des Würfels im Kopf hatte, aber gleichzeitig war es ein Wiedererkennen vorausgegangener Tasterfahrung; denn auch vorher hatte er die Klötzchen herausgegriffen und in der Hand gehalten. Dieses Beispiel soll weder etwas beweisen noch widerlegen, es soll lediglich zeigen, wie schwierig es ist, Verbindliches über die Vorstellung von jemandem zu erfahren, der sie selbst nicht beschreiben, zeichnen oder auf andere Weise mitteilen kann.

Es gibt jedoch Fälle, in denen sich Tiere erkennbar nach inneren Bildern richten, nämlich dann, wenn sie eine Vorstellung von ihrer Umgebung entwickeln. Sie erinnern sich an Lucia Jacobs im Kapitel »Olympiade der Lebewesen« (→ Seite 100). Die Wissenschaftlerin konnte nachweisen, dass Fuchshörnchen eine Landkarte im Kopf erstellen und danach navigieren. Die Forscherin Mikel Delgado bringt es auf den Punkt: Fuchshörnchen sind in der Lage, für die Zukunft zu sparen. Und wie sie dabei vorgehen, ist sehr intelligent.

Vorstellung und Erfahrung

Aber kommen wir auf unsere Eingangsfrage zurück: Was weiß eine Ratte vom Labyrinth, das zu durchlaufen sie gelernt hat? Diese Frage stellte sich auch der renommierte amerikanische Psychologe Edward Tolman (1886–1959).

In seinem Denken war Tolman seiner Zeit in vielen Bereichen weit voraus. Seiner Ansicht nach erwerben Tiere bestimmtes Wissen dadurch, dass sie es bei Bedarf sofort nutzen können. Mithilfe von Experimenten konnte Edward Tolman dies zeigen. Er setzte seine Ratten in ein Labyrinth mit zwei verschiedenen Endstationen: Ein Gangsystem führte zu einem schwarzen Futterkasten, ein anderes zu einem weißen. Bald waren die Tiere mit ihrem Gangsystem vertraut. Sie fanden sicher zu den beiden Boxen und suchten die weiße genauso oft auf wie die schwarze. Ob sie den Unterschied überhaupt realisierten? Ob sie tatsächlich eine Vorstellung besaßen, dass es einen weißen und einen

Tolmans Labyrinth beweist, dass Ratten schlussfolgern können.

schwarzen Futterkasten gab? Und ob sie im Voraus wussten, welcher Weg dorthin führte? All diese Fragen konnte Tolman klären, indem er ein weiteres Experiment im Nebenraum durchführte (→ Abbildung oben). Dort waren zwei entsprechende Futterkästen nebeneinander aufgestellt, wiederum der eine schwarz, der andere weiß. Jetzt waren sie aber nicht mehr gleichwertig: Im schwarzen Kasten erhielten die Ratten einen leichten elektrischen Schlag, während der weiße ohne Gefahr zu betreten war. Die Tiere begriffen sehr schnell.

Am nächsten Tag setzte Tolman seine Ratten in ihr vertrautes Labyrinth zurück. Wie würden die Tiere reagieren? Würde die Erfahrung vom Vortag etwas ändern? Die Ergebnisse sprechen für sich: Die Ratten wählten von vornherein den Weg zum weißen Kasten; keine einzige hatte den schwarzen Kasten betreten. Mit anderen Worten: Sie hatten eine Vorstellung davon, dass der eine Weg am Ende auf einen schwarzen Kasten trifft, und sie hatten ferner ihre Erfahrung vom Vortag auch auf diesen Kasten ausgedehnt. Deshalb entschieden sie sich für den anderen Weg. Mit mechanistischen Lernmodellen nach dem Reiz-Reaktions-Muster ist dies beim besten Willen nicht zu erklären. Die Ratten haben aus zwei erlernten Prämissen eine logische Folgerung gezogen.

1. Ihre erste Erfahrung aus dem Labyrinth lautete: Dieser Weg führt zum schwarzen Kasten.
2. Ihre zweite Erfahrung aus dem Nebenraum war: Der schwarze Kasten ist zu meiden.
3. Und ihre selbst gezogene Schlussfolgerung lautete: Dieser Weg zum schwarzen Kasten ist zu meiden.

Können Tiere denken?

Als wäre es gestern gewesen, erinnere ich mich an einen Vortrag meines Doktorvaters im altehrwürdigen Gebäude der Uni Bern. Die Sitze knarrten, wenn man sich bewegte. Aber nicht der Vortrag ist in meinem Gedächtnis gespeichert, sondern die lebhafte, hitzige Diskussion zuvor. Ein Kollege kam zu mir und fragte mich aufgeregt, ob ich das Buch »Wie Tiere denken« von Donald R. Griffin gelesen habe. (→ Quellennachweis, Seite 300) Ich sagte Nein. Er sah mich verächtlich an und sagte: »Wie kann dir so etwas entgehen?« Und erzählte mir aus dem Buch. Sein Kommentar war nicht freundlich. »Nun kommen Wissenschaftler auf die Idee, das Denken der Tiere zu untersuchen.« Er regte sich sehr auf. »Das ist doch mit naturwissenschaftlichen Methoden nicht möglich.« Ich widersprach ihm nicht, obwohl ich schon mein ganzes junges Leben mit Tieren verbracht habe. Zudem hörte ich eine Vorlesung in Freiburg bei Professor Otto Koehler, bei der es genau um dieses Thema, nämlich die Denkfähigkeit der Tiere ging.

Otto Koehler war ein akribischer Forscher, seine Versuche zum Denken der Tiere waren sorgsam geplant und durchgeführt. Er genoss hohes Ansehen in der Wissenschaft. Aber er war nicht modern und »in«, um es mit den heutigen Worten auszudrücken. Ich schämte mich ein wenig, ihn nicht verteidigt zu haben und dass ich der Modeströmung folgte. Professor Köhler benutzte nicht die Begriffe »Denken« und »Intelligenz«, sondern er sprach vom unbenannten Denken. Meiner Meinung nach ein holpriger Begriff. Otto Koehler wusste, dass Tiere denken können. Das hat er mir mehr als einmal erzählt. Aber er war sehr vorsichtig bei seiner Wortwahl. Die Einwände meines Kollegen machten mich unsicher in der Diskussion. Otto Koehler erreichte leider nicht die große Öffentlichkeit, das war ihm vermutlich auch nicht wichtig. Er saß in seinem Elfenbeinturm. Zum Nachteil unserer Mitgeschöpfe.

Nachdem ich das Buch »Wie Tiere denken« gelesen hatte, wusste ich, hier hat einer eine Tür geöffnet, die uns die Tiere besser verstehen lässt. Es war ein großer, mutiger, aber notwendiger Schritt. Bis heute glauben immer noch Menschen, dass Tiere nicht denken können Aber da irren sie sich! Die Wissenschaft belegt das Gegenteil. Eines der Ergebnisse von Griffins Beharrlichkeit war die Bestätigung durch Beobachtung und direkte Experimente, dass Raben tatsächlich Steine als Werkzeuge benutzen und imstande sind, neue Probleme zu lösen.

Denken als Probehandeln im Kopf

Der Begriff »Denken« umfasst so gut wie alle bewussten geistigen Fähigkeiten des Menschen, wie beispielsweise die mentale Entwicklung einer Idee, Einsicht oder Absicht wie Planen, Folgern und Vorausahnen, um nur einige Aspekte zu nennen. Wie kann nun bei einem Tier realistisch auf das Vorhandensein irgendeines dieser geistigen Prozesse, die auf Denken hinweisen, geschlossen werden. Einleuchtend ist, dass die Attribute des Denkens ein hohes Maß an Flexibilität erfordern und die Fähigkeit vorhanden sein muss, Instinktverhalten fallen lassen zu können und stattdessen neuartige Lösungen für Probleme zu finden.

Denken bedeutet für mich das Durchspielen einer Situation oder eines Problems im Kopf. Vor unserem Auge führen wir verschiedene Handlungen durch, um deren Ausgang zu beurteilen.

Ein Schachspieler verdeutlicht dieses Bild ebenso: Er plant in seinem Kopf seinen und den Zug des Gegners. Je weiter er vorausdenkt, desto besser spielt er. Denken ist gleichsam Probehandeln im Kopf. Es simuliert mögliche – oder unmögliche – Abläufe. Etwas zu durchdenken, ist somit ein neues Verfahren der Problemlösung.

Aber in der Praxis ist Lernen und Denken oft schwer zu unterscheiden. Weil Mensch und Tier, wenn sie vor einem neuen Problem stehen, erst kopflos herumprobieren. Wenn ich etwa meinen Schlüssel verlegt habe, suche ich überall, ohne nachzudenken. Erst wenn die Suche erfolglos ist, bin ich gezwungen, darüber nachzudenken, wo es sich lohnt, den Schlüssel zu suchen. Vor meinem geistigen Auge spiele ich die Orte durch, wo ich mich in den letzten Stunden aufhielt. Jeder hat schon erlebt, wie er vor einem Problem stand und es ohne Verstand lösen wollte.

An ein Beispiel erinnere mich noch mit Schmunzeln. Wir saßen im Frühstücksraum eines japanischen Hotels in Kyoto. Der Raum war durch eine Glastür vom Empfang getrennt. Aus irgendeinem Grunde wollte die Empfangsdame, dass die Tür zwischen diesen beiden Räumen offen bleibt. Aber das war, wie es scheint, nicht so einfach. Die Tür schlug immer wieder langsam zu. Um dies zu verhindern, konnte man einen Keil zwischen Boden und Tür schieben. Das tat die junge Dame auch, aber die Tür ging immer wieder zu. Dieses Spielchen wiederholte sich sieben- bis achtmal. Erst dann dämmerte es ihr, dass sie den Holzkeil zwischen Tür und Boden verschieben muss. Nun verschob sie ihn so, dass die Tür geöffnet blieb. Hat sie nun nach dieser langen Probierphase das physikalische Prinzip, das dahintersteckt, begriffen oder nicht? Ich glaube, ja, denn sie schob den Keil zielgerichtet unter das Ende des Türblattes, wo sich der Griff befindet. Leider konnte ich sie wegen der Sprachbarriere nicht befragen.

Erschwerend kommt hinzu, dass uns im Alltag der Zusammenhang zwischen Vorwissen und Denken selten bewusst ist. Was wir als große Denkleistung ansehen, haben wir oft auf die eine oder andere Weise schon irgendwie oder irgendwo erfahren. Schlagartig wird einem das klar, wenn eine erlernte Situation verändert wird.

Wir Menschen in unserem Kulturkreis sind daran gewöhnt, eine Tür zu öffnen, indem man den Türgriff nach unten drückt. Bei einer Ausstellung in San Francisco haben sich die Veranstalter einen Scherz daraus gemacht, die Besucher zu testen, wie lange sie dazu brauchten, wenn man den Türgriff nicht nach unten drücken kann, sondern ihn nach oben ziehen muss. Der Türgriff war von einem üblichen nicht zu unterscheiden. Die Reaktionen waren köstlich, und ich kann mich noch mit Schrecken daran erinnern, wie lange ich brauchte und wie ich geflucht hatte, weil sich die Tür nicht nach dem bekannten Muster öffnen ließ. Ähnlich der Fernsehsendung »Die versteckte Kamera«.

Betty – ein ganz besonderer Vogel

Meine Frau und ich sind zu Besuch bei Alex Weir an der Universität in Oxford. Er lässt uns beide an einem besonderen Experiment von Betty, einer Neukaledonischen Krähe, teilnehmen, das von ihr Vorausdenken und Planen erfordert.

Das Experiment: Vor uns aufgebaut ist ein durchsichtiges Plastikrohr, das in ein Tragegestell montiert ist (→ Abbildung unten). Das Plastikrohr steht in Körperhöhe der Krähe auf dem Boden und ist für den Vogel leicht von beiden Seiten zugänglich. Dieses Rohr hat es jedoch in sich, denn in der Mitte befindet sich eine Art Fallgrube, eine Vertiefung. Die Aufgabe von Betty besteht darin, mithilfe eines Stöckchens ein Schälchen, das mit Fleischwürfeln bestückt ist, herauszufischen. Aber das ist nicht so einfach, denn je nachdem, wo Betty steht, befindet sie sich vor oder hinter der Fallgrube.

Im ersten Versuch befindet sich das Töpfchen vor der Falle, bezogen auf Bettys Standpunkt. Ohne zu zögern, nimmt Betty das lange Stöckchen in den Schnabel und führt es vorsichtig in die Röhre über das Töpfchen hinweg, zieht das Töpfchen zu sich heran und verspeist die Fleischwürfel. Hat sie zufällig diesen Standpunkt gewählt, oder war es vorausschauendes Denken? Ein weiterer Test soll Aufschluss darüber

Krähe Betty schiebt den Holzstab unter die Futterschale und zieht sie zu sich heran.

geben. Alex dreht das Gestell samt Rohrfalle um 180 Grad. Betty trippelt wieder an die vorherige Stelle, nimmt das Stöckchen in den Schnabel und zieht so lange, bis das Schälchen in die Fallgrube fällt. Schnell hat sie verstanden, dass sie einen Fehler gemacht hat. Sie zieht das Stöckchen heraus und schaut sich ihr Missgeschick an. Wir starten einen neuen Versuch, aber diesmal hat Betty begriffen, dass sie nur Erfolg haben kann, wenn sich – von ihr aus gesehen – das Töpfchen vor der Falle befindet. Mehrere Male löste sie die Aufgabe in unserem Beisein bravourös. Wir staunten über die schlaue Betty.

Aber Betty wäre nicht Betty, wenn ihr nicht auch noch eine andere Strategie einfallen würde. Betty steht falsch – zuerst kommt die Falle und dahinter erst das Schälchen. Vorsichtig führt sie das Stöckchen in das Rohr. Aber plötzlich macht sie etwas völlig Unerwartetes. Sie schiebt das Stöckchen unter das Schälchen und zieht dieses äußerst behutsam und bedacht über die Falle zu sich heran. Die leckeren Fleischwürfel hat sie sich wahrlich verdient.

Bettys Leistung im Vergleich

Um Bettys Leistung richtig zu würdigen, benötigt man einen Vergleich. Wer wäre dazu besser geeignet als Schimpansen. Und wer beschäftigt sich so intensiv mit ihrer Intelligenz? Wir kennen sie schon, es ist die sympathische Sarah Boysen an der Ohio State University (→ Seite 76). Der Prüfling war wieder Sheba, eine schwangere Schimpansendame. Sheba hatte sich als Musterschülerin erwiesen und war der heimliche Liebling von Sarah Boysen und ihrer Schimpansentruppe. Sheba hatte eindrucksvoll demonstriert, dass sie vorausdenken und planen kann. Sie löste bis auf wenige Fehlversuche den Rohrfallentest. Aber würden Kinder im Alter von zweieinhalb bis fünf Jahren den Test bestehen?

Wir machten das gleiche Experiment mit Kindern in einem Freiburger Kindergarten. Sigrid, eine Freundin meiner Frau, und Karin, die Leiterin, arrangierten alles. Der dreijährige Valentin wollte sich das Bonbon in der Röhre holen. Dass er es mit dem Stock herausschieben muss, war ihm klar. Aber von welcher Seite? Er wählte die falsche Seite, und prompt fiel das Röhrchen in die Fallgrube. Ein zweiter Versuch. Er scheiterte wieder, weil Sigrid das Rohr um 180 Grad gedreht hatte. Valentin hätte vorher überlegen müssen, was genau zu tun ist. Das schaffte er in diesem Alter noch nicht. Sein vierjähriger Freund Jakob hatte mit diesem Test keine Probleme, längst hatte er in Gedanken die Lösung des Problems durchgespielt. Als Erwachsene können wir uns kaum noch vorstellen, welch geistige Leistung dahintersteckt. Betty kann sich also durchaus mit vierjährigen Kindern messen. Mit einem etwa zwei Gramm schweren Gehirn.

Denkvermögen und Erfahrung

Für mich gibt es keinen Zweifel: Wenn wir Denken als Probehandeln in der inneren Welt ansehen, hat uns Betty Beweise für ihr Denkvermögen geliefert. Ich meine, Hunde können mit den kognitiven Leistungen von Betty nicht mithalten, aber denken können sie, wie Juliane Kaminski vom Max-Planck-Institut in Leipzig in ihren Experimenten zeigen konnte. (→ Quellennachweis, Kaminski/Bräuer, Seite 300)

Die Reihe der Beispiele könnte beliebig fortgesetzt werden. Unsere sogenannte Kreativität ist keine Schöpfung aus dem Nichts. Sie ist das Produkt unserer Evolution und speist sich zu einem erheblichen Teil aus der Fähigkeit, bekannte Erfahrungen auf einen neuen Problemkreis zu übertragen. Jeder wird schon einmal bemerkt haben, dass ein Wassertropfen den Untergrund, auf dem er liegt, größer erscheinen lässt. Aber diese Erkenntnis auf Glastropfen zu übertragen, war Antoni van Leeuvenhoeks entscheidender Schritt beim Bau eines brauchbaren Mikroskops. Der niederländische Naturforscher entwickelte dieses Mikroskop bereits im 17. Jahrhundert. Es war allerdings nichts weiter, als die Allerweltserfahrung in einen anderen Kontext zu übertragen.

Wer von einem Tier erwartet, es müsse, um einen Denktest zu bestehen, ohne Vorerfahrung ein Problem lösen, vergisst, dass wir dazu in den meisten Fällen selbst nicht in der Lage sind. Man muss sich nur einmal die Hilflosigkeit der Fluggäste ansehen, wenn sie zum ersten Mal ein S-Bahn-Ticket am Automaten lösen wollen, um vom Flughafen in die Stadt zu kommen. Und selbst einfache mechanische Aufgaben werden zu Denksportaufgaben, wenn uns die Erfahrung fehlt.

Logik im Tierreich

Menschen sehen es als ihr Privileg an, dass sie logisch denken können. Aber machen Sie mit mir eine kleine Reise in die nächsten Experimente, und Sie werden feststellen, dass auch Sie einiges Gehirnschmalz benötigen, um die Logik in den Aufgaben zu erkennen. Kleinkinder hätten keine Chance. Totenkopfäffchen und Schimpansen können folgende Aufgabe lösen: Wenn A größer als B ist und B größer als C, dann ist A größer als C. Wenn überhaupt, dann traute man nur den Primaten logisches Denken zu. Aber umso mehr Forschung auf dem Feld der Kognitionsforschung beackert wird, umso mehr Tiere werden wir finden, die logisch schlussfolgern können.

Die Seelöwen Rocky und Rio

Sie leben im Institut für Meeressäuger an der University of California. Der kalifornische Biologe Ronald Schusterman stellte bei ihnen erstaunliche Fähigkeiten fest: »Die erste der gestellten Aufgaben, die Rocky und Rio lernten, bestand darin zu lernen, dass zwei Symbole gleich sind: X = Y. Als Nächstes brachte man ihnen bei, dass Y und Z gleich sind: Y = Z. Anschließend fragte man sie, ob X und Z gleich sind: Ist X = Z? (In einer sprachlichen Analogie würde dies Folgendes bedeuten: begeistert bedeutet glücklich; glücklich bedeutet erfreut; daher bedeutet begeistert erfreut.) Die Seelöwen meisterten diese Logikaufgabe ohne Weiteres.« (→ Quellennachweis, Gould, James/Gould, Grant, Seite 300).

Wie sehen Experimente aus, die solch ein abstraktes und logisches Denken der Tiere verraten? Ronald Schusterman hat dazu eine neue Methode entwickelt, um die Tiere zu befragen. Der Seelöwe steht dazu in der Mitte einer Art Halbkreis, bestehend aus drei Leinwänden. Auf jeder dieser Leinwände wird ein Bild projiziert. Der Seelöwe muss eines der Bilder auf der Leinwand auswählen.

Nun der Versuch im Detail: Als Erstes wurde dem Seelöwen beigebracht, das Bild einer Schere (X) von einem Bild mit einem Knochen (Y) zu unterscheiden (→ Abbildung, Seite 228). Das geschieht folgendermaßen: Zuerst erscheint auf einer der Leinwände eine Schere, dann verschwindet das Bild für den Seelöwen, und auf den beiden anderen

Leinwänden erscheint jeweils das Bild eines Knochens und eines Baumes. Der Seelöwe wird mit Fisch belohnt, sobald er mit der Schnauze den Knochen berührt. Bei der Berührung des Baumes gibt es keinen Fisch. Nach einer gewissen Zeit hat der Seelöwe den Zusammenhang begriffen. Nun kommt der zweite Schritt. Auf der einen Leinwand erscheint kurz der Knochen und verschwindet wieder; auf den beiden anderen Leinwänden erscheint das Bild eines Schneemanns (Z) und eines Hauses. Der Seelöwe muss jetzt lernen: Wenn ein Knochen er-

Seelöwen sind in der Lage, abstrakt und logisch zu denken. Das konnte der Biologe Ronald Schusterman mit seinem Versuchsaufbau beweisen.

scheint, muss ich den Schneemann berühren. Das ist für Seelöwen kein Hexenwerk. Der dritte Test ist der Schlüsseltest des Verstehens: Nun erscheint für kurze Zeit die Schere und auf den beiden anderen Leinwänden der Schneemann und ein Auto. Macht der Seelöwe den Geistessprung und versteht, dass der Schneemann und die Schere gleich sind (X = Z)? Ohne zu zögern, berührten Rio und Rocky den Schneemann. Die Seelöwen lösten die Aufgabe bravourös.

Gänselogik

Ein kleiner Ort in einem herrlichen Tal in Österreich wurde durch den Nobelpreisträger Konrad Lorenz weltberühmt. Seinen Ruhm teilt er mit Graugänsen. Seine Erkenntnisse über diese Vögel waren der Start einer neuen wissenschaftlichen Disziplin, der Verhaltensbiologie. Sie erforscht das Leben der Tiere. Dank der Verhaltensbiologie haben die Tiere einen anderen Stellenwert in unserem Denken. Als wir diesen Boden betraten, ging Konrad Lorenz mir nicht mehr aus dem Kopf – so wie unsere Begegnung in Freiburg. Seine Worte hallten wider, in denen er uns junge Menschen bat, Respekt vor unseren Mitgeschöpfen zu haben. Er lebte wieder, zumindest in meinem Kopf.

Fast hätte ich vergessen, den Ort zu nennen. Es ist Grünau. Hier trafen wir Isabella Scheiber. Sie ist in die Fußstapfen von Konrad Lorenz getreten und untersucht die geistigen Fähigkeiten der Graugänse. Als wir sie trafen, folgte ihr eine Graugansschar. Die Tiere ließen sich durch uns nicht stören. Im Gegenteil, sie untersuchten unsere Schnürsenkel und meine Fototasche. Während wir in diesem schönen Tal entlangschlenderten, erzählte uns Frau Scheiber die wunderbarsten Geschichten von diesen grauen Vögeln. Isabella Scheiber ist Forscherin aus Leidenschaft und hält große Stücke auf ihre Graugänse. Sie geht sogar so weit, dass sie sie mit unseren nächsten Verwandten, den Schimpansen, vergleicht. Können Gänse logische Schlüsse ziehen?

In der Tat hat Isabella Scheiber bei ihren Graugänsen beobachtet, dass sie bei Interaktionen untereinander mit Problemen des logischen Schlussfolgerns konfrontiert werden. Graugänse sind imstande, die Rangfolge der einzelnen Mitglieder der Gruppe einzuschätzen. So weit die Beobachtung. Aber kann man dies auch experimentell beweisen? Frau Scheiber hat es geschafft. Der Versuch ist einfach, erfordert aber Köpfchen (→ Abbildung unten).

Als Vorbereitung wurden einer Graugans zwei Futterschälchen angeboten, wobei eines mit einem roten und das andere mit einem gelben Pappdeckel verschlossen war. Nur im roten Schälchen befand sich Futter, das gelbe war leer.

Die Aufgabe der Gans bestand darin, das Schälchen mit dem roten Pappdeckel zu wählen. Das war für die Gans ein Kinderspiel. Nach ein paar Fehlversuchen, bei denen sie im Schälchen mit dem gelben Deckel vergeblich nach Futter suchte, hatte sie begriffen, Futter gibt es nur bei Rot. Nun stellte man die Gans vor die Wahl, sich zwischen einem gelben

Gänse wählen aus zwei farbigen Futternäpfen den Napf, der Futter enthält. Sie folgern logisch aus der Farbkombination, in welchem Napf sie Futter finden.

und einem grünen Deckel zu entscheiden. Jetzt befand sich nur bei Gelb Futter im Schälchen, das grüne war leer. Auch das war für die Graugans kein Problem. Sie lernte, Gelb zu wählen.

Die gleichen Versuche führt man noch mit Grün und Blau und mit vielen weiteren Farbkombinationen durch. Sie beweisen aber noch nicht, dass Graugänse logisch schlussfolgern können.

Einblick in das Denken der Graugänse sollen jetzt die eigentlichen Tests geben. Man lässt sie zwischen Rot und Grün oder Gelb und Blau wählen. Wie würden sie sich entscheiden? Siehe da, die Gans wählt Rot oder Gelb. Diese Kombinationen hat sie zwar zuvor noch nie gesehen, aber sie schlussfolgert, bei Rot habe ich immer Futter bekommen, bei Grün nur dann, wenn es in der Kombination mit Blau auftaucht. Bei Blau hatte sie überhaupt nie Futter bekommen, folglich konnte es nur Gelb sein, das sie wählen muss.

Warum können Tiere logische Schlüsse ziehen?

Bei Tieren, die in Gruppen, Schwärmen oder in Herden leben, ist zu erwarten, dass sie logische Schlüsse ziehen können, vorausgesetzt, es gibt eine Rangordnung im Verband. Um Hierarchien richtig einzuordnen, ist es von Vorteil, logisches Denken zu besitzen. Wie zum Beispiel bei der Logik der Totenkopfäffchen. Affe A erkennt, dass er stärker ist als Affe B; Affe B ist aber stärker als Affe C; dann weiß Affe A, dass er sich nicht mehr mit Affe C im Streitfall auseinandersetzen muss, und Affe C weiß auch, dass es gar keinen Sinn macht, sich mit dem stärkeren Tier A auseinanderzusetzen.

Der Vorteil dieses Wissens liegt auf der Hand. Es werden energieverbrauchende, aufwendige Streitereien, die zu schweren Verletzungen führen können, vermieden. Vielleicht ist dies der Grund, warum Seelöwen und Graugänse, die in großen Gruppen leben, die Fähigkeit, logische Schlüsse zu ziehen, besitzen.

In der Tat, bei Graugänsen, Affen und Menschenaffen hat man bei Untersuchungen des Sozialverhaltens im Freiland beobachtet, dass sie regelmäßig bei Interaktionen untereinander mit Problemen des logischen Schlussfolgerns konfrontiert werden.

Wie viel ist das? Was ist eine Menge?

Ein Besuch in einem Freiburger Kindergarten illustriert das Problem. Vor mir sitzen fünf Zwerge im Alter von zwei bis drei Jahren an ihrem kleinen Tisch. Ich bitte den jüngsten von ihnen, mir von den zehn Keksen, die auf dem Tisch liegen, fünf zu geben. Er greift mit seinen kleinen Händchen eine Handvoll und gibt sie mir. Nachdem ich mich bedankt habe, bitte ich ihn nochmals, mir fünf Kekse zu geben. Wiederum greift er mit seinen Händchen in den Haufen der Kekse und gibt mir ein paar davon. Er versteht also offenbar, dass ich nicht nur einen Keks haben will, sondern mehrere. Aber genau abzählen kann er dies in seinem Alter noch nicht. Dazu wird er erst mit vier Jahren in der Lage sein. Eine Anzahl Gegenstände einer bestimmten Zahl zuzuordnen, setzt eine gewisse Abstraktion voraus.

Können Tiere beim Anblick einer Menge von vier Körnern oder vier Münzen oder vier Punkten von den jeweiligen Objekten abstrahieren und die Anzahl »vier« als eine gemeinsame Eigenschaft ansehen? Diese Frage beschäftigte viele Forscher des letzten Jahrhunderts.

Erkennen von Mengen ist etwas völlig anderes als das Zählen, auch wenn es oft in einen Topf geworfen wird. Mengen kann man als Ganzes erfassen: Wenn in einer Vase drei Blumen stecken, so wird niemand sie einzeln abzählen. Man erkennt sofort, dass es sich um eine Dreierformation handelt. Anders bei einem großen Strauß von acht und mehr Blumen. Hier müssen wir abzählen, um die Menge zu bestimmen. Bis zu acht Gegenstände erfasst unser Gehirn sofort – ohne zu zählen. Bei neun Gegenständen oder Blumen erfassen wir acht auf einen Blick und addieren einen dazu. Wie viele Gegenstände eine Tierart erfasst, ist unterschiedlich. Wellensittiche erfassen sieben Gegenstände. Bei Hunden, soweit mir bekannt, ist diese Menge noch nicht bestimmt.

Mengen erfassen oder abzählen ist also ein völlig anderer Vorgang. Zählen ist komplexer und eine mathematische Operation: $1 + 2 = 3$. Wer zählen kann, kann ganz bestimmte logische Operationen im Kopf durchspielen. Ist die Fähigkeit, Mengen zu unterscheiden, womöglich angeboren? Diesem Problem stellte sich der Neurowissenschaftler Giorgio Vallortigara von der Universität Trient mit seinem Team.

Die Wissenschaftler bemerkten, dass jung geschlüpfte Hühnerküken sich immer dem Clan anschlossen, der größer war. Deshalb muss das Mengenverständnis angeboren sein. Die kleinen Küken im Ei hatten keine Möglichkeit, dies zu lernen. Doch wozu müssen Küken überhaupt große von kleinen Mengen unterscheiden? Vermutlich sei das im sozialen Kontakt wichtig, erläutert Giorgio Vallortigara. Wenn Raubtiere in der Nähe sind, ist es besser, sich einer größeren Gruppe von Küken anzuschließen als der kleineren. In einer größeren Gruppe können sie sich – eng aneinandergedrückt – besser gegenseitig wärmen. In Laborversuchen konnten die Wissenschaftler zeigen, dass die Küken in der Lage sind, eine größere Anzahl von Bällen von einer geringeren zu unterscheiden. Ein Verständnis von großen und kleinen Mengen ist also wichtig für Tiere.

Der Ursprung und die Voraussetzung des Zählens sind sicherlich die Fähigkeit, große Mengen von kleinen Mengen zu unterscheiden. Das Tier sollte in der Lage sein, zwischen einem und zwei Futterstücken unterscheiden zu können.

Zahlenjongleure

Das sind Tiere wirklich nicht. Aber unser gutes Zahlenverständnis hat einen seit Generationen dauernden Lernprozess hinter sich. Es wird auch heute die Frage diskutiert, welchen Einfluss die Gene darauf haben. Jeder von uns weiß, wie schwer manchen oder vielleicht den meisten Menschen Mathematik fällt. Man brüstet sich damit, kein Verständnis dafür zu haben. Der Grund hierfür liegt vielleicht an der Mathematik selbst. Sie ist die Wissenschaft, die nur auf logischen Prozessen aufbaut. Und das mögen manche Menschen nicht, oder sie verstehen die Prozesse nicht. Ich mag Mathematik, aber ich habe auch oft erfahren, wie schwer manche Prozesse sind. Manche können einem zum Verzweifeln bringen. Keine Angst, ich schreibe nicht über Mathematik. Ich betrete nur die Anfangsstufe der Mathematik, das Zählen. Für die meisten von uns eine Leichtigkeit, haben wir es doch in der Schule gelernt. Wir denken nicht mehr darüber nach, aber glauben zu wissen, dass einzig und allein wir Menschen zählen können. Jeder Zahl ist ein Wort zugeordnet, zum Beispiel der Zahl »5« das Wort »fünf«. Einige Linguisten sind der Auffassung, dass Zahlwörter für Kinder notwendig sind, um ein Konzept der Zahlen ab drei entwickeln zu können. Um diese Theorie zu überprüfen, untersuchten Wissenschaftler indigene, also eingeborene, einheimische Bevölkerungsschichten, unter anderem in Australien. Diese besitzen einen sehr reduzierten Wortschatz für Zahlen und benutzen häufig Gesten.

Gesten als Ersatz für Zahlwörter gab es nicht. Menschen, die sich in Andilyaugwa, der Sprache eines Aborigines-Stammes, unterhalten, verwenden die Wörter »eins«, »zwei«, »wenige« und »viele«. Wie haben Wissenschaftler dies erforscht? Eine Methode bestand darin, dass sie zwei Hölzer in einer bestimmten Anzahl zusammenschlugen. Die Kinder sollten genau so viele Gegenstände auf den Tisch legen, wie sie Holzschläge gehört haben.

Der Bann ist gebrochen

Einige Tierarten können zählen. Daran haben Biologen und Psychologen heutzutage keine Zweifel mehr. Bienen mit ihren Minigehirnen zählen Wegmarken. Schimpansen hören genau, wie viele fremde Artgenossen sich in ihrer Nähe aufhalten. Ich selbst war Zeuge, wie der Graupapagei Alex Geldmünzen zählte.

Volker Arzt und ich waren wieder mal bei Irene Pepperberg und filmten (→ Seite 155). Wir wollten wissen, welche Rechenkünste Alex parat hat. Alex saß auf einer Holzstange und inspizierte uns. Das war die Chance für uns, die Rechenkünste von Alex zu überprüfen. Wir baten Irene, den Raum zu verlassen, damit sie nicht unabsichtlich Zeichen gab. Irene verließ den Raum, und Volker holte drei Pfennig-Münzen aus dem Geldbeutel und fragte Alex: »How many?« (»Wie viele?«), Alex krächzte »Three« (»Drei«). Nun kam die Probe aufs Exempel. Volker legte noch zwei Münzen hinzu. Alex antwortete: »Five« (»Fünf«). Wir führten noch weitere Versuche mit anderen Münzen (zum Beispiel Markstücke) durch. Alex gab immer die richtige Antwort. Wir waren überzeugt, Alex konnte zählen.

Den Beweis lieferte meines Erachtens der letzte Versuch. Volker zeigte Alex wieder die Handfläche, aber ohne irgendeine Münze, und fragte: »How many coins?« (»Wie viele Geldstücke?«) Alex stutzte und überlegte und krächzte: »Nothing« (»Nichts«). Wir waren sprachlos. Es war ein großer Moment in meinem Leben. Nie zuvor in seinem Leben hatte Alex deutsche Münzen gesehen. Nach so viel Geistesarbeit war er müde, und das drückte er auch unmissverständlich aus. »I am tired« (»Ich bin müde«), krächzte er, ging in seinen Käfig zurück, schloss die Tür und sprach: »Until tomorrow. Good by.« (»Bis morgen. Auf Wiedersehen.«)

Zählende Katzen

Alex hat in mir wieder ein Feuer entfacht. Schon als Student wollte ich wissen, ob Katzen und Hunde zählen können. Nun wurde mir die Gelegenheit geboten, dieses Projekt zu starten. Mit einer jungen Gruppe besonders begabter junger Menschen des Freiburg-Seminars entwickelten wir Versuche, in denen wir zeigen, ob Katzen zählen können oder nicht. Es brannte uns unter den Nägeln. Kein Einsatz war uns zu viel. Wir wurden wirklich auf die Probe gestellt, bis wir begriffen hatten, dass Katzen eigene Persönlichkeiten sind und nicht zu jeder Tageszeit arbeiten. Unsere Katzen bevorzugten den frühen Abend. 18 Uhr war eine gute Zeit. Morgens konnte man die Arbeit mit ihnen vergessen. Und wie schneiden Katzen bei solchen Experimenten ab?

Unsere Untersuchungen dauerten etwa zwei Jahre, und wir testeten zahlreiche Katzen, aber nur sechs Tiere haben freiwillig mitgemacht. Star unserer Untersuchung war Kater Harry. Er brachte den ersten Durchbruch. Bis dato wusste man nicht, ob Katzen zählen können.

Einer aus unserem Team klopfte mit dem Löffel auf ein Glas: ein-, zwei-, drei-, viermal. Kater Harry lief zielsicher auf die Vier zu, einem mit einem Pappdeckel verschlossenen Schälchen (→ Foto, Seite 237). Die Schälchen waren in einer Reihe angeordnet, und die Deckel waren mit Punkten von eins bis vier markiert, wie bei einem Würfel. Kurz davor zögerte der rote Kater, seine Körperhaltung verriet Konzentration. Dann wählte er den Deckel mit den vier Punkten, schob ihn mit der Nase von der Schale und fraß den darin befindlichen Leckerbissen.

Zuvor hatte Harry gelernt, wie man den Deckel entfernt. Kater Harry hatte die Aufgabe richtig gelöst. Zum ersten Mal in seinem Leben wurde Harry vor so eine Aufgabe gestellt. Auf Anhieb ordnete er vier Töne vier Symbolen, in diesem Fall Punkten, zu. Aber bis es so weit war, musste er erst einiges lernen.

Die größte Schwierigkeit bestand nämlich bei allen Katzen darin, ihnen beizubringen, auf vier Meter Entfernung zu den Schalen zu laufen. Nicht alle tierischen Kandidaten machten mit, und wer sich unter einem Stuhl oder Tisch verkroch, schied aus. Wer diese Hürde genommen hatte, musste lernen, bei einem Glockenzeichen zu einem Schälchen mit einem Punkt zu laufen und den Pappdeckel zu entfernen, um an sein Leckerli zu kommen. Die gleiche Prozedur führten wir mit zwei Punkten durch. Nachdem wir sicher waren, dass die Katzen, je nachdem, welcher Ton ertönte, die richtige Punktanzahl wählten, begann der eigentliche Versuch.

Kater Harry muss einzelne Töne mit aufgemalten Punkten vergleichen.

Harry hörte zum ersten Mal drei Töne und sah drei Punkte. Von zwölf Versuchen entschied er sich zehnmal richtig und zweimal falsch. Bei vier Tönen wählte er von zehn Experimenten neunmal richtig. Man könnte einwenden, der Kater roch, wo das Futter war, aber um dies auszuschließen, füllten wir alle vier Schälchen mit dem gleichen Futter und der gleichen Menge. Um unsere Ergebnisse zu untermauern, führten wir noch weitere Kontrollexperimente durch. Wir ersetzten die Punkte durch schwarze Kleckse und ordneten sie auf dem Deckel unterschiedlich an. Auch die Töne wurden variiert. Tiefe und helle Töne wechselten nacheinander ab. Aber konnten wir sicher sein, dass die Katze die einzelnen Töne als ersten, zweiten, dritten und vierten Ton wahrnahm, oder war das Ganze für sie ein zusammenhängendes Tongebilde ohne Pausen, so wie wir das Gezwitscher von Vögeln wahrnehmen? Um dies auszuschließen, sendeten wir die Töne in unterschiedlichen Intervallen. Wir schlugen auf das Glas im zeitlichen Abstand von zwei, drei und vier Sekunden.

Wie aber würde Harry reagieren, wenn alle Schälchen von Deckeln mit gleicher Punktzahl, zum Beispiel zwei Punkten, zugedeckt wurden und nur eines das Symbol, zum Beispiel vier Punkte, für die Anzahl der Töne tragen würde? Wie immer lief der Kater los, kurz vor den Schälchen hielt er an, stutzte, ließ sich aber nicht beirren und ging zum Schälchen mit den vier Punkten. Selbstverständlich tauschten wir die Schälchen immer untereinander aus, um eine Ortsdressur zu vermeiden. Die Kombination von Tönen und Bildern hat einen großen Vorteil und unterstützt unsere Hypothese, dass Katzen zählen können, weil Töne immer hintereinander wahrgenommen werden. Die Katze muss im Geiste die einzelnen Töne zählen und die Anzahl auf ein Bild projizieren. Und wie würde wohl das Ergebnis für Hunde aussehen? Wir machten uns gespannt an die Aufgabe herauszufinden, ob auch Hunde zählen können. Doch leichter gesagt als getan. Die Hunde lieferten uns leider nicht das Ergebnis, mit dem wir gerechnet hatten.

Harry hört viermal einen Ton. Er läuft gezielt zu den vier aufgemalten Punkten.

Zählende Hunde

Wir waren überzeugt, dies sei die richtige Methode, um die Hunde zu testen. Siegessicher gingen wir an die Testaufgaben, jedoch vergeblich. Wenn es für die Hunde schwierig wurde, sich zwischen zwei und drei zu entscheiden, legten sie sich entweder zwischen die Futternäpfe oder aber sie forderten ihren Besitzer auf, ihnen zu helfen. Wir haben alles

Mögliche versucht und viele Hunde getestet, aber nach eineinhalb Jahren gaben wir enttäuscht auf. Das heißt aber nicht, dass die Hunde unfähig sind zu zählen, sondern es könnte auch sein, dass sie bei auftretenden Schwierigkeiten die Entscheidung dem Herrchen oder Frauchen überlassen, obwohl sie selbst die Situation durchschauen. Diesen Gedanken untermauerten schließlich Wissenschaftler der Universität Budapest mit einem Versuch.

Sie stellten Hunde vor die Entscheidung, einen Leckerbissen zu ergattern, indem sie einen Hebel bedienen mussten, der das sichtbare Futter freigab. Einige der Hunde fanden schnell heraus, was zu tun war, andere blieben völlig untätig. Dabei fiel auf, dass die Hunde mit einer besonders festen Bindung zum Menschen besonders untätig waren. Diese Unterschiede verschwanden sofort, wenn sie von ihrem Besitzer ermuntert wurden, sich das Futter zu holen. Da wussten plötzlich alle Hunde, was zu tun war. Die Hunde mit der stärksten Beziehung sind nicht »dümmer«, sondern zeigen nur ein abhängiges Verhalten. Vielleicht war dies auch der Grund, warum wir bei unseren eigenen Zählversuchen kein Glück hatten.

Ich habe Sie ein wenig in die Werkstatt der Verhaltensbiologie entführt, um Ihnen die Arbeitsmethoden zu zeigen und Sie an unseren Experimenten in Gedanken teilhaben zu lassen.

Bienen – klein, aber fein

Es vergeht kaum eine Woche, in denen Bienen nicht in Nachrichten, Zeitungen oder im Internet erscheinen. Die Botschaft ist fast immer die gleiche. Der Bestand dieser schönen und flauschigen Lebewesen ist durch die Gier von *Homo sapiens* gefährdet. Insektizide machen ihnen das Leben schwer, und viele werden durch dieses Gift getötet. Das wäre vermutlich einem Großteil der Menschheit egal. Aber langsam versteht auch der Letzte, dass diese Tiere für unser Überleben wichtig sind. Sie bestäuben unsere Pflanzen. Ohne Bienen weniger Pflanzen. So einfach ist diese Gleichung. Der Nutzen liegt auf der Hand. Es sind nützliche Tiere. Dieses kleine Insekt, das uns das Leben durch seinen süßen Honig im wahrsten Sinne des Wortes versüßt, hat es in sich. Es kann denken und mathematische Regeln erkennen. Mein kleiner Enkel Leo mit seinen knapp zwei Jahren kann sich in Bezug auf Logik noch nicht mit den Bienen messen. Aber zuvor ein kurzer Blick in die Biologie.

Biologie der Wirbellosen

Alle Tiere, die keine Wirbelsäule als Baustein ihres Skeletts haben, zählen zu den Wirbellosen. Wirbellose Tiere sind zum Beispiel die gesamte Gruppe der Insekten, Spinnen und Weichtiere. Zu den Insekten gehören beispielsweise die Bienen und Ameisen, zu den Weichtieren Muscheln und Schnecken, aber auch Tintenfische und Kraken. Nahezu 80 Prozent aller Arten, welche die Erde bewohnen, sind Wirbellose. Sie haben sich an eine weitaus größere Zahl von Herausforderungen angepasst als die Wirbeltiere.

Das hindert uns nicht, ihnen geistige Leistungen abzusprechen. In den Augen vieler Menschen verfügen etwa Insekten nur über angeborene Verhaltensprogramme, Triebe und einfache Lernfähigkeiten. Von Gefühlen ganz zu schweigen. Kurzum, sie sind in unserer Vorstellung kleine biologische Roboter. Dass dies ein oberflächliches Bild ist, hat schon vor mehr als 50 Jahren der Nobelpreisträger Karl von Frisch widerlegt, als er den Tanz der Bienen analysierte.

Der Bienentanz

Anders als die menschliche Sprache erfolgt die Bienensprache in Form eines Tanzes. Mithilfe dieses Tanzes können die Bienen ihren Stockgenossen mitteilen, wie ertragreich die Futterquelle ist, wie weit entfernt sie ist und wo sie sich befindet. Es handelt sich hierbei um ein abstraktes Kommunikationssystem, womöglich nach der menschlichen Sprache das zweitkomplexeste Kommunikationssystem. Ich möchte Sie in das Minigehirn der Honigbienen entführen.

Der Biologe James Gould von der Princeton Universität stieß auf einen Fall, mit dem niemand, nicht einmal er selbst, gerechnet hatte. Zu fest ist das Bild von instinktgesteuerten Kleinlebewesen verankert. Wie die meisten Biologen ging Gould davon aus, dass sich Bienen auf ihren

Such- und Sammelflügen von unauffälligen Geländemarken leiten lassen, also nach der bekannten Schnappschuss-Methode navigieren. Dazu passen Beobachtungen, wonach sie bevorzugt Gewohnheitsrouten einschlagen – und zwar solche, die an Waldrändern, auffälligen Bäumen oder Hecken entlangführten.

Aber Gould hatte irgendwie den Eindruck, dass Bienen noch mehr als ein Album von Schnappschüssen im Kopf hätten. Er tüftelte einen Test aus, der Klarheit bringen sollte. Goulds Bienen hatten rasch gelernt, dass 160 Meter vom Stock entfernt auf einer Waldlichtung eine

Bienen können ein realistisches Geländemodell in ihrem Kopf erstellen.

Futterstelle versteckt war. Seit ein paar Tagen flogen sie regelmäßig dorthin, um sich an dem Zuckerwasser zu verköstigen. Eines Morgens aber, nachdem sie gerade vom Stock aufgebrochen waren, fing Gould die Sammlerinnen mit einem Netz ein, um sie zu entführen. Damit sie nicht sehen konnten, wohin es ging, steckte er sie in einen dunklen Kasten und verfrachtete sie an einen sorgfältig ausgewählten Tatort. Erstens gab es dort einige auffällige Bäume, sodass die Bienen den Ort aller Wahrscheinlichkeit nach von früheren Ausflügen kannten und ihn als Schnappschuss in ihrem Gedächtnis behielten. Zweitens war der Ort so gewählt, dass sie das Waldstück mit der versteckten Futterquelle nicht sehen konnten. Was würden Bienen tun, wenn man sie jetzt wieder freiließ? Das Vernünftigste wäre, so sagte sich Gould, dass sie mithilfe ihrer »Schappschussnavigation« von Landmarke zu Landmarke zurück zum Stock fliegen würden, um dort vielleicht erneut den Weg zum Futterplatz einzuschlagen. Eine andere Möglichkeit wäre, dass die Bienen ihre alte Flugrichtung, die sie vor dem Fangen innehatten, fortsetzen würden, was natürlich einen Irrflug ergäbe. Die Honigbienen aber wählten eine unwahrscheinliche, dritte Möglichkeit. Sie flogen, ohne die Strecke zu kennen, direkt zu ihrem ursprünglichen Ziel, nämlich zum Futterplatz auf der Wiese.

Wie anders sollte man dies erklären, als dass sie nach einer inneren Landkarte navigieren? Offenbar können Honigbienen Geländemarken nicht nur wiedererkennen, sondern sie in ihrer Vorstellung richtig anordnen und sie zueinander in Beziehung setzen. Das bedeutet nichts Geringeres, als dass sie ein realistisches Geländemodell in ihrem Kopf erstellen. Und dies mit einem Gehirn, das nicht viel größer ist als der Kopf einer Stecknadel.

Die innere Landkarte

Ein Mitarbeiter von Gould wollte feststellen, wie raffiniert Bienen ihre geistigen Karten nutzten, und führte daher mit ihnen ein pfiffiges Experiment durch (→ Abbildung links). Der Bienenstock steht am Ufer eines Sees, Sammlerinnen fliegen ein und aus, sie kennen das Gelände. Alles geht den gewohnten Gang, auch die Nachrichtenübermittlung. Hat die

Sammlerin eine neue Nektar- oder Pollenquelle entdeckt, gibt sie nach Rückkehr einen Schnarrlaut von sich und tanzt den berühmten Schwänzeltanz. Die Stockgeschwister können daraus alle Informationen über die neue Futterquelle entnehmen, deren Entfernung, Richtung, Art und Ergiebigkeit. Daraufhin machen sich die anderen Sammlerinnen sofort auf den Weg. Der Zielbeschreibung folgend. In diesen Bienenalltag bringen die Forscher eine originelle Abwechslung. Auf einem Boot installieren sie eine Futterquelle und ankern mitten im See. Es ist nur eine Frage der Zeit, bis die Sammlerin eintrifft. Zuvor wurde sie aber mit einem Punkt auf dem Rücken markiert. Als die markierte Biene über den neuen Schatz berichtet, geschieht etwas Merkwürdiges. Man schenkt ihr keine Aufmerksamkeit, und niemand macht sich auf den Weg zur neuen Futterquelle. Sollten die Stockgeschwister der Nachricht einfach nicht glauben? Sollten sie die mitgeteilten Koordinaten auf ihre innere Landkarte übertragen haben und eine Futterquelle mitten im See als Unsinn abtun?

Diese Annahme klingt abenteuerlich. Sie würde bedeuten, dass Bienen einfachste Planspiele durchführen: Wohin würde die Ortsangabe der Kollegin führen? Was erwartet mich dort? Das Team unternahm einen Kontrollversuch. Es verlagerte das Boot Stück für Stück zum Ufer hin. Am Ergebnis ändert sich nichts. Nach wie vor werden die Aufrufe der Sammlerinnen ignoriert. Erst in unmittelbarer Nähe schlägt das Verhalten um. Jetzt wird die Botschaft der markierten Biene gehört, man stürzt nach draußen, um die angegebene Futterquelle am Ufer aufzusuchen. Es war, als würden die dem Tanz beiwohnenden Bienen die von der Sammlerin gelieferten Koordinaten dazu benutzen, die Stelle in ihrem Kopf auf eine mentale Karte von der Umgebung zu projizieren und die Mitte des Sees als unwahrscheinlichen, das entfernte Ufer hingegen als plausiblen Standort für Blumen aktivieren. In vielen weiteren Kontrollversuchen wurde diese Hypothese untermauert.

Bis heute hat niemand eine schlüssige Erklärung, wie die Insekten mit ihrem Milligrammgehirn ihre außergewöhnlichen Leistungen zustande bringen. Aber die Forscher lassen nicht locker. Bienen bringen unser einfaches Tierbild ins Wanken. Seit man in den letzten beiden

Jahrzehnten raffinierte Dressur-Testverfahren, die ursprünglich an den klassischen Versuchstieren der Kognitionsforschung, an Affen, Delfinen und Tauben, entwickelt und erprobt worden waren, auch bei Bienen anwendete, erwiesen sie sich in ihren Leistungen in vielerlei Hinsicht ebenbürtig. Bienen sind sogar in der Lage, Regeln in einem Versuchsset zu erkennen und danach zu handeln. Wie schwer es ist, Regeln zu erkennen, davon kann Ihnen jeder Mathematiklehrer ein Lied singen. Welche Regel steckt zum Beispiel in dieser Zahlenfolge: 34, 51, 68, 85 und 102? Bienen finden sie bei ähnlich gestellten Aufgaben heraus. Oft werden die Regeln nur gelernt und nicht erkannt. Sicherlich kommt es auf den Schwierigkeitsgrad der Regel an, aber selbst einfache Regeln verlangen einen bestimmten Abstraktionsgrad.

Ameisen stehen Bienen vermutlich bezüglich ihrer geistigen Leistungen in nichts nach. Auch sie haben winzige Gehirne und verfügen über ein hoch entwickeltes Verhaltensrepertoire. Ihr Orientierungs- und Kommunikationsverhalten kann sich mit dem höherer Säugetiere messen. Selbst mit dem von Primaten.

Krake Otto im Basler Zoo

Klug sind sie wirklich, die Oktopusse (= Kraken). Und das ist erstaunlich, denn sie gehören nicht zu den Wirbeltieren, sondern zu den Weichtieren. Ihre Verwandten sind Muscheln und Schnecken, und wer billigt schon Schnecken Intelligenz zu? Sie werden, ohne mit der Wimper zu zucken, von Menschen grausam getötet, wenn sie sich an den schönen Gartenblumen vergreifen. Aber im Gegensatz zu ihren Verwandten haben die Oktopusse ein großes Gehirn mit gefalteten Lappen. Die acht Fangarme sind nicht bloß raffinierte Fest- und Fanghalteinstrumente. Sie sind äußerst sensibel und leiten Informationen zum Gehirn. In ihren Saugnäpfen sitzen Zehntausende von Sinnesorganen. Mit ihnen beschnüffelt der Krake das Futter, befühlt die Oberfläche und überprüft den Geschmack. Bei bestimmten Aufgaben hat er einen Lieblingsarm, so wie wir Rechts- oder Linkshänder sind. Durch das Betasten seiner Umwelt, glauben viele Wissenschaftler, erfährt er mehr von ihr als wir mit unseren Augen. Jeder Fangarm wird autonom gesteuert und liefert die Information zum Gehirn. Über Oktopusse werden unglaubliche Geschichten erzählt. So auch von meinem Freund Kurt Beuret, dem langjährigen Cheftierpfleger des Zoos von Basel.

Wenn er von Kraken und Tintenfischen erzählt, strahlt er über das ganze Gesicht, und seine Augen funkeln. Eines Morgens, als er im Aquarium das Licht anknipste, erschrak er fürchterlich: Sein Oktopus Otto saß auf dem Beckenrand, begrüßte ihn und wartete auf sein Frühstück. Kurt fütterte ihn immer aus der Hand, und zum Schluss schlängelte sich Otto um Kurts Arm. Für Kurt ist klar, Otto kennt ihn persönlich. Fremde spritzt er mit Wasser an. Wenn die Kinder im Aquarium zu fest und zu häufig an das Glas klopfen, zieht sich Otto in seine selbst gebaute Burg aus Steinen zurück und verschließt den Eingang mit einem dafür ausgesuchten Stein. Vieles, was Kurt mir erzählte, haben Wissenschaftler später bestätigt. Kraken lösen Aufgaben, an denen Hunde scheitern und Ratten sich die Zähne ausbeißen.

Der Krake ist perfekt getarnt und kaum von dem Gestein zu unterscheiden.

Fast unschlagbar sind Kraken in Labyrinthen, um rasch und zielstrebig den schnellsten Weg zu finden. Einige von ihnen können mit ihren Greifarmen den Deckel von verschlossenen Gläsern abschrauben, und andere bauen sich Schutzhütten aus Kokosschalen, wie die Biologen um Julian Finn vom Museum Victoria in Melbourne beobachtet haben.

Oktopusse sind Meister der Tarnung. Ich glaube, keine Tierart kann sich so an die Umwelt anpassen wie ein Oktopus. Sie verfärben sich nicht nur, sondern verändern auch ihre Hautstruktur von glatt bis warzig. Mit dieser Fähigkeit können sie ihre Feinde täuschen. Roger Hanlon und sein Team haben in Indonesien festgestellt, dass Oktopusse Flundern exakt im Aussehen imitieren. Warum sie das tun, weiß man noch nicht, darüber wird noch spekuliert. Kraken sind also alles andere als dumm, stumpf oder gefühllos. Diesen Fähigkeiten trägt das britische Tierschutzgesetz von 1986 Rechnung (Animals Scientific Procedures Act). Oktopusse sind die einzigen wirbellosen Tiere, die in das Gesetz aufgenommen wurden.

WISSEN KOMPAKT

1. **Denken:** *In der Forschung taucht immer wieder die Schwierigkeit auf, dass sich bewusste Prozesse bei Tieren nicht exakt naturwissenschaftlich beantworten lassen. Einige Wissenschaftler meinen daher, dass Tiere nicht denken können. Andere Forscher vertreten den Standpunkt, dass man Tieren, die sich ähnlich verhalten wie wir Menschen, bewusstes Denken zugestehen muss. Kognitive Fähigkeiten entstehen durch den Prozess der natürlichen Auslese und bilden, wie auch andere Eigenschaften von Tieren, ein stammesgeschichtliches Kontinuum, das sich weit in die gemeinsame Evolution der Vorfahren erstreckt. Viele Menschen, die sich mit Tieren beschäftigen, haben erkannt, dass Tiere sich nicht wie Roboter verhalten. Wenn Bienen zum Beispiel mentale Landkarten ihrer Nahrungsquellen bilden und auch benutzen, kann man diese Art der kognitiven Funktionen durchaus als Denken bezeichnen, wie die Forschungen von James Gould zeigen* *(→ Bienentanz, Seite 239)**.*

2. ***Lernen durch Einsicht:*** *Hiervon spricht man, wenn ein Lebewesen in einer Situation, mit der es keine direkte Erfahrung besitzt, das richtige Verhalten zeigt. Man spricht hier auch vom einsichtigen, planvollen oder vernunftbegabten Handeln. Generell ist Einsicht am stärksten bei Säugetieren ausgeprägt, variiert aber von Tier zu Tier sehr stark.*
3. ***Beobachtungslernen:*** *Durch Beobachtung nehmen Tiere das Verhalten von Artgenossen wahr. Es bilden sich Traditionen, die an die nachfolgenden Generationen weitergegeben werden. Beispiel: Vogelgesang. Die Jungvögel hören dem Gesang älterer Vögel zu und übernehmen die Klangfolgen.*

Im Konferenzraum der Tiere

Schon länger beobachtet **Immanuel** seine Teilnehmer, die nach den langen Ausführungen verändert erscheinen. **Schwein Edeltraut** verdreht sich auf der Liege, schaut starr nach links oben und will wohl sagen, dass sie keine Lust mehr auf die Diskussion hat. **Bonobo Kanzi** kratzt sich wild das Fell. Nur **Oktopus Amadeus** scheint mit sich zufrieden, betupft jeden Teilnehmer und fordert nun höchste Aufmerksamkeit. Er hatte einen seltsamen Traum, von dem er berichten möchte: In einer Unterwasserhöhle gibt es doch tatsächlich keine Putzerstation, sondern ein Bekleidungsgeschäft, das die Tiere ausstattet. Auch er will sich ein neues Outfit zulegen, ein gewandter Verkäufer umschmeichelt ihn und rät ihm zu einem karierten Anzug, ganz Fischmode und dem Trend angepasst. Jeder trägt gerade diese Musterkollektion. Er schlüpft in die zwei Beinkleider mit vier seiner Arme, die anderen vier passen – eng zwar und unbequem – in die Anzugjacke. **Amadeus** ist eingezwängt, unglücklich und vollkommen hilflos, wird aber mit süßlichen Worten überzeugt, dass gerade diese Kombination der absolute Renner der Sommersaison ist und er darin eine ausgesprochen gute Figur macht. Der Preis ist hoch, ein paar frische Muscheln wechseln den Besitzer, und Amadeus erfreut sich nur kurz an seiner Zwangskleidung.

Für Sylvias Leckereien sind alle zu haben. Da muss man nicht viel nachdenken.

Lob der Lüge

So nennt Volker Sommer eines seiner spannenden Bücher. Ob Tiere lügen können, wird auch heute noch heftig diskutiert. Lügen setzt für viele Menschen bewusstes Denken voraus. Täuschen traut man den Tieren eher zu. Wir werden sehen.

Die Kunst der Täuschung

Lügen erfordert in der Tat viel Gehirnschmalz. Sowohl für Lügen oder Täuschen muss man eine spezielle geistige Leistung durchführen. Nämlich die Fähigkeit, sich in ein anderes Individuum zu versetzen, um dessen Wahrnehmungen, Gedanken und Absichten zu verstehen. Ohne Interesse am anderen, ohne Gefühle für dessen Bedürfnisse, ohne differenziertes Verständnis seiner Perspektiven ist man ein schlechter Lügner oder Täuscher. Lügen hat es also in sich und ist ein großer geistiger Akt. Bevor wir uns in das Dickicht des Lügens und Täuschens wagen, möchte ich Ihnen eine Geschichte erzählen, die mich sehr berührte.

Hans Kummer, der große Primatologe aus Zürich, untersuchte jahrelang das Verhalten von Pavianen in der Wildnis. Wir trafen uns häufig und diskutierten heftig. Wir waren befreundet, und keiner nahm ein Blatt vor den Mund. Ich habe viel von ihm gelernt, und er hat mein Bild von den Tieren mitgezeichnet. Er erzählte mir eine Geschichte eines Pavianweibchens, die ich kaum glauben konnte. Er beobachtete ein Weibchen über einen Zeitraum von 20 Minuten, das seine Position in Zeitlupentempo veränderte, um sich schließlich hinter einem Felsen hinzukauern. Dort fing es an, ein heranwachsendes Männchen zu groomen (= streicheln) – ein Verhalten, das das dominante Männchen üblicherweise nicht dulden würde. Von seiner Ruheposition aus konnte das dominante Männchen den Rücken und den Kopf des Weibchens sehen, aber nicht seine Arme. Das junge Männchen saß in einer gebückten Haltung und war so ebenfalls für das erwachsene Männchen unsichtbar. Die Tatsache, dass das Weibchen sich Zentimeter um Zentimeter an den Felsen heranrobbte, weckte in Hans Kummer den Verdacht, dass das Weibchen sein Männchen täuschte. Kummer wurde in seinem Verdacht bestätigt.

Zweifellos können Primaten ihr eigenes Verhalten und das anderer Tiere gezielt steuern, um andere in die Irre zu führen und Geheimnisse über Futter für sich selbst zu behalten. Schimpansen beobachtete man, wie sie Verletzungen vortäuschen, um Aggressionen abzuwenden oder Aufmerksamkeit zu erregen. Eine Taktik, die eine gewisse Einsicht in die wahrscheinliche Reaktion des anderen zu erfordern scheint.

Die Fähigkeit, die Gedanken des anderen quasi zu lesen und seine eigenen zu verbergen, gehört zu den höchsten geistigen Leistungen. Bis vor ein paar Jahren hat man diese Fähigkeit – wenn überhaupt – nur den Schimpansen zugetraut.

Und sie können es wirklich. Ich war selbst Zeuge. Wir filmten bei dem renommierten und berühmten Primatologen Frans de Waal an der Emory University in Atlanta. Die Schimpansengruppe wurde von Soko, dem Alpha-Männchen, angeführt, aber auch die Weibchen haben eine Rangordnung ausgefochten. Das Freigehege grenzt direkt an die Wohn- und Schlafstätten und ist über mehrere kleinere Tore erreichbar. Frans de Waal sperrt zuerst alle Schimpansen in den Wohnraum. Nur Natascha hat die Möglichkeit, durch ein Fenster im Tor ins Spielgelände zu schauen. Er zeigt ihr einen verführerischen Apfel und vergräbt ihn vor ihren Augen. Ihr läuft das Wasser im Mund zusammen. Frans de Waal verwischt alle Spuren und legt noch ein paar Fehlspuren. Danach dürfen alle Affen den Stall verlassen. Natascha als Letzte. Sie wird schon von den anderen erwartet, und Soko demonstriert sofort seine Macht, indem er kurz auf sie einschlägt. Natascha steht weit unten in der Rangordnung, aber sie hat ein süßes Geheimnis. Der wilde Soko würde ihr den Apfel sofort abnehmen, wenn sie ihn direkt holen würde. Natascha muss ihre Apfellust bezähmen. Sie muss ihren Artgenossen Normalität vorspielen. Das tut sie auch. Wie so oft, sitzt sie in der Nähe ihrer Mutter und drückt sich gelassen einen Pickel aus der Haut. Als Soko hinter einer Wand verschwindet, nähert sich Natascha wie beiläufig dem Versteck und gräbt den versteckten Apfel aus. Plötzlich ist sie geschätzt und gefragt, alle Weibchen scharen sich um sie. Ihre Taktik zahlt sich für Natascha aus. Vor allen Dingen, dass sie den Moment abgewartet hatte, wo nur ihre Mutter und andere der Sippe zugegen waren. Soko ging leer aus.

Bei diesem Besuch zeigte uns Frans de Waal ein Video, das er per Zufall gefilmt hat. Wer es gesehen hat, bezweifelt nicht mehr, dass Schimpansen täuschen können. Er führte gerade Versuche mit der Schimpansenmutter Marilyn und Tochter Sarah durch. Als Belohnung der richtigen Lösung gab es Fruchtstücke. Die Experimente wurden im

Wohnraum durchgeführt. Die anderen Affen befanden sich im Freigehege, konnten aber durch ein geöffnetes Fenster die beiden Probanden beobachten. Neugierig schauten sie durch das Fenster. Jeder wollte auch etwas von der leckeren Frucht abbekommen. Marilyn und Sarah dachten nicht daran. Sie verspeisten ihre Früchte vor den Augen der anderen Tiere. Plötzlich wurde es Georgia, einem Weibchen der Gruppe, zu viel, und sie warf Sand durch das Fenster. Marilyn ging sofort ans Fenster und nahm Kontakt mit dem Störenfried auf. Dann kehrte sie zurück, verdiente sich eine Frucht und setzte sich nach oben auf ein Brett. Jetzt war Sarah an der Reihe. Auch sie machte ihre Aufgabe richtig und bekam eine Frucht. Wieder warf Georgia Sand auf Sarah. So ging das Spiel mehrere Minuten hin und her. Und auf einmal kletterte Marilyn von ihrem Brett herunter, ging zum Fenster und stieß ganz leise einen Warnruf aus.

Zum Glück gab es auch eine Beobachtungskamera im Freigehege, die alles aufzeichnete. Die Gruppe rannte in Panik vom Fenster weg und verteilte sich im ganzen Freigehege. Und was machte Marilyn? Sie blieb ruhig sitzen. Das ist ein Indiz dafür, dass sie absichtlich einen falschen Warnruf ausstieß. Gezielt falsche Warnrufe abzugeben, ist wie lügen und täuschen. Täuschen bedeutet, dem anderen geplant und mit Absicht eine falsche Handlung vorzuspielen. Und das hat sie getan. Wie schwierig es ist, sich in die Welt eines anderen zu versetzen, zeigen uns kleine Kinder, wie Sie gleich sehen werden.

Kasperle-Theater

Wieder sind wir im Kindergarten von Sigrid und Karin. Die beiden Frauen empfangen uns unglaublich freundlich, lieb und neugierig. Sie verstehen unsere Probleme und haben erfahren, wie lange es dauert, bis man die richtige Szene gefilmt hat. Ein Vormittag ist da nichts!

Heute spielen wir Kasperle-Theater der besonderen Art. Den Versuchskindern wird mit Puppen eine Geschichte vorgespielt. Wir bauen ein Kasperle-Theater auf. Kasperle legt unter einen Becher ein Stück Schokolade, dann verlässt Kasperle die Bühne. Gretel betritt daraufhin die Bühne, nimmt die Schokolade und versteckt sie in einer silbrigen Schachtel. Nun taucht Kasperle wieder auf und möchte seine Schokolade holen. Bevor er dies tun kann, wird die zuschauende Kinderschar befragt. Wo wird Kasperle die Schokolade suchen?

Die meisten antworten falsch. Sie sagen, unter der silberfarbenen Schachtel. Sie können sich nicht in die Gedankenwelt von Kasperle hineinversetzen. Er hat ja gar nicht gesehen, dass Gretel die Schokolade an einen anderen Ort gebracht hat, also wird er unter dem Becher suchen. Andere wissenschaftliche Untersuchungen ergaben: Fast alle Kinder unter drei Jahren antworten falsch und 50 Prozent der Vier- bis Fünfjährigen. Die Schimpansendame Sheba der Forscherin Sarah Boysen in den USA hat diesen Test bestanden. Sie konnte sich mit vierjährigen Kindern messen.

Raffinierte Raben

Thomas Bugnyar von der Uni Wien untersucht seit vielen Jahren die geistigen Fähigkeiten von Kolkraben. Eines seiner Forschungsziele ist herauszufinden, ob sich diese Vögel in die mentale Welt eines Artgenossen versetzen können. Wie sehen solche Experimente aus? Er spendierte seinem Raben Poldi eine große Portion Fleischstücke. Die großzügige Speisung wird von einem Konkurrenten beobachtet, der in einem Holzhaus sitzt, das an die Voliere grenzt. Er kann Poldi nur durch ein vergittertes Fenster beobachten. Auch dass der gesättigte Poldi die restliche Portion vergraben will, entgeht ihm nicht, ebenso wenig, wo das Versteck liegt. Einige Minuten später, nachdem der Fenstergucker genug gesehen hat, verlässt er seinen Fensterplatz. Das entgeht wiederum Poldi nicht. Die Luft ist rein. Sofort ergreift er seine Chance und gräbt das Fleisch wieder aus. Er trippelt in der Voliere umher und sucht ein anderes, neues, geeignetes Versteck. Was einer nicht sehen kann, kann er auch nicht wissen. Für Poldi scheint das klar zu sein. Sein Versteckspiel zahlt sich aus. Thomas Bugnyar öffnet die Tür zum Holzhaus, und als ob er schon gewartet hätte, stolziert der Konkurrent zielstrebig heraus. Wie erwartet, läuft er schnurstracks zum ursprünglichen

Versteck und hat das Nachsehen. Diebstahl misslungen. Thomas aber befürchtete, dass Kritiker Zweifel anmelden könnten. Konnte er sich wirklich sicher sein, dass Poldi wusste, wer ihm zugesehen hatte? Und dass er sich wirklich vorstellen konnte, dass dieser Vogel auf sein Futter scharf war? Oder dass er durch irgendeinen Hinweis des Verhaltens des Konkurrenten auf die diebische Absicht schließen konnte? Er wollte auf Nummer sicher gehen und entwickelte eine neue Versuchsserie.

Der Versuch sah folgendermaßen aus: Neben der Wohnvoliere wurden zwei kleinere Käfige angebracht. In jedem dieser Kleinkäfige saß ein Rabe. Sie konnten sich gegenseitig beobachten, weil die Kleinkäfige nur durch ein Gitter getrennt waren. Zudem konnten sie durch ein Gitter das Geschehen in der Wohnvoliere beobachten. Und das war spannend für sie, denn dort versteckte ein Mitarbeiter die Futterbrocken. Sie waren somit Augenzeugen, was in der Wohnvoliere geschah. Ließ man diese beiden Vögel gleichzeitig in die Voliere, beeilte sich jeder von ihnen so schnell er konnte, die Verstecke auszurauben. Das war nicht anders zu erwarten und nicht überraschend.

Ganz anders verhielten sich die Raben, als man eine kleine Korrektur an der Versuchsanordnung anbrachte. Einem der Raben wird der Blick in die Wohnvoliere durch einen undurchsichtigen Vorhang verwehrt. So kann nur ein Rabe beobachten, wie der Mensch Futterbrocken versteckt. Es gibt also einen Beobachter und einen Nichtbeobachter. Einer der Raben war dominant, der andere rangniedriger.

Versuchsverlauf: Man lässt einen Nichtbeobachter, aber dominanten Raben gemeinsam mit einem Beobachter, aber rangniedrigeren Raben in die Wohnvoliere. Was, glauben Sie, geschah? Der Beobachter, sprich der Augenzeuge, ließ sich Zeit. Er tat das einzig Richtige. Er wartete in aller Regel so lange, bis der Dominante irgendwo anders in der Voliere herumstöberte. War die Luft rein, ergriff der Unterlegene sofort die Gelegenheit und plünderte das Versteck. Ganz schön raffiniert. Würde der Rabe sogleich beim Betreten der Voliere das Versteck plündern, würde ihm der Dominante sofort das Futter rauben. Bis vor ein paar Jahren hat man diese Fähigkeit, Gedanken zu lesen, nur Schimpansen zugetraut.

Wer täuscht, gewinnt?

Wer sich in die innere Welt eines anderen versetzen kann, hat Vorteile, er kann sein Gegenüber täuschen und belügen. Meister im Tierreich in diesen Disziplinen ist sicherlich der Mensch. Es gibt vermutlich kein Tag, an dem wir nicht eine sogenannte Notlüge begehen.

Ob Tiere absichtlich lügen, weiß ich nicht, aber dass sie ihre Artgenossen täuschen, dafür spricht viel. Vermutlich ist das Täuschungsmanöver die Triebfeder der Evolution und der sozialen Intelligenz. Manche Evolutionsbiologen sind gar der Ansicht, die Fähigkeit, immer gerissener zu täuschen und Täuschungen zu durchschauen, sei die treibende Kraft bei der stammesgeschichtlichen Entwicklung der Intelligenz des *Homo sapiens* und bei der Vergrößerung seines Gehirns gewesen. (→ Quellennachweis, GEO Wissen, Seite 300)

Verstehen, was der andere tut: Die Kunst der Nachahmung

Freilandbeobachtungen an Vögeln, Delfinen und Affen zeigen, dass Nachahmung im Tierreich weit verbreitet ist. Grauganskuken beobachten genau, was ihre Eltern fressen. Sie picken anschließend an den gleichen Pflanzen und fressen sie. Bei Menschenaffen hat man gruppenspezifische Speisekarten mit 200 bis 300 verschiedenen Pflanzenarten aufgestellt. Nachahmung oder Imitation wird nach Immelmann als Beobachtungslernen (englisch: observational learning) bezeichnet. (→ Quellennachweis, Immelmann, Seite 300) Diese Form des Lernens durch Beobachtung anderer wird als »soziales Lernen« bezeichnet. Soziales Lernen bildet die Wurzel der Kultur, und dennoch hat Nachahmung in unserer Gesellschaft keinen hohen Stellenwert. Wir sprechen verächtlich von Nachäffen, obwohl viele Affenarten – außer den Menschenaffen – dazu kaum in der Lage sind.

Zu jeder Form von Nachahmung gehören das Beobachten einer Handlung und deren spätere Wiederholung. Babys mit sechs Wochen können schon Gesichtsausdrücke imitieren. Und das ist erstaunlich; Gesichtsausdrücke zu imitieren, ist schwer, denn der Nachahmende hat keinen visuellen Zugang zu seinem eigenen Verhalten. Er kann fühlen, was er tut, aber er kann sein Verhalten nicht visuell kontrollieren, da er seine eigenen Handlungen nicht sieht. Er benötigt einen Spiegel, und zwar einen im Kopf, der seinem geistigen Auge sein Gesicht zeigt.

Nachahmen bedeutet nichts Geringeres, als dass man sich bis zu einem gewissen Grad in den anderen hineinversetzen kann; nicht in das, was er denkt und fühlt, sondern in das, was er tut. Wer durch Zuschauen lernt, muss sich in irgendeiner Weise mit den Aktionen des anderen identifizieren. Die Fähigkeit ist durchaus einzureihen in die großen Strategien des Problemlösens.

Kein Geringerer als Charles Darwin, der Begründer der Evolutionstheorie, hat dies erkannt. Er schildert scharfsinnig mehrere Fälle, wie Hundebabys von Katzen großgezogen wurden. Und siehe da: Die Welpen gewöhnen sich das an, was typisch für Katzen ist. Sie lecken ihre Pfoten nass, um damit wie mit einem Waschlappen über Kopf und Ohren zu fahren. Einer der Welpen hat diese Katzenwäsche sein ganzes dreizehnjähriges Hundeleben beibehalten. Das war 1871. Darwin erkannte die geistigen Fähigkeiten der Hunde. Umso erstaunlicher ist es, dass wir weit mehr als 100 Jahre später immer noch unsere Hunde unterschätzen und ganz auf Dressur setzen. Ich erinnere mich noch lebhaft, wie Robby, unser Retriever, vollkommen hilflos vor einer angelehnten Tür stand. Er kam nicht auf die Idee, sie mit der Schnauze aufzustoßen. Er stand vor der Tür und bellte und holte sich Hilfe von uns. Dies änderte sich schlagartig, als die Bernhardinerhündin bei uns einzog. Wisla machte es ihm vor, und er verstand es. Angelehnte Türen waren kein Problem mehr für ihn.

Wer etwas abschaut und nachahmt, erspart sich das eigene Lernen durch »Versuch und Irrtum«, und er umgeht das abwägende Durchspielen im Kopf. Stattdessen werden ihm Lösungen vorgespielt. Man braucht sie nur zu imitieren. Aber was heißt da »nur«? Nachahmen setzt erstens voraus, dass man wahrnimmt, was der andere tut, und zweitens, dass man diese Handlungsweisen in eigene Handlungsweisen überträgt. Man schließt vom anderen auf sich selbst. Diese Fähigkeit ist dem Menschen in die Wiege gelegt.

Die Pflegerin spitzt die Lippen. Das Schimpansenkind ahmt dies nach.

Schon wenige Stunden nach der Geburt beginnen die Säuglinge, Gesichtsausdrücke nachzuahmen. Und 14 Monate später können Babys Handlungen imitieren, die sie vier Monate zuvor beobachtet haben, sogar, wenn es sich um so verrückte Dinge handelt wie eine tiefe Verbeugung mit dem Oberkörper. (→ Quellennachweis, Hauser, Seite 300)

Meltzoff und Moore führten folgende Experimente durch: Sie ließen einen Säugling beobachten, wie zwei Erwachsene nacheinander verschiedene Gesichtsausdrücke präsentierten. So kam zum Beispiel Fred herein und streckte die Zunge seitlich aus dem Mund. Anschließend kam Joe und spitzte den Mund. Das Baby nuckelte die ganze Zeit an seinem Schnuller und konnte nicht sofort imitieren. 24 Stunden später betrat Joe die Szene und blieb ausdruckslos vor dem Baby stehen: Der Säugling spitzte die Lippen. Dann kam Fred, und der Säugling streckte die Zunge seitlich aus dem Mund. Man könnte meinen, es wollte Joe sagen: »He, du bist doch der Lippenspitzer.« Konnten die Babys die Welt des Vorführers in diesem Augenblick erfassen? Konnten sie Handlungen und Absichten erkennen?

Um dies herauszufinden, führte Meltzoff diese Versuche durch: Die eine Gruppe von Kindern beobachtete einen Erwachsenen, der mit einer Flasche hantierte, ohne dass sein Handeln in eine erfolgreiche oder erfolglose Manipulation an dem betreffenden Objekt mündete. Er öffnete das Gefäß nicht. Er strich lediglich mit dem Handrücken über die Flasche. Das Gleiche taten die Kinder. Ersetzte man den Menschen durch einen Roboter, der das Gleiche tat wie der Mensch im vorherigen Versuch, so taten die Kinder gar nichts. Aus diesem Ergebnis folgerte Meltzoff, dass Kinder einen Menschen als Vorführer brauchen, dessen Absichten sie erkennen und ihr eigenes imitierendes Verhalten zugrunde legen. Ziele und Absichten des Handelnden zu erkennen, ist bei Kleinkindern integraler Bestandteil des Nachahmungsprozesses.

WISSEN KOMPAKT

1. ***Täuschen:*** *Die Fähigkeit zu täuschen wurde an Kindern untersucht. Eine Täuschungsaufgabe bestand darin, dass eine Person*

genau das gleiche Objekt wie das Kind will. Sie täuscht jedoch vor, dass sie ein anderes Objekt bevorzugt. Fast alle Drei- und Vierjährigen teilten den Wunsch wahrheitsgemäß mit, während die Fünfjährigen ein Objekt zeigten, welches sie nicht mochten. Dreijährige lernten die Täuschungsstrategie nicht, während Vierjährige rasch begannen zu täuschen. (→ Quellennachweis, Förstl, Seite 300)

2. ***Warntrachten:*** *Viele Tiere haben Warntrachten entwickelt, um dem Angreifer zu zeigen, dass sie ungenießbar oder gefährlich sind, wie zum Beispiel Wespen, Schwebfliegen oder Feuersalamander. Die Farbmuster ähneln sich und zeigen eine schwarz-gelbe oder schwarz-rote Streifung. Die Räuber werden vorsichtiger bei auffällig gefärbten potenziellen Beutetieren.*
3. ***Mimikry:*** *Ein Beuteorganismus ahmt eine Warnfärbung nach. Ein schönes Beispiel ist die Mimikry der Raupe eines Weinschwärmers. Sie plustert bei Störungen ihren Kopf- und Brustbereich auf und ähnelt so, einschließlich der Augen, dem Kopf einer Giftschlange. Zusätzlich bewegt sie den Kopf schlangengleich hin und her.*

Im Konferenzraum der Tiere

Im gemütlichen Zimmer herrscht friedliche Stille, alle warten auf den Fotografen, der die Sitzung dokumentieren will. Plötzlich ein lautes Gekreische, der noch muntere **Bonobo Kanzi** hat hinter einem Vorhang einen Spiegel entdeckt, lockt **Orang-Utan-Dame Nonja** hinzu, und beide betrachten sich begeistert. Nicht so die anderen beiden Tiere, die neugierig gefolgt sind. **Entlebucher-Hündin Cora** knurrt sich an, **Schwein Edeltraut** versteht gar nicht, was das andere Spiegelbildschwein denn beabsichtigt, und quickt hilflos, **Oktopus Amadeus** möchte sich mit den anderen acht Armen verschlingen, **Kater Harry** wird wütend und schaut maunzend hinter den Spiegel, ob sich dort eine andere Katze versteckt hält, **Fisch Einstein** schwimmt seine Runden, **Krähe Betty** kräht und scheint zu ahnen, dass sie es ist, und **Immanuel** versucht seinen Freunden zu erklären, dass sie sich doch nur im Spiegel sehen. Ein schwieriges Unterfangen.

Spiegelungen

Mit einem Spiegel und meinem Wellensittich Purzel begann meine Biologenkarriere. Als ich im ersten Semester war, schenkte mir mein Bruder Wolfgang einen Wellensittich samt Käfig und Zubehör. Warum er dies tat, weiß ich bis heute nicht. Aber es war eine gute Fügung. Ich verdanke dem Wellensittich und meinem Bruder viel. Purzel wurde schnell zahm. Nach ein paar Wochen waren wir ein Herz und eine Seele.

Schnäbeln mit dem Spiegel

Während ich über meinen Chemiebüchern brütete, knabberte Purzel an meinen Ohrläppchen. Bisweilen flog er in den Käfig zurück, schnäbelte mit dem Spiegel und stieß sanfte Töne aus. Der Höhepunkt war, dass er sein Spiegelbild zu füttern versuchte. Er geriet nahezu in Ekstase. Ich war in jener Zeit ein totaler Anfänger, was das Verhalten der Wellensittiche betraf. Ich habe diesen kleinen Kerl richtig lieb gewonnen, und es interessierte mich brennend, was Purzel im Spiegel sah. Ich konnte mir nicht vorstellen, dass er sich nicht erkannte. Das passte nicht in mein Weltbild. Es ist doch die einfachste Sache der Welt, dachte ich. Wie sehr ich mich irrte, erfahren Sie in diesem Kapitel.

Aber so viel wusste ich auch schon zu jener Zeit: Ein Wellensittich braucht einen Wellensittichpartner. Susi zog bei uns ein. Auch sie wurde schnell zahm, und Purzel blühte auf. Unsere Beziehung wurde durch die Dame nicht gestört. Wir waren ein gutes Dreierteam. Viel weniger zwar, aber ab und zu stand der Spiegel im Mittelpunkt, obwohl seine Susi neben Purzel saß. Im Laufe der Zeit bemerkte ich, wie er seine Susi mit ähnlichen Handlungen umwarb wie seinen Spiegel. Sie zeigte kein Interesse am Spiegel. Was geht in seinem Kopf vor, fragte ich immer wieder. Er erkennt nicht sich im Spiegel, sondern sieht im Spiegelbild eine attraktive Wellensittichdame. Welch verrückte Welt. Die Zeit war reif, dass ich mir wissenschaftliche Fragen stellte. Noch heute leben 20 Wellensittiche in einer großen Voliere bei mir, und sie stellen mich immer wieder vor spannende Fragen.

Zurück zum Spiegel – dieses Problem ist gelöst. Wellensittiche balzen ihr Spiegelbild an. Sie wissen nicht, dass sie sich sehen. Aber Wellensittiche sind nicht alleine, auch Hunde, Katzen, Löwen, Leoparden, Pumas und Meerschweinchen erkennen sich nicht im Spiegel. Ich hatte die große Chance, diese Tiere zu testen. Am Spiegeltest scheiden sich die Geister. Er macht eine Aussage darüber, ob Tiere ein Bewusstsein von sich selbst haben. Die Pionierarbeit, die schließlich eine objektivere Behandlung der Frage nach einem möglichen Selbstbewusstsein bei Tieren ermöglichte, leistete Gordon Gallup. Wer wäre hier als Proband geeigneter als unsere nächsten Verwandten, die Schimpansen.

Gallup betäubte einige Tiere und brachte Farbmarkierungen auf ihrer Stirn an. Beim Aufwachen zeigten die Tiere keine Anzeichen dafür, dass sie diese Markierungen fühlten. Als sie sich jedoch im Spiegel sahen, begann jeder einzelne von ihnen sofort, an dem Fleck an seinem Körper zu reiben, um ihn zu entfernen.

Schimpansen wissen, wer sie sind

Sie lebt noch gut und freudig im Basler Zoo, diese alte Schimpansendame Xindra, und sie hat viele Kinder bekommen. Ich besuche sie mindestens einmal im Jahr. Sie kennt mich nicht, aber ich sie umso besser. Sie hat mir die Augen geöffnet und gezeigt, welch große Fähigkeiten Tiere entwickeln können, wenn man sie respektiert. In Reto Weber, ihrem Pfleger, hat sie einen Freund gefunden. Er versteht ihre Seele und war begeistert von der Idee, den Spiegeltest mit Xindra zu machen. Er unterstützte unsere Arbeit, wo immer wir Hilfe benötigten.

Wir filmten im Basler Zoo und waren aus der Sicht der Schimpansen die große Attraktion. Die Mutter saßen mit ihren Kindern dicht gedrängt an der Glasscheibe und beobachteten den Aufbau der Kameras. Und dann geschah, was keiner geplant und erwartet hatte: Zufällig stand die Kamera so, dass sie auf Xindra gerichtet war, und zufällig stand auch der Monitor so, dass Xindra sich darin sehen konnte. Gebannt starrte sie auf das Fernsehbild, nur sachte den Kopf wiegend. Dann wechselte sie zielstrebig ihre Position, um einen Blick hinter den Fernseher zu werfen. Aber da war niemand, schon gar kein Schimpanse. Xindra wollte es genauer wissen. Sie führte einige gekünstelte Verrenkungen durch. Schließlich steigerte sie ihre Vorführung zu einer grotesken Akrobatiknummer; sie stützte sich auf ihre kräftigen Arme und schwang den gesamten Körper zwischen den Armen hindurch, wie eine Schiffschaukel – vor und zurück. Dabei ließ sie den Fernseher keine Sekunde aus den Augen. Das Ganze wirkte urkomisch, aber niemand lachte. Im Gegenteil: Wir wagten kaum zu atmen, so eindrucksvoll und rührend war Xindras Experiment zur Selbsterkennung. Als ihr Gegenpart im Fernsehen die gleiche Shownummer abzog, löste sich

Der Orang-Utan erkennt sich in der Wasserspiegelung.

ihre Spannung sichtbar. Sie musste erkannt haben, dass es ihr eigenes Bild war. Nun hatte sie die Gelegenheit, eigene Körperteile zu untersuchen, die sie vorher nie gesehen hatte. Sie besah sich ihren weit geöffneten Mund und betastete sorgfältig ihre Zähne. Sie bohrte sich mit ihrem Finger in der Nase. Sie zog an ihren Brustwarzen, und schließlich drehte sie ihr Hinterteil zur Kamera und besah sich über die Schultern hinweg, ebenfalls zum ersten Mal in ihrem Leben, ihre Rückseite. Sachte tastete sie mit ihren Fingern über die rosa Schwellung, die sie für Eros, den Schimpansenmann, attraktiv machen würde.

Was taten die anderen Schimpansen? Keiner schien das Geheimnis des Bildschirms zu durchschauen. Niemand begriff Xindras aufregende Entdeckung. Eros teilte ab und zu einen demonstrativen Fußtritt gegen die Glaswand aus. Die Halbwüchsigen waren zwar am Fernsehbild interessiert und liefen stürmisch gegen die Kamera. Aber auf halber Strecke verließ sie der Mut, und sie suchten verängstigt das Weite, wahrscheinlich, weil der andere im Kasten genauso ungestüm daherkam.

Das Verhalten von Xindra war so eindeutig, dass es eigentlich keines weiteren Beweises bedurfte, dass sie sich im Spiegel erkannte. Mit dieser Meinung stand ich nicht allein. Der renommierte Primatologe Professor Kummer erklärte mir: »Es ist eindeutig, Xindra hat ein Ich-Bewusstsein.« (→ Quellennachweis, Kummer, Seite 300) Und dennoch wollten wir den klassischen Spiegeltest durchführen. Gallup entwarf im Jahre 1970 diesen Spiegeltest. Dem Tier wird in Narkose eine geruchs- und geschmackslose Farbmarkierung an den Augenbrauen und Ohrenspitzen angebracht. Anschließend wird es in einem Käfig getestet, der mit einem Spiegel ausgestattet ist. Der Test gilt dann als bestanden, wenn sich das Tier selbst an die Farbmarkierungen an seinem Kopf fasst – nicht im Spiegelbild.

Am nächsten Tag war es so weit. Wir stellten einen mitgebrachten Zimmerspiegel an die Glasscheibe. Die Schimpansen interessierten sich nicht besonders für ihn. Alles war wie gehabt. Das änderte sich schlagartig, als Reto Weber auftauchte. Nicht mit leeren Händen, er verteilte Apfelstücke. Dabei kraulte er seine Schimpansen und schmierte ihnen ganz nebenbei einige Farbkleckse auf die Stirn. Ob es wirklich unbemerkt geschah, lässt sich natürlich nicht mit Sicherheit behaupten; jedenfalls verhielten sich die Schimpansen so, als sei nichts geschehen, auch diejenigen, die mit einem silberweißen Mal gezeichnet waren. Xindra gehörte zu ihnen.

Minuten vergingen, ohne dass etwas Aufregendes eingetreten wäre. Unser Kameramann lag auf der Lauer, als Xindra im Abstand von vier Metern den Spiegel passierte. Schlagartig hielt sie inne. Aus den Augenwinkeln musste sie eine Bewegung wahrgenommen haben, denn fast erschrocken wandte sie den Kopf. Sie fixierte den Spiegel, rückte näher und begann nach kurzer Zeit ihr Gesicht zu untersuchen. Aber vorher schob sie den Kopf etwas vor, als wollte sie ganz genau hinsehen, und dann rieb sie sich ohne zu zögern die Stirn, bis die Farbe weggewischt war. Dies ließ nur den Schluss zu: Xindra wusste, dass es ihre eigene Stirn war, die diesen seltsamen Farbklecks trug. Doch warum erkennen sich so wenige Tierarten im Spiegel wie Xindra? Nicht einmal »gewöhnliche« Affen wie Paviane oder Rhesusaffen sind dazu fähig.

Die große Ausnahme sind die Menschenaffen. Und selbst wir Menschen sind mit dem Spiegeltest völlig überfordert, solange wir jünger als 18 Monate sind. Bis dahin haben wir kein Ich-Bewusstsein.

Der kleine Patrick konnte mit seinen vierzehn Monaten bereits laufen, er begann seine ersten Worte zu formen, und zum Schrecken seiner Mutter erkundete er alles, was mit seinen Händen erreichbar war, ob Steckdose oder Bierglas. So dauerte es nicht lange, bis er den großen Spiegel entdeckte, den wir an die Wand gelehnt hatten. Patrick schien fasziniert von der glatten Oberfläche. Immer wieder strich er mit seinen Händchen darüber, und manchmal schaute er auch zu seiner Mutter im Spiegel und lachte ihr zu. Aber mit sich selbst, genauer gesagt mit seinem Spiegelbild, wusste er nichts anzufangen, und auch der rote Punkt, den ihm seine Mutter in einem unbemerkten Moment auf der Nase angebracht hatte, störte ihn nicht im Geringsten. Er schien ihn nicht zu bemerken. Für uns Beobachter war es schwer zu begreifen, dass dieser

Pumas erkennen sich nicht im Spiegel. Sie sehen im Spiegelbild einen Rivalen.

kleine aufgeweckte Mensch, der genau wusste, was er wollte, der vor Vergnügen quietschte, wenn er gekitzelt wurde, der fremde Menschen misstrauisch musterte und der auf den Namen Patrick hörte, sich selbst im Spiegel nicht erkennen sollte. Aber genau so war es. Erst in ein paar Monaten würde Patrick sich an die eigene Nase fassen und den roten Punkt, der dort nichts zu suchen hat, betasten.

Die auf den ersten Blick so elementar erscheinende Fähigkeit, sich im Spiegel zu erkennen, stellt sich also relativ spät ein. Sie hat offensichtlich eine gewisse Entwicklung des Gehirns zur Voraussetzung, und dies legt den Verdacht nahe, dass es um mehr geht als um die korrekte Beurteilung des eigenen Spiegelbildes. Offenbart die Spiegeltüchtigkeit eine grundlegende geistige Fähigkeit, die weit über die sinnvolle Nutzung von Spiegeln hinausgeht?

Zu hoch gepokert?

Sie kennen meine Liebe zu den Elefanten und mit welcher Freude meine Frau Sylvia und ich die grauen Riesen in der Natur beobachten. Sie haben uns Einblick in ihr Denken gegeben. Sollten sie auf den Spiegel genauso hereinfallen wie Purzel, mein Wellensittich, oder der Löwe Sultan? Ich wollte es nicht glauben, und meine Freude war riesig, als Joshua Plotnik an Asiatischen Elefanten zeigte, dass sich einige Elefantendamen im New Yorker Zoo im Spiegel erkannten. Aber Asiatische Elefanten sind keine Afrikanischen. Es sind zwar Elefanten, aber sie unterscheiden sich in einigen Verhaltensweisen. Kein Wunder, sie leben in einem anderen Lebensraum mit anderen Herausforderungen. Wie Afrikanische Elefanten auf den Spiegel reagierten, war nicht bekannt.

Ich bekam die Chance, mit meinem Freund Volker Arzt Afrikanische Elefanten für unser Filmprojekt vor den Spiegel zu führen. Leicht geschrieben, leicht gesagt. Wer sollte das tun, und welcher Elefant ist dazu geeignet? Nach tagelangem Überlegen und Abwägen gab es für mich nur eine Person. Sonni Frankello – von Kindesbeinen an lebt er mit Elefanten zusammen, er liebt sie, und er versteht sie. Er hat sich einen großen Traum erfüllt und in Mecklenburg-Vorpommern, genauer gesagt,

Immanuel bei Sonni Frankello mit seiner Elefantin Mala vor dem großen Spiegel

in Platschow, einen Elefantenpark gegründet. Hier lebt er mit seiner Familie und den Elefanten, die zur Familie gehören. Er hat eine Vision, er möchte die Elefanten den Menschen näherbringen und ihnen zeigen, was für feinfühlige Tiere sie sind. Wir mögen uns, wir schätzen uns, und wir kennen uns schon lange. Beste Voraussetzungen für unser waghalsiges Projekt. Sonni macht mit. Der Versuch kann starten. Er wählt aus den vielen Tieren seiner Herde die Elefantendame Mala aus. Sonni erklärt mir, warum gerade Mala, und ich fühle, wie gut er seine Tiere kennt. Sie ist psychisch die Stabilste und eine neugierige Dame. Wenn etwas passieren sollte, hat sie sich am schnellsten unter Kontrolle.

Vorhang auf

Wir bauen einen Kunststoffspiegel mit den Dimensionen 4 x 4 Meter auf dem Gelände von Sonnis Elefantenhof in Platschow auf. Das ist eine Menge Arbeit für einen Versuch, dessen Erfolg nicht abzuschätzen ist. Sonni holt Mala mit Halsband und Leine aus dem Stall und führt sie vor den Spiegel. Mala starrt auf den Spiegel. Der Fremde erwidert den Blick. Das ist Mala zu viel, und sie ergreift die Flucht. Wie eine leichte Puppe zieht sie Sonni hinter sich her. Gegen diese schiere Kraft setzt er seine Stimme ein, um Mala zum Bleiben zu überreden: »Mala, mein Mädchen, bleib stehen, das bist doch du.« Seine Überredungskunst zeigt Wirkung, sie bleibt stehen, dreht sich auf der Stelle und sieht wieder den Fremden. Jetzt reicht es ihr, sie geht zur Attacke über. Der Gegner ist etwa 15 Meter entfernt. Sie senkt den Kopf, stellt die Ohren breit und gibt tiefe, grollende Laute von sich.

Malas Spiegelkontrahent zeigte keinerlei Respekt. Im Gegenteil, auch er verfuhr in exakt der gleichen Weise. Mala trabte los – im Schlepptau Sonni Frankello. Er flog durch den Ruck halb durch die Luft, kam aber wieder auf seine Beine und rannte neben Mala her. Er zog an der Leine, aber es half nichts. Gegen diese Kraft konnte er nur seine Psyche setzen. Wie zuvor, redete er auf sie ein. Nicht laut schreiend, sondern bestimmt und lieb. Immer wieder ertönte die gleiche Ermahnung: »Mala, stopp, das bist doch du, mein Mädchen.« Er bequatschte sie im wahrsten Sinne des Wortes. Etwa 20 Zentimeter vor dem Spiegel stoppte sie, schwang den Rüssel nach oben und trompetete, ab und zu stieß sie tief aus dem Bauchraum herauskommende grollende Laute aus. So viel geballte Kraft erzeugte bei mir Angst um Sonni. Er dagegen griff seelenruhig in seine Futtertasche und stopfte Mala ein paar Leckerli ins Maul. Aber sie traute ihrem Gegenüber im Spiegel nicht, immer wieder wollte sie ihn attackieren.

Sonni führte sie an der Leine in die Ausgangsposition zurück. Er streichelte sie an den Ohren und beruhigte sie durch seine Stimme. Aber es half nichts, immer wieder ging sie zur Attacke über, obwohl sie ihr Spiegelbild berüsselt hatte. Für sie war es vermutlich immer noch ein fremder Elefant. Erst allmählich gewöhnte sie sich an den Fremdling, blieb ruhig vor dem Spiegel stehen und untersuchte ihn mit dem Rüssel. Am liebsten hätte sie ihn abgebaut und zertreten, aber dies konnte Sonni glücklicherweise verhindern. Für mich war das eine Sternstunde der Mensch-Tier-Kommunikation, wie ich sie noch nie zuvor erlebt hatte. Lediglich mit seiner Stimme gegen einen aggressiven

Elefanten bewaffnet zu sein, verdient Respekt. Das ist die hohe Kunst der Tierpsychologie. Ob Mala überhaupt weiß, was sie tut? Ob sie eine Vorstellung von sich selbst, ihrem Körper und ihrem Verhalten besitzt? An diesem Tag jedenfalls bestand Mala den Spiegeltest nicht, sondern verhielt sich wie die meisten anderen Tiere vor dem Spiegel. Woran scheiterte Mala? Wir boten ihr einen Spiegel, in dem sie sich in Lebensgröße sehen konnte und den sie berühren konnte. An den Versuchsbedingungen sollte ihr Scheitern also nicht liegen. Sind Afrikanische Elefanten womöglich dümmer? Das wollte und konnte ich nicht glauben. Und Sonni Frankello war von der Intelligenz seiner Mala überzeugt.

Mein Bauchgefühl sagte mir, versuche es noch mal. Der Nachteil dieser Versuche aber ist, dass sie sehr teuer und aufwendig sind. Und in unserem Falle nicht ungefährlich. Ich traue nur Sonni Frankello zu, solche Versuche durchzuführen. Er hat die Erfahrung mit den Tieren und lebt schon über 20 Jahre mit Mala zusammen. Er kennt ihre Stärken und Schwächen und sie die seinen. Solch eine Gelegenheit bietet sich so schnell nicht wieder, und zudem wusste ich von Schimpansen, dass sie auch Erfahrung mit dem Spiegelbild gesammelt haben müssen, bis sie den Spiegeltest bestehen. Das lässt hoffen. Ein halbes Jahr später starteten wir dann ein neues Experiment mit der Vorgabe, dass wir Mala mindestens drei Tage lang mit dem Spiegel Erfahrung haben sammeln lassen – so jedenfalls der Plan.

Der Countdown beginnt. Wieder zeigen wir Mala den gleichen Spiegel, in dem sie sich lebensgroß sieht. Aber ihr Verhalten unterscheidet sich deutlich von der allerersten Begegnung mit dem Spiegel. Ihre Aggression ist fast völlig verschwunden. Nur zweimal am ersten Tag greift sie ihr Gegenüber an. Aber lange nicht mit dieser Stärke und Entschlossenheit wie im ersten Versuch. Sie hat ihre Erfahrungen vom letzten September nicht vergessen. Das heißt, wir brauchen nicht bei null anzufangen. Sonni führt Mala an der Leine immer wieder zum Spiegel und wirft Leckerbissen direkt vor dem Spiegel auf den Boden. Nachdem Mala ihre Naschereien beendet hatte, untersuchte sie mit dem Rüssel den Spiegelrahmen. Mit ihren Stoßzähnen stieß sie ein kleines Loch in die Kunststofffolie und riss dann ein Stück Kunststoff ab. Es begann die

Erkundungsphase. Mala stand vor dem Spiegel, rollte ihren Rüssel ein und sah sich dabei an. Ab und zu schaute sie hinter den Spiegel. So viel am ersten Tag, wir waren ermutigt, trauten uns aber noch nicht, den eigentlichen Test zu machen.

Der zweite Tag. Mala stand friedlich vor dem Spiegel, untersuchte ihn manchmal und attackierte ihn nicht mehr. Wir waren sicher, sie sieht in ihrem Gegenüber keinen anderen Elefanten mehr, dazu stand sie viel zu oft vor dem Spiegel, machte Bewegungen mit dem Rüssel und sah sich dabei genau an. Sie konnte frei agieren, denn Sonni nahm sie von der Leine. Die Verhaltensforscher nennen solch ein Verhalten »selbstgerichtetes Verhalten«. Mit diesen Verhaltensweisen wird der eigene Körper untersucht, was ohne Spiegel nicht möglich ist.

Der Spiegeltest. Sonni und ich waren uns einig, dass dies der richtige Zeitpunkt für den Spiegeltest ist. Die Kollegen in New York schmierten den Elefanten eine weiße Salbe (Zinkoxidpaste) auf die Stirn. Einer der Elefanten rieb mit seinem Rüssel auffallend an der Markierungsstelle.

Orcas haben den Spiegeltest bestanden. Sie erkennen sich im Spiegel.

Die Auswertung ihrer Analyse und Daten ergab, wie schon erwähnt, dass sich Asiatische Elefanten im Spiegel erkennen. Mit Sonnis Elefanten wäre so ein Versuch womöglich gescheitert, denn seine Elefanten suhlen sich mit Vorliebe im Schlamm. Schlammflecken am Körper gehören zum Alltag der Elefanten. Sonni schmunzelte nur über die New Yorker Wissenschaftler. Aber was tun? Wie so oft hatte mein Freund Volker Arzt eine zündende Idee.

Wir befestigten mit einem doppelseitigen Klebeband eine Kunststoffbanane auf der Stirn des Elefanten. Sonnis Elefanten sind daran gewöhnt, Bänder und Schmuck am Kopf zu tragen, ohne sie herunterzureißen. Sonni streichelte Mala an der Stirn und klebte währenddessen heimlich die Banane darauf. Mala nahm von der Banane keine Notiz. Auch in den nächsten 20 Minuten berührte sie die Banane kein einziges Mal. Das änderte sich schlagartig, als sich Mala im Spiegel sah. Sie schaute gebannt in den Spiegel und griff mit ihrem Rüssel für Bruchteile von Sekunden in Richtung Spiegelbild. Noch in der Bewegung dämmerte es ihr, das bin ja ich, und sie griff nach der Banane auf ihrer Stirn und nicht in das Spiegelbild. Test bestanden. Volker und ich fielen uns vor Freude in die Arme. Was für ein Tag!

Ist die Fähigkeit, sich selbst im Spiegel zu erkennen, gleichbedeutend mit der Fähigkeit, sich selbst als Individuum zu begreifen – als eigenständige Persönlichkeit, die sich von allen anderen abhebt? Dann wäre die Selbstwahrnehmung im Spiegel nur das äußere Zeichen für ein Wissen um die eigene Identität, für ein Ich-Bewusstsein: Das bin ich, der handelt. Das bin ich, der fühlt. Das bin ich, der denkt.

WISSEN KOMPAKT

1. ***Bedeutung des Spiegeltests:*** *Die auf den ersten Blick so elementar erscheinende Fähigkeit, sich im Spiegel zu erkennen, stellt sich beim Menschen erst im Alter von etwa zwei Jahren ein. Sie hat offensichtlich eine Reifung des Gehirns zur Voraussetzung. Den Spiegeltest haben bisher Schimpansen, Gorillas, Orang-Utans, Delfine, Orcas (Killerwale), Elefanten und die Elster Gerti bestanden.*

2. ***Das Wissen um die eigene Identität:*** *Die Selbstwahrnehmung im Spiegel ist das äußere Zeichen für das Wissen um die eigene Identität, für ein Ich-Bewusstsein. Es ist ein grundlegendes Kriterium, um den Lebewesen kognitive Fähigkeiten zuzuschreiben.*
3. ***Der Spiegel als Werkzeug:*** *Lebewesen, die im Spiegeltest versagt haben, können den Spiegel dennoch als visuelles Werkzeug benutzen, um zum Beispiel an verstecktes Futter zu gelangen. Manche Affenarten, die sich nicht im Spiegel erkennen, benützen kleine Handspiegel, um Korridore zu überblicken, die sich sonst außerhalb ihres Sichtbereiches befinden.*

Im Konferenzraum der Tiere

Noch einmal erscheint die Assistentin mit einem vollbeladenen Servierwagen, um sich nach dem Wohlbefinden der Teilnehmer zu erkundigen und sie ein letztes Mal zu verwöhnen. Leckerste Köstlichkeiten werden serviert: Da winden sich Mehlwürmer auf dem silbernen Tablett, kleine Muscheln atmen in Seewassersud an Algenconfit, Fleischröllchen auf Palmenblättern, Maiskölbchen in Karottenparfait und zarte Knöchelchen in Kronfleischbouillon. Möge sich doch die Sitzung nur noch weiter dahinziehen. Kaum einer wagt sich an die kulinarischen Kunstwerke heran. Jeder möchte zeigen, was er alles gelernt hat, um in dieser Gesellschaft der vornehmen Esser nicht aufzufallen. Hat nicht jeder von seinen Eltern das richtige Verhalten lernen dürfen? Keiner will aus der Reihe fallen. Als Erste macht sich **Entlebucher-Hündin Cora** daran, ein paar Mehlwürmer zu erhaschen, scheitert aber daran, die kleinen Winzlinge mit dem Gebiss festzuhalten. Geht es nicht auch mit den Pfoten? Da sind die Krähen geschickter, sie haben ja gelernt, mit dem Schnabel zu picken.

Flamingos erkennen ihr Spiegelbild im Wasser vermutlich nicht.

Kultur der anderen Art

Kultur im Reich der Tiere? ist dies nicht etwas sehr hochgegriffen? Wer außer uns kultiviert das Land, sät, pflanzt und erntet? Wir sind doch die einzige Spezies, die Maschinen einsetzt, um sich das Leben zu erleichtern. Nichts davon ist angeboren. Jeder muss es wieder neu lernen von Eltern und Lehrern. Ohne das Wissen früherer Generationen, ohne die Tradition und Kultur, wären wir verloren.

Kultur bei Tieren

Kultur bei Tieren scheint ein Widerspruch in sich zu sein. Viele Forscher scheuen davor zurück, Tieren »Kultur« zuzuschreiben. Sie verweisen darauf, dass selbst unsere nächsten Verwandten, die Primaten, weder Wissenschaft betreiben noch Romane schreiben noch Opern komponieren. Aber das Blatt hat sich gewendet. Neuere wissenschaftliche Freilandbeobachtungen weisen darauf hin, dass Tiere sich in andere hineinversetzen, im Dialog miteinander kommunizieren und Signale entwickeln. Sie bilden vielfältige Gruppennormen aus, die eingehalten werden, auch wenn die Tiere Handlungsalternativen besitzen.

Was man unter Kultur versteht, ist nicht einfach zu beantworten, weil der Kulturbegriff vieldeutig schillert. Vor vielen Jahren hörte ich in der Mensa der Universität von Zürich, wie ein Verhaltensforscher von der Kultur seiner Schimpansen erzählte. Ich war erstaunt und dachte, wie will man denn so etwas nachweisen. Das ist doch unmöglich. Mein Denken war seinerzeit gefangen in dem Gebäude meiner Erziehung und Ausbildung. Kultur war für mich etwas Erhabenes. Ich verband mit ihr die großartigen Leistungen von Musikern, Dichtern und Denkern. Dabei ist das nur eine Facette von Kultur – wie mir leider erst sehr viel später klar wurde.

Eine andere Seite zeigt sich auch im Alltag, etwa in den Ess- und Feierritualen, dem Gesang und den Erzählungen eines Landes. Kultur, das meint die spezifischen Gewohnheiten einer Gruppe, einer Familie. Allgemein bedeutet Kultur eine Fertigkeit, Gewohnheit oder Information, welche die Mitglieder einer Gruppe dauerhaft untereinander weitergeben. Das können auch nützliche Dinge sein. Kultur kann, muss aber nicht nützlich sein. Beim Kulturerwerb ist die Vererbung nicht im Spiel, vielmehr spielt das sogenannte soziale Lernen die Hauptrolle. Es ist sozusagen die Wurzel der Kultur.

Und jetzt treffe ich auf einen Forscher, der von der Kultur der Schimpansen, die er jahrelang beobachtete und erforschte, überzeugt ist. Hoch gespannt hörte ich auf jedes seiner Worte, und je länger er sprach, desto kleiner wurden meine Vorurteile. Aber letzte Zweifel blieben, bis ich schließlich seine Filme sah.

Schimpansen und die Kunst des Nüsse-Öffnens

Dies war der Anlass, warum ich Christophe Boesch in Zürich besuchte. Er und seine Frau Hedwig hatten gefilmt, wie Schimpansen im Taï Forest National Park der Elfenbeinküste Nüsse mit Steinen öffneten. Das war eine wissenschaftliche Sensation. Volker Arzt und ich wollten Ausschnitte davon in unserem Film »Haben Tiere ein Bewusstsein?« zeigen.

Schimpansen wenden eine Art Hammer-Amboss-Technik an, um die Nüsse zu öffnen. Sie benutzen einen breiten, kräftigen Ast als Amboss. Am besten ist noch eine Kerbe darin, in die man die Nuss hineinlegen kann. Der Hammer ist ebenfalls ein Ast oder Holzknüppel. Über Erfolg oder Misserfolg entscheiden die Geschicklichkeit und die Einsicht in das eigene Handeln. Die Cleveren von ihnen gehen folgendermaßen vor: Sie legen die Nuss an eine Stelle des Ambosses, wo sie am wenigsten wegrutschen kann. Dann halten sie den Hammer am linken und rechten Ende mit beiden Händen fest und schlagen gezielt auf die Nuss. In aller Regel benötigen die Tiere mehrere Schläge, um die Nuss zu öffnen. Die Profis unter ihnen kalkulieren ihre Schlagkraft so, dass die Nuss beim Aufschlag nicht zermatscht. Schimpansenmütter im Taï-Wald lehren ihre Kinder diese Technik. Die männlichen Schimpansen waren sehr begriffsstutzig. Sie brauchten Jahre, bis sie die Technik verstanden. Ererbtes Verhalten kann man sicher ausschließen, denn im Gombe-Nationalpark in Tansania gibt es zwar ebenfalls Nüsse, dort lassen die Schimpansen sie aber liegen. Sie beherrschen diese Technik nicht. Diese Schimpansen haben sie nicht von ihren Vorfahren gelernt. Ein schönes Beispiel, wie Kultur im Tierreich entsteht.

Um solche Werkzeuge zu erfinden und verwenden zu können, müssen die Schimpansen über eine allgemeinere Kenntnis physikalischer Objekte verfügen, sie sollten die Arten von Gegenständen erkennen können, die sich für ihre Zwecke verwenden lassen. Sie müssen sich beispielsweise im Klaren sein, dass manche Objekte als Hammer oder Amboss ungeeignet sind. Der Hammer darf nicht zu leicht sein, sonst öffnet sich die Nuss nicht. Ist der Hammer zu schwer, wird die Nuss zermatscht. Dass Nüsse-Öffnen etwas Besonderes ist, demonstrieren Abiturienten eines Freiburger Gymnasiums.

Der Urwald im Klassenzimmer

Wir simulierten im Klassenzimmer die Urwaldbedingungen. Ich leerte im Klassenzimmer drei große Säcke mit Blumenerde auf dem zuvor mit Folie bedeckten Zimmerboden aus. Der Boden muss so weich sein wie der Urwaldboden. Auf den Boden legte ich fünf Holzstücke unterschiedlicher Dicke und Schwere. Eines taugte als Amboss, das andere konnte als Hammer verwendet werden. Nun bat ich die Schüler, den Raum zu verlassen, und rief einen nach dem anderen herein, sein Glück zu versuchen, die Nüsse mit den dargebotenen Hilfsmitteln zu öffnen.

Was sich dann abspielte, hätte ich mir nicht vorstellen können. Einige legten die Nuss immer wieder auf den Boden und schlugen mit Kraft auf die Nuss. Ohne Erfolg natürlich, weil der Boden weich war und der Schlag dadurch gedämpft wurde. Sie begriffen das physikalische Prinzip nicht, das dahintersteckt. Wieder andere nahmen zwei Holzstücke in die Hände und versuchten, die Nuss zu zerdrücken. Die Nuss hielt stand. Einige Reaktionen der Schüler überraschten mich. Sie konnten ihren Misserfolg nicht verkraften. Einer schlug aus Wut mit der Faust auf den Tisch. Eine sehr begabte Schülerin mit einem hervorragenden Abiturschnitt weinte und suchte sich kopfkratzend Hilfe bei der Gruppe, die aber nicht half. In ihr brach eine Welt zusammen, ich tröstete sie Gott sei Dank mit Erfolg. Wieder andere versuchten verschiedene Techniken und kamen durch Versuch und Irrtum auf die richtige Anwendung. Nur fünf schafften auf Anhieb die Hammer-Amboss-Technik. Sie hatten die Alltagsphysik im Kopf, das ergab die Befragung der Schüler. Neun von 13 Schülern konnten die Nuss nicht öffnen.

Warum hatten so viele Schüler Schwierigkeiten, die Nuss zu öffnen? Ich vermute, junge Menschen, die im Urwald leben und dort groß geworden sind, lösen die Aufgabe besser. Sie sind mit dieser Welt vertraut, in der sie leben. Unsere jungen Menschen haben selten den Gebrauch von Hammer und Amboss live erlebt. Sie leben in einer anderen Kultur und haben selten oder gar nicht beobachtet, wie ein anderer Mensch einen Amboss anwendet. Sie haben das Wissen nicht, um überhaupt zum Denken vorzustoßen. Denkprozesse fallen nicht vom Himmel, sondern sind abhängig von unserem Wissen. Und welches Wissen wir uns aneignen, hängt natürlich von unserem soziokulturellen Hintergrund ab. Selbst bei Schimpansen trifft dies zu, wie Psychologen und Verhaltensforscher herausgefunden haben. Schimpansenkinder, die in unterschiedlichen Umwelten aufwachsen, entwickeln demnach auch unterschiedliche Fähigkeiten.

Schimpansenbabys, die wie Menschenkinder aufgezogen wurden, waren bessere Imitatoren als diejenigen, die bei ihrer Mutter aufwuchsen. Zudem waren sie in der Lage, mit Arm und Finger auf Gegenstände zu deuten, die sie haben wollten. Sie benutzten also eine Art Gebärdensprache. Affen, die von Kindesbeinen an mit dem Menschen aufwachsen, machen eine Art von Sozialisierung der Aufmerksamkeit durch. »Das bedeutet, dass Affen in ihrem natürlichen Lebensraum niemanden haben, der sie auf Gegenstände hinweist, ihnen bestimmte Dinge zeigt, sie lehrt oder ihre Aufmerksamkeit absichtlich lenkt.« (→ Quellennachweis, Tomasello, Seite 301) All dies geschieht hingegen in der menschlichen Umgebung.

Mithilfe eines Werkzeugs, wie mit diesem Stein, lässt sich das Ei knacken.

Orang-Utans bauen Sonnendächer

Einige Tausend Kilometer entfernt von den Schimpansen im Taï-Wald, lebt auf Borneo und Sumatra eine weitere Menschenaffenart: die Orang-Utans. Intellektuell gehören sie sicherlich zu den Top Ten der Lebewesen auf diesem Planeten. Auch sie haben Kultur. Wenig kürzer als bei den Schimpansen fällt die Liste der kulturellen Verhaltensweisen in Orang-Utan-Gruppen aus. Nur in einigen der sechs untersuchten Populationen bauten sich die Orang-Utans Sonnendächer, obwohl es überall ähnlich heiß war. Irgendein Orang-Utan hatte die zündende Idee, einer seiner tierischen Kumpanen schaute ihm die Idee ab, und so verbreitete sie sich. Das erinnert sehr an uns Menschen.

Der Orang-Utan-Kultur auf der Spur

Die Forscher wollten es wissen. Federführend bei dieser Studie war sicherlich die Universität Zürich. Ziel war es herauszufinden, ob die geografische Verteilung von Verhaltensmustern – etwa beim Werkzeuggebrauch oder bei Lautäußerungen – in neun Orang-Utan-Populationen in Sumatra und Borneo durch kulturelle Weitergabe erklärt werden kann. Als Wissenschaftler kann man fast neidisch werden, auf welch eine Datenmenge die Forscher ihre Ergebnisse stützen konnten. Die Wissenschaftler verwendeten in ihrer Studie die größte Datenmenge, die je für eine Menschenaffenart zusammengestellt wurde. Unter anderem analysierten sie mehr als 100 000 Verhaltensdaten und fertigten von mehr als 150 wilden Orang-Utans genetische Profile an. Mittels satellitengestützter Fernerkennung erarbeiteten sie ökologische Unterschiede zwischen den Populationen. Die Ergebnisse können sich sehen lassen, und die Forscher haben keine Zweifel, dass Orang-Utans Kulturwesen sind. Verschiedene Populationen von Orang-Utans entwickeln unterschiedliche Werkzeuge und Techniken, um hartschalige Früchte aufzubrechen.

Wie man sich bettet, so liegt man, lautet eine bekannte Redensart. Manche Orang-Utan-Populationen stoßen beim allabendlichen Bau des Schlafnestes Grunzlaute aus, so als wenn sie ein Liedchen singen würden, andere sind ruhig dabei. Michael Krützen, einer der Autoren der Studie, bringt es auf den Punkt: Die Wurzeln unserer menschlichen Kultur gehen viel tiefer, als wir zu wissen glaubten. Sie basieren auf einem starken Fundament, das viele Jahre alt ist und das wir mit unseren nächsten Verwandten teilen, den Menschaffen.

Kapuzineräffchen – klein, aber oho!

Primaten sind kein exklusiver Club. Auch die kleinen, aber sehr listigen und intelligenten Kapuzineraffen haben die Technik des Nüsse-Öffnens drauf. So zumindest mein Eindruck. In einem herrlichen Park in der Nähe von Romagne (Frankreich) leben mehrere Gruppen Kapuzineraffen nahezu wie in der Natur. Sie turnen und klettern auf den Bäumen, und wenn sie Lust haben, rennen sie zwischen den Beinen der Besucher umher. Sie führen ein tolles Leben. Mir fielen beinahe die Augen aus dem Kopf, als ich sah, wie einer der kleinen Gesellen fast wie auf Schimpansen-Art eine Walnuss nahm und sie öffnete. Die Kapuzineraffen hatten einen Vorteil gegenüber den Schimpansen. Sie brauchten keinen Amboss. Der Untergrund war hart. Es war ein Weg, auf dem Besucher entlangschlenderten. Auch wir. Einige von den Äffchen versuchten ihr Glück auf einem weichen Wiesenboden. Sie wollten vermutlich anderen stärkeren Artgenossen ausweichen. Ihre Handlungen waren nicht von Erfolg gekrönt. Aber zwei Affenmütter hatten den Trick heraus. Sie benützten wie die Schimpansen im Taï-Wald einen harten Untergrund. Sie legten die Nuss auf einen Stein und schlugen mit einem anderen Stein auf die Nuss. Wir beobachten das Verhalten nur zwei Tage. Einer der Tierpfleger, der seine Schützlinge gut kennt, berichtete mir, dass diese beiden Tiere dies schon seit einigen Wochen tun. Vielleicht ist dies die Geburtsstunde der Kultur des Nüsse-Öffnens in Frankreich.

Wer Kapuzineraffen beobachtet, kommt ins Staunen, was sich diese kleinen Geschöpfe alles ausdenken. Kein Stock ist vor ihnen sicher. Er wird untersucht und geprüft, was man alles mit ihm tun kann. Ich kann Kapuzineraffen stundenlang zusehen, und dabei wird es mir keine Minute langweilig. Kein Wunder also, dass Forscher Weißschulter-

Kapuzineraffen in Costa Rica ausgiebig untersucht haben. Forschungsziel war auch herauszufinden, ob sich bei diesen Tieren so etwas Ähnliches wie Kultur finden kann. Neben dem Handschnüffeln des Artgenossen innerhalb der Gruppe lassen sich die einzelnen Gruppen auch danach unterscheiden, ob sie regelmäßig an Fingern, Ohren oder am Schwanz eines Kumpans saugen. Jede Population hat ihr eigenes kulturelles Profil entwickelt, das so verschiedene Lebensbereiche umfasst wie die Futter- und Partnersuche und den Umgang mit Artgenossen.

Die Kluft zwischen Menschen und Tieren scheint also tatsächlich auch auf dem Gebiet der Kultur kleiner zu sein, als lange Zeit angenommen wurde. Zumindest bei einigen Tierarten, was die Fundamente kulturellen Verhaltens betrifft.

Für Christophe Boesch gibt es keine Zweifel, dass Schimpansen über die Fähigkeit, Kulturen zu bilden, verfügen. Für ihn sind auch Schimpansen »Kulturwesen«, weil sie Traditionen des Verhaltens entwickeln, die nicht genetisch erklärbar sind. Ein solches Verhalten sei allein durch kulturelles Lernen erklärbar, so Christophe Bosch. Spezielle Höchstleistungen sind seiner Meinung nach nicht das Kriterium dafür, was eine Tierart auszeichnet. Wenn die Evolutionstheorie Gültigkeit hat und in ihrem Fundament stimmt, muss die Kultur vor dem Auftauchen des *Homo sapiens* entstanden sein und sich bei den Tieren zeigen. Etwa die Fähigkeit, sich in den Geist anderer Individuen zu versetzen. Oder das Vermögen, miteinander komplex zu kommunizieren. Oder das Bestreben, gemeinsame kulturelle Traditionen aufzubauen. So weit die Vorstellungen von Christophe Boesch. (→ Quellennachweis, Boesch/Boesch-Achermann, Seite 299)

Gruppe ist nicht Gruppe, manche Gruppenmitglieder wechseln den Clan. Notgedrungen stoßen sie dabei auf andere Traditionen. Das Bedürfnis, der neuen Gruppe anzugehören, ist in diesem Fall in der Regel so stark, dass die Tiere deren Tradition übernehmen, obwohl sie vorher eine andere gelernt haben. Boesch appelliert eindringlich an seine Kollegen, endlich anzuerkennen, dass Tiere Kultur besitzen. Mich hat er überzeugt, vor allen Dingen, wenn man bedenkt, dass nicht nur Primaten diese Fähigkeit besitzen.

Ratten-Kultur?

Eine der spannendsten Kulturgeschichten wurde in einem Wald bei Jerusalem entdeckt. Eine Schulklasse fand auf dem Waldboden seltsam abgenagte Pinienzapfen. Eichhörnchen kamen nicht infrage, die gibt es hier nicht, und sie würden auch andere Spuren hinterlassen. Aber was steckte dann dahinter? Der damalige Biologielehrer Ran Eisner ist fasziniert von der Idee, dass hier unbekannte Zapfenfresser leben müssten. Trotz ausgiebiger Suche während des Tages wurde er nicht fündig. Aber vielleicht nachts. Mit Fernglas und Geduld machte er sich auf die Pirsch. Er traute seinen biologisch geschulten Augen nicht. Was da über die Äste huscht, sind gemeine Ratten. Aber das macht die Geschichte noch rätselhafter, denn seit wann leben Ratten auf Bäumen, und seit wann fressen Ratten Pinienkerne?

Ran Eisner wollte es wissen. Im Labor von Tel Aviv machte er unter kontrollierten Bedingungen Beobachtungen. Seine Tiere lebten in großen, geräumigen, spannend eingerichteten Käfigen. Die Tiere fühlten sich wohl. Aber hier erlebte er erneut eine Überraschung. Als er die hungrigen Ratten mit Pinienzapfen futterte, zeigten sie keinerlei Interesse, so als wüssten sie nicht, dass unter den Schuppen der Pinienzapfen höchst nahrhafte Pinienkerne sind. Der Grund liegt auf der Hand, denn die Samen aus den Schuppen zu befreien, erfordert viel Kraft, Technik und Wissen. Aber woher wissen die Ratten im Pinienwald von den verborgenen Samen und von der höchst schwierigen Technik, sie freizulegen. Ran und sein Team haben es in vielen langen Nächten herausgefunden. Es beginnt schon im Nest aus Zweigen und Nadeln. Die blinden Neugeborenen erschnuppern das letzte Mahl der Mutter und verbinden den Geruch mit etwas Essbarem. Vor allen Dingen, wenn sie sich Schnauze an Schnauze berühren. Der Kontakt ist innig. Vom erstmöglichen Zeitpunkt an beobachten die Rattenkinder ihre Mutter, wie sie Pinienzapfen öffnet. In vier Lernphasen lernen die Kleinen die Öffnungstechnik. Mit etwa vier Wochen können sie die Technik anwenden und die Zapfen öffnen. Wer es nicht schafft, hat ein schweres Leben vor sich. Der Zapfenstreich ist nicht in den Genen verankert, sondern ist ein kulturelles Erbe, das erlernt werden muss.

Die Trinktechnik dieser Kohlmeise können andere erlernen und weitergeben.

Kohlmeisen-Kultur – wer hätte das gedacht?

Fast jeden Morgen werde ich von einer kleinen Vogelschar begrüßt. Die Vögel sind geduldig, schauen durch das Fenster und warten, bis ich unseren Kaffee gemacht habe. Wir haben eine Gewohnheit: zuerst Kaffee, dann Futter. Die meisten dieser kleinen Schar sind Spatzen, aber auch Kohlmeisen wissen ein gutes Frühstück zu schätzen. Sie lassen sich von den Spatzen nichts gefallen. Wenn ich diese kleinen Geschöpfe betrachte, bin ich glücklich und mache mir so meine Gedanken über sie. Hoffentlich gibt es sie noch lange. Was denken und fühlen sie? Das ganze Kaleidoskop des Lebens geht mir durch den Kopf.

Nie kam mir in den Sinn, dass die kleinen, schönen Kohlmeisen wissenschaftliche Schlagzeilen produzieren. Forscher der Universität Oxford haben herausgefunden, dass sie Kultur besitzen. Sie lernen von ihren Artgenossen neue Verhaltensweisen und geben diese als Tradition an nachfolgende Generationen weiter. Bisher kannte man nur Primaten, die kulturelle Normen an ihre Artgenossen weitergeben.

Die Biologen hatten in fünf englischen Kohlmeisen-Populationen jeweils zwei männliche Tiere gefangen und ihnen beigebracht, aus einer Futterbox, in der sich Mehlwürmer befanden, mit dem Schnabel eine Schiebetür nach links oder rechts zu ziehen. Nach viertägigem Training wurden die Vögel wieder in ihre jeweilige wild lebende Gruppe zurückgesetzt, wo die Forscher in der Zwischenzeit ähnliche Futterboxen aufgestellt haben.

Zurück in der Wildnis

Dort verbreitete sich die Technik binnen wenigen Wochen unter durchschnittlich 75 Prozent der knapp hundert Mitglieder. Obwohl sich die Türen sowohl nach links als auch nach rechts bewegen ließen, bevorzugte jede Population jene Richtung, die von dem trainierten Männchen eingeführt worden war. Auch wenn die Vögel erkannten, dass die Tür in beide Richtungen geschoben werden kann, hielten sie sich an die Gewohnheit der Mehrheit. Wenn einzelne Tiere sich einer anderen Gruppe anschlossen, übernahmen sie dort mehrheitlich die vorherrschende Schieberichtung – unabhängig von ihrer früheren Gewohnheit. Diese Traditionen fanden die Wissenschaftler auch im folgenden Jahr, obwohl im Mittel 60 Prozent der Vögel gestorben waren.

Fazit: Diese Kohlmeisen-Studie deutet darauf hin, dass komplexes Kulturverhalten unter wesentlich mehr Tiergruppen verbreitet ist, als man bisher angenommen hat.

Die Picassos unter den Tieren

Als höchster Ausdruck menschlicher Kultur gilt die Kunst. Durch Kompositionen mit Pinsel und Farben, die durch Raumaufteilung, Dynamik oder Ästhetik bestechen, wurde ein Schimpansenmädchen namens Congo berühmt. Diesen Ruhm verdankt sie dem britischen Verhaltensforscher Desmond Morris. (→ Quellennachweis, Seite 300) In den 1950er-Jahren gab er Congo Bleistift, Farbstifte und Papier. Was mit einer zögerlichen Bleistiftlinie Congos begann, führte bald zu ausdrucksstarken abstrakten Kompositionen. Morris war überzeugt, dass auch Affen über eine künstlerische Ader verfügen. Congo malte nie über das Papier hinaus und wusste immer, wann ein Bild fertig war. Höhepunkt ihrer Karriere war die Präsentation ihrer Bilder bei dem Auktionshaus Bonhams in London. Es war reiner Zufall – der Veranstalter hatte Freude an den Bildern und präsentierte sie neben Andy Warhol und Renoir. Was dann passierte, konnte er nicht glauben. Die Bilder von Warhol und Renoir wurden verschmäht. Drei Bilder von Congo dagegen erzielten einen Erlös von 14000 Pfund (etwa 21 550 Euro). Bei Picasso soll laut Erzählungen auch ein Bild von Congo an der Wand gehangen haben. Künstler unter Künstlern. Über zwei Jahre durfte Congo ihre künstlerische Kreativität ausleben und schuf mehr als 400 Gemälde in einem abstrakten Stil. Das Besondere war dabei, dass weder Desmond Morris noch irgendjemand anderes dem Tier gezeigt hat, wie es zu malen hat. Leider verstarb die Schimpansendame früh mit zehn Jahren. Sie erkrankte an Tuberkulose und konnte nicht mehr gerettet werden. Dem Verhaltensforscher Morris ging es weniger um eine Interpretation moderner Kunst als darum, einen neuen Beweis für die These der äffischen Vergangenheit des Menschen zu erbringen. Aber Congo blieb nicht alleine. Nach Forschungen des Biologen Bernhard Rensch von der Uni Münster waren im Jahre 1984 mehr als 45 Primaten bekannt, deren künstlerische Fähigkeiten untersucht wurden.

Mit einem Plastikdeckel schützt der Orang-Utan seinen Kopf.

Eine Künstlerin lebte im Wiener Zoo und ihre Bilder erlösten etliche Euros. Es ist die Orang-Utan-Dame Nonja. Sie war ein kleiner Star. So ging keiner mit Pinsel und Farbe um. Ich besuchte sie und wollte ihr bei der Gestaltung ihrer Bilder über die Schulter schauen. Wie bei Stars üblich, musste ich auf eine »Audienz« warten. Ihr Pfleger wollte sie ermuntern. Doch statt zu malen, steckte sie den Pinsel, den sie zuvor in einen Farbtopf mit Lebensmittelfarben tauchte, in den Mund. Genüsslich schleckte sie ihn ab. Ihre Kreativität hielt sich an diesem Morgen in Grenzen. Schließlich ein paar flüchtige Striche. Heute zumindest gab uns Nonja keine Kostprobe ihres Talents. Zugegeben, ich war etwas enttäuscht und hätte ihr gern bei der Arbeit zugesehen. Aber wahrscheinlich erging es mir wie ihrem männlichen Partner: Bei seiner Anwesenheit zeigt Nonja keine Kreativität.

Die wissenschaftliche Diskussion über die Kultur der Tiere wird weitergehen. Aber in Zukunft wird sie sich weniger darum drehen, ob Tiere überhaupt eine Kultur besitzen. Sondern darum, wie die Kultur der Tiere aussieht und wie nahe die Tiere den Fähigkeiten kommen, die die besondere Kultur des Menschen ermöglichen.

WISSEN KOMPAKT

1. ***Vorteile der Kultur:*** *Wichtige Voraussetzungen für die kulturelle Entwicklung der Lebewesen sind schon bei den Primaten und auch bei verschiedenen Vogelarten angelegt: das Leben in Gruppen, soziales Lernen in der Kinder- und Jugendzeit und einsichtiges Verhalten, das auf Beobachtung beruht. Infolge des Lebens in komplexen Sozialverbänden verfügen die Lebewesen über eine differenziertere Wahrnehmung in der Kommunikation und der Beobachtung, über Reflexionsvermögen, Werkzeuggebrauch und wahrscheinlich über so etwas wie Selbstbewusstsein. Die Lebewesen, die ein Kulturverständnis aufweisen, haben Vorteile innerhalb ihrer Population (zum Beispiel Nahrungssuche, Partnerwahl, Aufzucht der Jungen).*
2. ***Beobachtungslernen:*** *Viele Wirbeltiere registrieren das Verhalten von Artgenossen und erhalten wichtige Informationen über ihr Lebensumfeld. Dadurch können sich neue Traditionen ausbilden und an folgende Generationen weitergegeben werden. Diese Art des Lernens ist an der Gesangsentwicklung vieler Vogelarten beteiligt, bei denen die Individuen die Gesänge älterer Vögel übernehmen.*

3. **Kognition:** *Bewusstes Denken ist ein wesentlicher Teil des Verhaltens vieler Tiere. Versuche von Jane Goodall dokumentierten kognitive Entscheidungsfindungen bei Schimpansen. Aber diese kognitiven Prozesse erstrecken sich auch auf viele Nichtprimatenzweige des Stammbaums. Sie bilden, wie auch viele andere Eigenschaften der Lebewesen, ein stammesgeschichtliches Kontinuum, das sich in der Evolutionsgeschichte weit zurück erstreckt. Antworten auf Fragen über kognitive Leistungen können und sollten einen Einfluss darauf haben, wie wir mit Tieren umgehen.*

Im Konferenzraum der Tiere

Nach den vielen spannenden Stunden mit Interviews, Wissenschaftsberichten, Diskussionen, Bildern, Analysen aus der Menschen- und Tierwelt ergreift als Erster **Bonobo Kanzi** das Wort und bedankt sich bei allen Teilnehmern. Ganz begeistert wendet er sich **Immanuel** zu, der ihm geholfen hat, die Beziehung zwischen den Menschen und Tieren besser zu verstehen. »Aber, Immanuel, wie kommt es eigentlich, dass du dein Leben lang versucht hast, uns Tiere besser zu verstehen, als manch einer deiner Mitmenschen es kann? Wir haben sehr viel über Gene, Vererbung gelernt, von frühen Erfahrungen, die uns alle prägen – warst du besonders empfänglich für uns Tiere?« Eine Antwort fällt mir schwer. »Aber vielleicht gibt es genauso Begabungen wie in anderen Lebensbereichen auch. Mich haben mein ganzes Leben lang Tiere fasziniert, und diese Leidenschaft, sie zu verstehen, sie zu lieben und für sie zu kämpfen, ist Teil meines Wesens.« Mit diesen Worten verabschieden sich alle Konferenzteilnehmer und freuen sich auf ein Wiedersehen in vier Jahren.

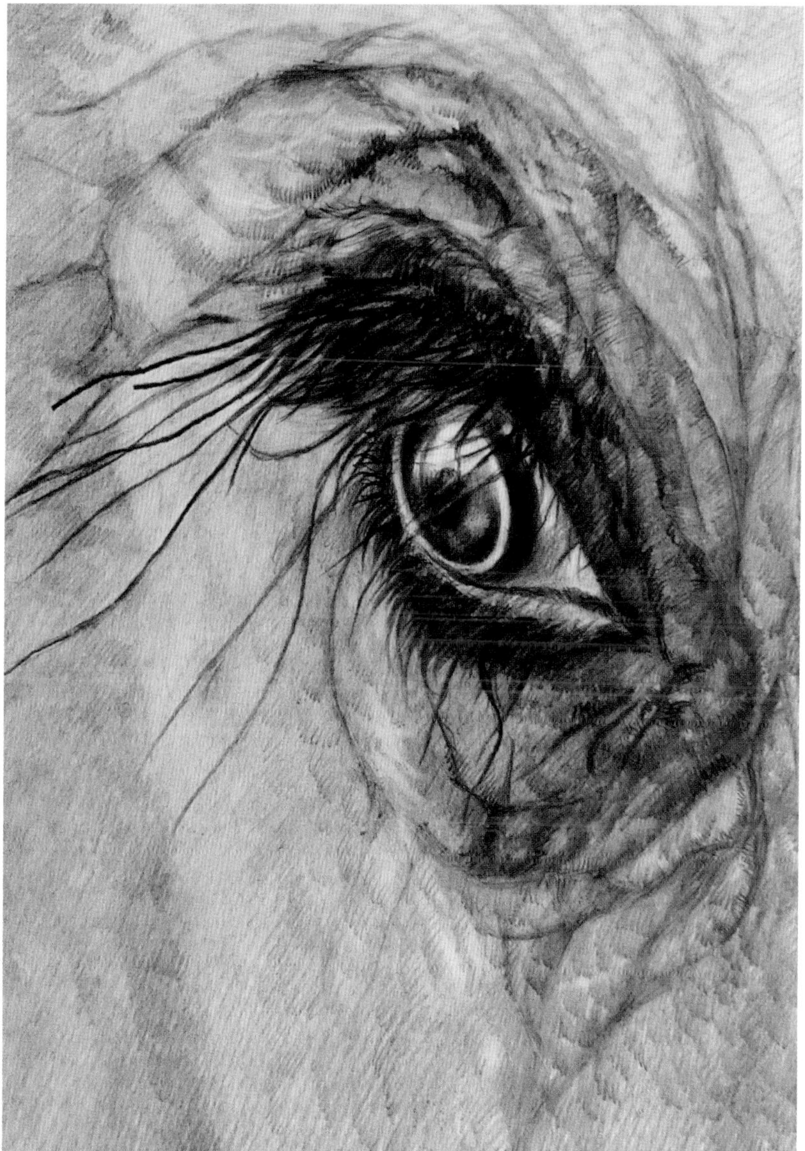

Ein Blick in das Elefantenauge weckt ein tiefes Gefühl der Verbundenheit.

Es gibt noch viele Rätsel zu erforschen. Doch wir sind auf einem guten Weg …

Register

Die **halbfett** gesetzten Seitenzahlen verweisen auf Abbildungen

F

G

H

I

K

Adressen

Deutscher Tierschutzbund e. V., In der Raste 10, 53115 Bonn, www.tierschutzbund.de

Österreichischer Tierschutzverein, Berlagasse 36, A-1210 Wien, www.tierschutzverein.at

Schweizer Tierschutz (STS), Dornacherstr. 101, CH-4008 Basel, www.tierschutz.com

Berufsverband für Tierverhaltensberater und -trainer e. V. (VDTT), Achtern Dieck 6, 24576 Bad Bramstedt, www.vdtt.org

Literatur

Balcombe, Jonathan:/Rothenbücher, Tobias: **Was Fische wissen: Wie sie lieben, spielen, planen: unsere Verwandten unter Wasser.** mare Verlag, Hamburg

De Waal, Frans/Leipold, Inge: **Der gute Affe.** Carl Hanser Verlag, München

Kandel, Eric: **Was ist der Mensch?** Siedler Verlag, München

Sapolsky, Robert: **Gewalt und Mitgefühl – die Biologie des menschlichen Verhaltens,** Carl Hanser Verlag, München

Sapolsky, Robert: **Mein Leben als Pavian – Erinnungen eines Primaten.** Claassen Verlag, Hamburg

Wilson, E. O.: **Die soziale Eroberung der Erde – eine biologische Geschichte des Menschen.** Ch. Beck Verlag, München

Wilson, E. O.: **Die Einheit des Wissens.** Siedler Verlag, München

Adressen im Internet

Wissenschaftliche Neuigkeiten: www.sciencedaily.com

Quellennachweis

→ Adamson, Joy: **Frei geboren.** Hoffmann und Campe, Hamburg

→ Adamson, Joy: **Löwin Elsa und ihre Jungen.** Ullstein, Berlin

→ Arnold, Kathryn: **Fluorescense Signaling in Parrots.** Science 2002

→ Blaffer-Hrdy, Sarah: **Mutter Natur. Die weibliche Seele der Evolution.** Berlin Verlag, Berlin

→ Boesch, Christoph/Boesch-Achermann, Hedwig. **The Chimpanzees of the Taï Forest: Behavioural Ecology and Evolution.** Oxford University Press,

→ Boysen, Sahra: **Die klügsten Tiere der Welt.** BLV Verlag, München

→ Catania, Kenneth: **Electric Eels Concentrate Their Electric Field to Induce Involuntary Fatigue in Struggling Prey.** Current Biology

→ Celli, Giorgio: Spektrum der Wissenschaft, Konrad Lorenz, 1999

→ Damásio, António R.: **Descartes' Irrtum. Fühlen, Denken und das menschliche Gehirn.** List Verlag, Berlin

→ Darwin, Charles R.: **Die Abstammung des Menschen.** Fourier Verlag, Wiesbaden

→ Darwin, Charles: **The Expression of the Emotions in Man and Animals** (Originaltitel), **Der Ausdruck der Gemütsbewegungen bei den Menschen und den Tieren** (deutsche Übersetzung). Verlag der Wissenschaften, Berlin

→ Douglas-Hamilton, Ian und Oria: **Unter Elefanten** (1993). Lübbe Verlag, Bergisch Gladbach

→ Feh Claudia/de Mazières Jeanne. **Grooming at a preferred site reduces heart rate in horses.** Animal Behaviour Journal

→ Förstl, Hans: **Theory of Mind.** Springer Verlag, Berlin

→ Fouts, Roger: **Unsere nächsten Verwandten.** Limes Verlag 1998

→ Gardner, Beatrix und Allen: **The Structure of Learning: From Sign Stimuli To Sign Language.** Psychology Press

→ GEO WISSEN. Mai, 1998

→ Gosling, Samuel D.: **Personality Dimensions in Nonhuman Animals: A Cross – Species Review.** American Psychological Society

→ Gould, James/Gould, Grant, Carol: **Bewußtsein bei Tieren.** Spektrum Akademischer Verlag, Heidelberg

→ Griffin, Donald R.: **Wie Tiere denken.** BLV Buchverlag, München

→ Grossmann, Karin und Klaus E.: **Bindungen, das Gefüge psychischer Sicherheit.** Klett Cotta Verlag, Stuttgart

→ Hanke, Wolf et al: **Electroreception in the Guiana dolphin.** Proceedings of the Royal Society B

→ Hauser, Marc D.: **Wilde Intelligenz. Was Tiere wirklich denken.** C.H. Beck Verlag, München

→ Henschel, Uta: **Das Geheimnis der Sprache.** GEO WISSEN, Nr. 40/2007

Hobson, Allan: **Dreaming.** Verlag OUP Oxford University Press

→ Immelmann, Klaus: **Wörterbuch der Verhaltensforschung.** Kindler Verlag, Reinbek

→ Kaminski, Juliane/Bräuer, Juliane: **So klug ist Ihr Hund.** Frankh Kosmos, Stuttgart

→ Kegel, Bernhard: **Die Herrscher der Welt. Wie Mikroben unser Leben bestimmen.** DuMont Verlag, Köln

→ Keller, Andreas: **Entdecke das Riechen wieder.** Springer Verlag, Berlin

→ Kummer, Hans: **Sozialverhalten der Primaten.** Springer Verlag, Berlin

→ Lavie, Peretz: **Die wundersame Welt des Schlafes.** DTV Verlag, München

→ LeDoux, Joseph: **Angst.** Verlag Ecowin, Salzburg

→ Lorenz, Konrad: **Über tierisches und menschliches Verhalten.** Piper Verlag, München

→ Menzel, Randolf/Eckoldt, Matthias: **Die Intelligenz der Bienen.** Albrecht Knaus Verlag, München

→ Morris, Desmond: **Der nackte Affe.** Droemer Knaur, München

→ Niimura, Yoshihito: **Umfangreiche Gewinne und Verluste von Geruchsrezeptorgenen in der Säugetierentwicklung.** PloS one 2 (8), e708

→ Odendaal, J. **Animal-Assisted Therapy – Magic or Medicine?** (2000) Journal of Psychosomatic Research, 49, 275-280

→ Odendaal, J. /Meintjes, R. **Neurophysiological Correlates of Affiliative Behaviour between Humans and Dogs.** (2003) The Veterinary Journal, 165, 296-301.

→ Pääbo, Svante: **Die Neandertaler und wir.** Fischer Verlag, Frankfurt

→ Rasa, Anna: **Die perfekte Familie. Leben und Sozialverhalten der afrikanischen Zwergmungos.** Deutsche Verlags-Anstalt, München

→ Roth, Gerhard: **Fühlen, Denken, Handeln. Wie das Gehirn unser Verhalten steuert.** Suhrkamp Verlag, Berlin

→ Rymer, Russ: **Das Wolfsmädchen.** Verlag Hoffmann und Campe, Hamburg

→ Savage-Rumbaugh, Sue/Lewin Roger: **Kanzi – der sprechende Schimpanse.** Droemer Knaur Verlag, München

→ Schaller, George B.: **Unter Löwen in der Serengeti.** Fischer Verlag, Frankfurt

→ Smuts, Barbara: **Sex and Friendship in Baboons.** Routledge Verlag, Abington

→ Sommer, Volker: **Lob der Lüge.** 1993, C.H. Beck Verlag, München

→ Tomasello, Michael: **Warum wir kooperieren.** Suhrkamp Verlag, Berlin

→ Tomasello, Michael: **Die kulturelle Entwicklung des menschlichen Denkens.** Suhrkamp Verlag, Berlin

→ Van Lawick-Goodall, Jane: **Wilde Schimpansen.** Rowohlt Verlag, Reinbek

→ Zahavi, Amotz und Avishag, **Das Handicap-Prinzip.** 1998, Insel Verlag, Berlin

→ Zampiga, E./Hoi H./Pilastro, A.: **Preening, Plumage reflectance and female choice in budgerigars.** Ethologie Ecology and Evolution 16, (2004)

Bildnachweis

Cover: plainpicture
Alamy: 175;
Getty Images: 146, 159;
iStock: 6, 167, 257;
Shutterstock: 28, 38, 45, 73, 95, 106, 182, 213, 244, 286;
Heinz von Matthey: 266, 281;
Alle anderen: privat (Immanuel Birmelin)

Alle Illustrationen in diesem Buch stammen von **Katharina Rücker-Weininger**.

Syndication:
www.seasons.agency

Der Autor

Dr. Immanuel Birmelin ist Verhaltensforscher von internationalem Rang und war jahrelang Mitglied der Fachgruppe für Verhaltensforschung der Deutschen Veterinärmedizinischen Gesellschaft e. V. Er hat ein ethologisches Konzept mitentwickelt, das dazu dient, Tierschutzfragen wissenschaftlich zu erfassen, und ist auch als Sachverständiger für artgerechte Tierhaltung tätig. Er hält zudem regelmäßig Seminare ab. Zusammen mit Volker Arzt dreht er erfolgreiche Filme wie »Wenn die Tiere reden könnten«, »Wer ist klüger: Hund oder Katze?«, »Kluge Vögel«, »Kluge Pflanzen« und »Manege frei«, die ein Millionenpublikum begeistern. Darüber hinaus war er wissenschaftlicher Berater bei Tierfilmproduktionen. Immanuel Birmelin lebt mit seiner Frau Sylvia, dem Bernhardiner Balu und einer fröhlichen Schar an Wellensittichen in Freiburg im Breisgau.

Dank an alle – Tiere und Menschen –, die es mir ermöglichten, in ihre Seelen zu schauen.